기능구조분석에 기반한
선박의 이동성능

기능구조분석에 기반한

선박의 이동성능

문상원 저

PNUPRESS

추천사

“대단하네!”, 우리 부 직원이 선박에 관한 책을 출간한다는 소식을 듣고 제가 처음 한 말입니다. 저자는 해양수산부에서 어선안전정책을 담당하고 있는 공무원입니다. 중앙부처에 근무하며 격무(激務) 속에서도 대학생 때부터 꿈꿔온 전문 서적 출간이라는 결실을 이룬 저자의 노고에 존경과 격려의 박수를 보냅니다.

저자는 조선·선박 분야의 민간기업 근무경력을 겸비한 해양수산부 공무원으로서, 어선 특성을 반영한 어선 검사 기준을 마련하고, 안전과 복지를 강화한 표준어선형 기준 고시를 제정하는 등 맡은 업무에서도 눈에 띄는 성과를 보여주고 있습니다.

이러한 저자가 선박 관련 업무에 참고할 수 있는 기능구조분석을 기반으로 한 전문 서적을 출간했습니다. 이 책은 기능구조라는 분석 틀로 총론 격인 ‘선박의 이해’를 제시하고, 세부 각론은 선박의 핵심기능을 중심으로 ‘부양(浮揚)성능’, ‘적재(積載)성능’, ‘이동성능’으로 나눠 별도 책으로 설명하고 있습니다. 이는 다양한 독자들이 선박을 좀 더 쉽게 알아가는 데 도움이 될 것입니다.

잘 아시다시피, 우리나라는 삼면이 바다로 둘러싸여 수출입 화물의 99.7%를 해상을 통해 운송합니다. 이런 측면에서 선박은 우리에게 필수불가결한 운송 수단이며 국부(國富)의 원천입니다. 이러한 선박을 이해하고 관련 업무에 활용할 수 있는 서적이 발간되어 해양수산부 장관으로서 더욱 반갑습니다.

‘기능구조분석에 기반한 선박의 이해’ 시리즈는 저자의 열정과 끈기로 드디어 세상의 빛을 보게 되었습니다. 다시 한번 서적 발간을 축하하며, 이 책이 해양수산정책을 담당하는 공무원들을 비롯한 선박에 관심이 있는 모든 분에게 알토란같이 쓰이기를 바랍니다.

2022년 4월

해양수산부 장관 문성혁

기능구조분석에 기반한
선박의 이동성능

목차

들어가는 말

이 책의 목적 및 활용에 관하여

들어가는 말

이 책의 목적 및 활용에 관하여

이 책의 목적은 선박과 관련하여 처음으로 공부를 시작하거나, 관련 업무를 수행하는 실무자 등을 위해 선박에 대한 거시적인 관점과 미시적인 내용을 손쉽게 이해할 수 있도록 하는 것이다.

이 책에서 다루고 있는 개별적인 내용에 대해 보다 전문적이고 잘 설명된 책들이 많이 있다. 다만, 이 책은 선박의 기본성능을 토대로 선박을 기능 중심으로 구조화하여 나타내고, 각 기능이 발현되기 위해 필요한 요소를 구체화함으로써 선박에 관한 거시적 관점과 미시적 관점을 함께 살펴볼 수 있게 하고 있다.

이러한 차별성이 선박을 처음 접하는 입문자 또는 선박에 관한 이해를 넓히고자 하는 실무자에게 전체적인 숲을 보여주고, 필요에 따라 세부적인 내용을 찾아서 심도 있는 학습을 할 수 있는 지도(Map) 역할이 되기를 희망한다. 그런 면에서, 조선기술사, 조선기사 등 자격증을 준비하거나, 선박을 처음 접하는 공학도들에게 도움을 줄 수 있으리라 믿는다.

이 책은 선박의 기본성능(부양성능-적재성능-이동성능)을 토대로 하여, 선박을 기능 중심으로 구조화하고 있다. 모든 선박이 갖는 세 가지 기본성능에 따라 정리된 이 책은 전체적으로는 한 권이면서, 동시에 독립적인 네 권으로 나누어져 있다. 선박의 전체

체계를 기능구조로 설명하는 첫 권과 부양성능을 설명한 두 번째, 적재성능에 관한 세 번째, 그리고 이동성능을 다루는 네 번째 권이 그것이다.

첫 권인 '기능구조분석에 기반한 선박의 이해'는 누구나 편하고 가볍게 읽을 수 있지만 선박을 종합적 관점에서 기능 중심으로 파악할 수 있도록 하였다. 첫 권은 기능구조분석의 개념과 선박에 대한 기능구조분석의 전달에 집중하여 최대한 간략하게 적고자 했다. 얇고 그 어떤 수식도 없지만, 핵심적인 개념을 담고 있고, 네 권의 중심에서 다른 세 권의 책을 잇는 가교 역할을 한다. 책 첫 권을 바탕으로 이후 세 권의 책에서 보다 상세한 내용을 참조하여 읽으면 효율적일 것이다.

선박의 부양성능, 적재성능 및 이동성능에 관한 각 권은 본문과 부록으로 구성되어 있고, 본문은 내용의 묶음에 따라 편-장-절 순으로 분류하고 있다. 본문의 제1편은 선박의 기능구조분석을 통해 전체기능을 설명하고, 제2편은 선박의 기능구조분석에 기반하여 분해된 각 기능에 대해 세부적인 내용을 다루고 있다. 제1편이 숲이라면 제2편은 나무에 해당한다. 제3편은 선박을 둘러싸고 있는 제도적 환경에 관해서 설명하고 있고, 부록은 본문에 따른 관련 수학, 과학, 공학 등의 내용을 담고 있다.

선박의 부양성능, 적재성능 및 이동성능에 관한 각 권의 본문 중 제2편은 장, 절 및 각 주제를 서술하기에 앞서 해당 부분이 어느 기능구조에 속하는지와 왜 학습해야 하는지 그리고 어떻게 활용되는지에 대한 내용을 설명한 후 본론을 서술한다. 또한 본문의 각 주제당 서술은 일반적인 용어를 기반으로 최대한 쉽게 풀어쓰며, 정보전달이 용이한 개조식으로 핵심적 기능을 설명했다.

선박에 대한 체계와 실무적 지식을 익히고자 하는 경우는 제1편에서 제3편까지의 내용을 중심으로 학습하고, 이론적 기초를 파악하고자 하는 경우에는 제1편을 참조하여 부록의 수학, 과학 및 공학으로 이어지는 흐름을 익히도록 한다. 그리고 필요한 경우, 인용된 서적을 중심으로 해당 영역에 보다 전문적인 서적을 찾아보면 깊이를 더할 수 있을 것이다.

끝으로 이론과 실무의 연관성에 관해 설명하고자 한다. 조선공학은 선박의 건조 산업을 위한 학문이라 할 수 있다. 선박 건조는 산업이기 때문에 이윤을 창출하여야 하며, 시장의 여건 등에 따라 그에 맞는 산업의 흐름에 적응해야 한다. 제조업 특성상 산업의 흐름을 주도하기 위해서는 기술개발을 이끌어야(흐름의 변화를 주도해야) 하고, 기술을 개발하기 위해서는 원천 기술인 공학의 이해가 요구된다.

또한, 공학은 자연현상의 원리를 설명하고 그 안에서 규칙을 발견하는 과학을 기반으로 한다고 할 수 있다. 예를 들어 공학을 학습하기에 앞서 뉴턴의 물리법칙을 알지 못하면 이해하기 어려운 것과 같은 이치이다.

그리고 과학은 수학과 분리될 수 없는 학문이라 할 수 있다. 과학은 앞서 언급한 바와 같이 자연현상의 원리를 설명하고 규칙을 발견하는 것에 초점이 맞춰져 있는데 그 원리를 합리적으로 설명하고 정량화할 수 있는 수단이 수학이기 때문이다.

이러한 개념에서 본문에서는 선박의 기능구조와 실무지식을 설명하고, 부록에서는 이론적 배경인 수학, 과학 및 공학을 중심으로 서술하고 있다.

곰곰이 잘 따져보면 부록의 기초수학에서 공학 이론까지는 대학에서 학습하는 내용이며, 본문은 실무에서 익힐 수 있는 내용이다. 지도와 같은 역할을 하고자 한다는 의미는 이론과 실무의 연관성을 Mapping 한다고도 할 수 있을 것이다.

제1편
기능구조분석에 기반한 선박의 이해

기능구조분석에 기반한 선박의 이해

1. 기능구조분석의 개념

: 선박을 기능 중심으로 분석하기 위한 수단인 기능구조분석의 개념을 소개한다.

2. 선박의 기능구조분석

: 선박의 정의에 기반하여, 선박이 지녀야 하는 목적을 이루기 위한 기본성능 그리고 기본성능을 분해한 세부성능으로 나눈다. 분해된 각 세부성능을 구현하기 위한 주요 제원을 살펴보고, 주요 제원은 다시 세부 제원으로 기능구조분석을 시행한다. 최종 하위에는 해당 기능의 바탕이 되는 공학과의 연관성을 나타낸다. 선박의 기능구조분석은 어떠한 관점에서 얼마나 세밀하게 쪼개는가에 따라 달라질 수 있다.

1. 기능구조분석의 개념

기능구조분석은 선박뿐만 아니라 모든 대상과 모든 분야에서 동일한 방식으로 대상의 기능을 체계화하여 분석할 수 있는 강력한 수단이다.

기능구조분석은 공학에서도 매우 유용한 수단이다. 공학의 관점에서 기능구조분석의 유용성을 살펴봄으로써 선박을 이해하기 위해 기능구조분석을 활용할 필요성을 살펴본다.

공학 문제를 **일반화**해보면, 공학은 과학을 토대로 인간의 삶에서 만나지는 문제들을 해결하는 학문으로 그 효율성을 돈과 시간으로 나타낸다.

예를 들어보자. 오랜 옛날 무역을 위해 대륙 간에 대량의 화물을 저렴하게 이동해야 하는 문제가 발생했다고 하면, 해결 방법으로 해상운송 수단이라는 기능이 요구된다. 해상운송 수단의 기능을 달성하기 위해서는 물에 떠서 화물을 싣고 이동할 수 있어야 한다는 기능이 도출되고, 물에 뜨기 위해서는 어떤 재질로 어떻게 만들어야 할지, 그리고 어떤 방법으로 이동시킬지 당시의 기술과 과학적 지식을 통해 방법을 찾게 될 것이다. 그리고 가능하다면 수학을 통해 가능성과 효율성을 검증하고, 이것이 어렵다면 실험 등을 통해 확인할 것이다. 이러한 흐름이 공학이라 할 수 있다.

기능구조분석이란, 대상의 목적을 발현하기 위한 핵심기능과 그 핵심기능들을 구성하는 하위기능들을 계층적으로 찾아 주는 것이다. 이러한 작업은 계층구조를 따라서 Top-down 방식으로 진행된다.

기능구조분석은 정의에서 출발한다. 정의란 대상의 일반화*를 통해 개념의 외연(어떠한 개념이 적용되는 범위)을 규정하고, 추상화**를 통해 개념의 내포(어떠한 개념이 적용되는 범위에서 대상이 공통적으로 지니는 성질)를 명확하게 하는 핵심적인 설명이다. 즉, 정의를 통해 적용범위와 공통요소(공통요소란 기능 전반에 영향을 미치는 핵심요소 라고 할 수 있다)를 알 수 있다. 따라서 정의를 기반으로 이질적인 핵심기능을 분류하여 절점으로 설정하고, 이 절점(Node)을 분기점으로 기능구조분석을 반복하여 구조화하는 것이다.

* 일반화: 연관성 있는 2개 이상의 개념을 묶어 상위 개념을 형성하는 것

** 추상화: 개별적 사물 또는 구체적 개념으로부터 공통요소를 뽑아 일반적 개념으로 파악하는 것

2. 선박의 기능구조분석

선박의 정의로부터 기능구조분석을 시작한다. 선박은 사람 또는 화물을 계획된 일정에 따라 안전하게 운송할 수 있는 수상 구조물이다(선박을 통상 사람 또는 화물을 운송하는 수상 구조물로 정의하기도 하지만 효율 및 안전의 가치를 고려하여 '계획된 일정에 안전하게'라는 내용을 추가한다. 이는 실제로 효율을 향상하기 위한 선형개발, 안전을 확보하기 위한 안전설비 적용 등 다양한 형태로 기본기능의 하위 기능으로 발현된다).

정의를 통해 기능구조분석 대상인 선박의 적용범위(외연)와 공통요소(내포)를 확인한다. 정의 중 대상이 수상 구조물로 규정됨에 따라 육상 또는 항공과 구별되어 해상이라는 공간적 영역이 정해진다. 또한 공간의 영역에 시간의 영역을 더하여 대상의 범주를 확장한다. 해상이라는 공간과 운항이라는 시간의 변화를 함께 고려해본다. 그 예로 잠수함 또는 위그선은 수중과 수면 위에서 운항하지만, 출항과 입항 시 수상에서 시작된다는 점을 고려하여 선박의 범주에 포함되는 것이다.

다음으로 정의된 대상의 목적을 고려하여 기능전반에 걸쳐 공통으로 적용되는 핵심기능을 도출한다. 수상의 의미에서 물 위에서 뜰 수 있어야 하고, 사람과 화물 운송의 의미에서 사람과 화물을 적재할 수 있어야 한다는 것과 이동할 수 있어야 한다는 것이 핵심기능임을 알 수 있다.

다시 정리해 보면, 선박은 목적을 달성하기 위해 필요한 기본기능으로 물 위에 떠서 사람 또는 화물을 적재할 수 있어야 하고, 목표한 시간 안에 원하는 곳으로 이동할 수 있어야 한다는 것이다. 이를 압축하여 표현하면, 선박은 부양성, 적재성 및 이동성을 갖추어야 한다는 것으로 핵심기능이 도출된다.

< 관점에 따른 기능구조분석 >

► 기능구조분석은 관점에 따라 달리 분석될 수 있으며, 선박의 대상을 두고 조선공학, 선박건조, 해상안전 등 다양한 관점의 기능구조분석이 가능

❶ 선박건조 측면의 기능구조분석의 가장 좋은 예는 건조사양서(Building Spec)임. 건조를 위해 만족해야 하는 계약관련사항, 주요치수, 요구 Rule & Regulation 도면 종류 등의 일반사항을 시작으로 선체, 기장철의, 기장배관, 선장철의, 선장배관, 선실 및 전장의 기능요건을 명시함

❷ 해상안전 측면의 기능구조분석의 가장 좋은 예는 법규에 따른 안전기준임. 구조기준, 복원성 및 만재흘수선기준, 구명설비기준, 소방설비기준, 기관기준 등을 요구함

※ 설계는 건조사양서 및 법규에서 문장으로 정의된 기능 또는 요구사항을 엔지니어링을 통해 검증하고 도면이라는 형태로 표현하는 것이고, 건조는 이것을 개발된 기술을 활용하여 현실화하는 것임

다시 부양성, 적재성 및 이동성을 세분화하면 부양성 아래에는 안전한 상태로 부양하기 위한 복원성을, 이동성 아래에는 원하는 방향으로 이동하기 위한 조종성이 추가된다(흔히들 선박의 주요기능에 대해 부양성, 적재성, 이동성, 복원성 및 조종성 등을 꼽는다). 기능구조분석을 통해 선박을 체계적으로 이해하기 위해 보다 세밀하게 기능구조분석을 실시해 보면 다음과 같다(선박의 기능구조분석을 수행하면 여러 기능에 관여하는 항목이 존재하고, 이것을 어느 기능의 하위로 분류할지에 따라 기능구조분석의 차이가 발생하며, 이때 주관이 개입된다. 이 책에서는 여러 기능에 관여하는 부분은 가장 크게 관여하는 기능에 하위로 편입하여 분류했다. 그리고 선박의 기능구조분석도는 하나의 계통도로 표기하기에는 비대하여, 기본기능 중심으로 몇 개의 세부 계통도로 분할하여 나타냈다).

위의 기능구조분석에 따라 선박의 기능을 체계적으로 이해하고 손쉽게 관련 내용을 찾아볼 수 있도록 선박의 기능구조분석도 중 각 절점(Node)에 기호를 부여했다. 그리고 이 기호를 조합하여 선박 기능구조분석도에서 해당 기능의 위치를 나타내는 코딩 체계를 다음과 같이 정의한다(손쉽게 내용을 파악할 수 있도록 하는 것 이외의 의미는 없고,

이 책에서 기능구조분석도를 보고 원하는 내용을 손쉽게 찾을 수 있으면 된다). 코딩은 기본성능, 세부성능 및 세부요소에 기호를 부여하고 3자리로 조합하는 방식으로 정의한다(기능구조분석도의 기본요소는 코딩의 간편성을 위해 별도의 표기를 부여하지 않는다). 기본성능은 앞자리를 기준으로 부양성-㊊, 적재성-㊍ 및 이동성-㊐으로 표현하고, 세부성능은 좌측에서 우측으로 Ⓘ,Ⓘ,Ⓘ,Ⓘ를 부여하며, 세부요소는 동일한 요령으로 ①,②,③…순으로 나타낸다. Code는 기본성능, 세부성능 및 세부요소 순으로 조합한다. 다만, 세부요소가 여러 항목에 영향을 미치는 경우 ⓪으로 표현한다. 첫 권인 '선박의 이해'에서는 기본성능과 세부성능에 관한 Code까지만 활용되고, 그 외 선박의 부양성능, 적재성능 및 이동성능에 관한 책에서는 세부요소에 관한 기호까지 함께 Code에 표기해서 해당 내용이 기능구조상 어느 위치에 해당하는지 알 수 있도록 하였다.

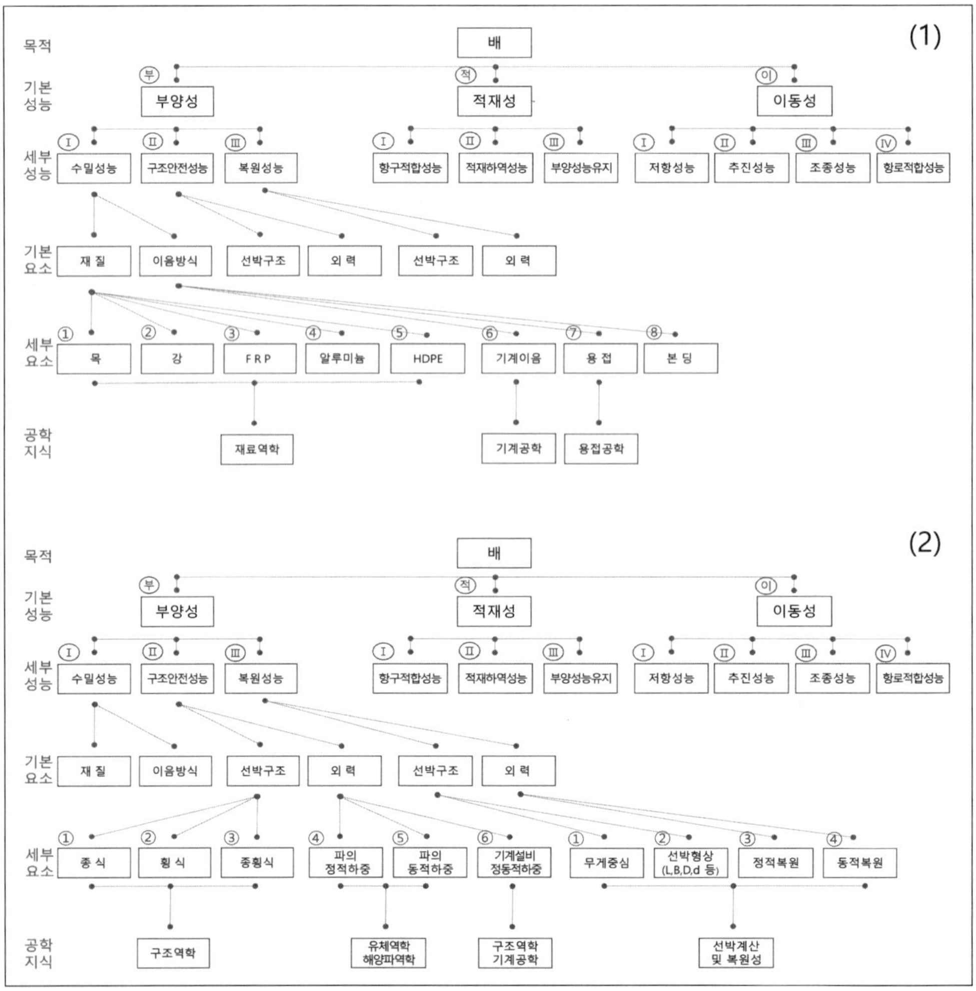

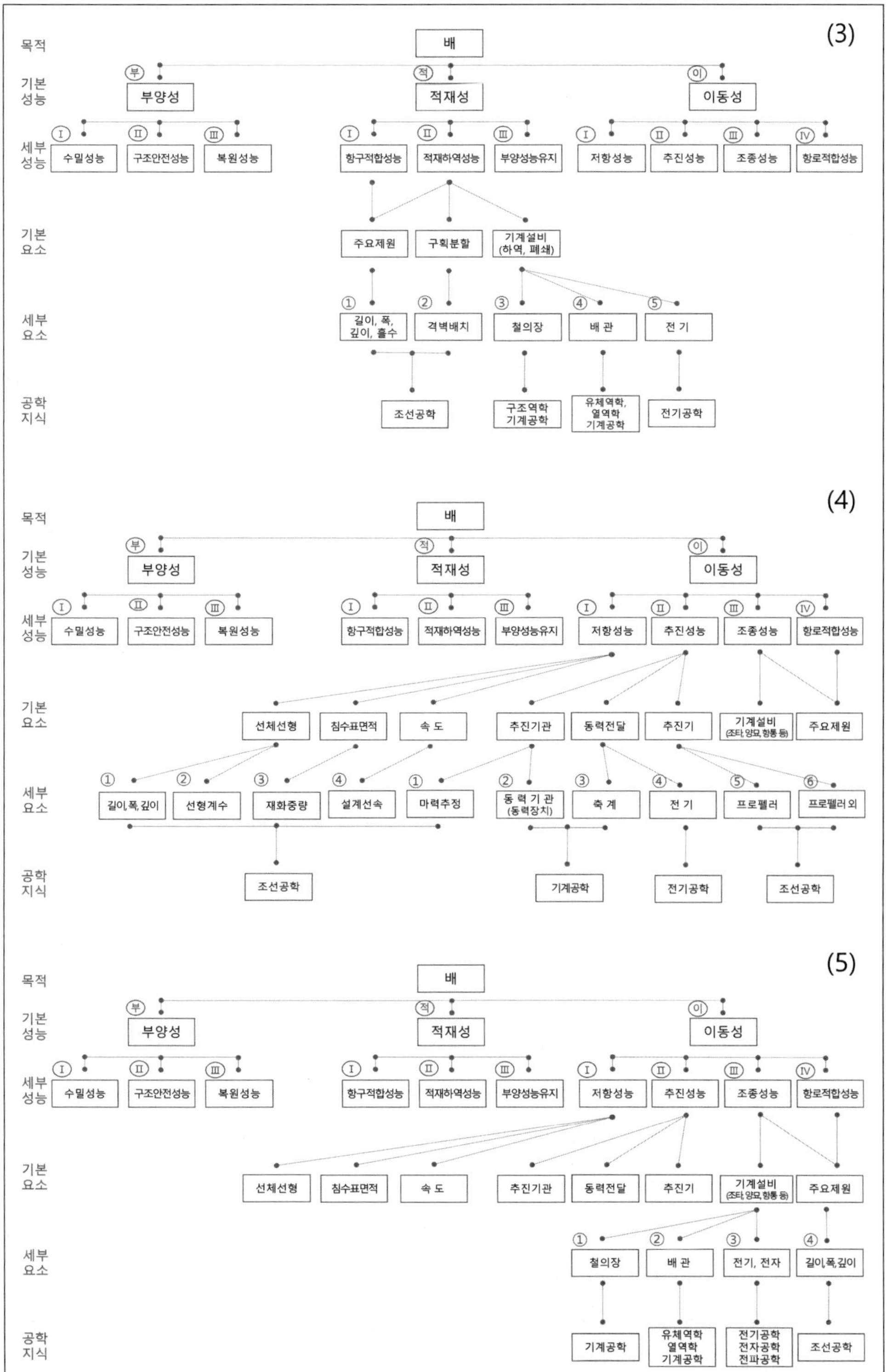

(3)
목적
기본
성능
세부
성능
기본
요소
세부
요소
공학
지식
배
부 부양성
적 적재성
이 이동성
Ⅰ 수밀성능
Ⅱ 구조안전성능
Ⅲ 복원성능
Ⅰ 항구적합성능
Ⅱ 적재하역성능
Ⅲ 부양성능유지
Ⅰ 저항성능
Ⅱ 추진성능
Ⅲ 조종성능
Ⅳ 항로적합성능
주요제원
구획분할
기계설비
(하역, 폐쇄)
① 길이, 폭,
깊이, 흘수
② 격벽배치
③ 철의장
④ 배 관
⑤ 전 기
조선공학
구조역학
기계공학
유체역학,
열역학
기계공학
전기공학
(4)
목적
기본
성능
세부
성능
기본
요소
세부
요소
공학
지식
배
부 부양성
적 적재성
이 이동성
Ⅰ 수밀성능
Ⅱ 구조안전성능
Ⅲ 복원성능
Ⅰ 항구적합성능
Ⅱ 적재하역성능
Ⅲ 부양성능유지
Ⅰ 저항성능
Ⅱ 추진성능
Ⅲ 조종성능
Ⅳ 항로적합성능
선체선형
침수표면적
속 도
추진기관
동력전달
추진기
기계설비
(조타, 양묘, 항통 등)
주요제원
① 길이, 폭, 깊이
② 선형계수
③ 재화중량
④ 설계선속
① 마력추정
② 동 력 기 관
(동력장치)
③ 축 계
④ 전 기
⑤ 프로펠러
⑥ 프로펠러 외
조선공학
기계공학
전기공학
조선공학
(5)
목적
기본
성능
세부
성능
기본
요소
세부
요소
공학
지식
배
부 부양성
적 적재성
이 이동성
Ⅰ 수밀성능
Ⅱ 구조안전성능
Ⅲ 복원성능
Ⅰ 항구적합성능
Ⅱ 적재하역성능
Ⅲ 부양성능유지
Ⅰ 저항성능
Ⅱ 추진성능
Ⅲ 조종성능
Ⅳ 항로적합성능
선체선형
침수표면적
속 도
추진기관
동력전달
추진기
기계설비
(조타, 양묘, 항통 등)
주요제원
① 철의장
② 배 관
③ 전기, 전자
④ 길이, 폭, 깊이
기계공학
유체역학
열역학
기계공학
전기공학
전자공학
전파공학
조선공학

앞서, 선박의 정의를 토대로 목적을 달성하기 위한 기본기능을 간략히 살펴보았다. 지금부터는 각 기본성능을 중심으로 세부성능, 기본요소, 세부요소 및 관련 공학을 기준으로 하여 기능구조분석을 실시한다.

[㉯] **부양성에 대한 세부성능**을 분석한다. 부양성이 구현되기 위해서는 물이 들어오지 않고, 부서지거나 넘어지지 않고 유지될 수 있어야 한다. 이를 간단한 용어로 정리하면 수밀성능, 구조안전성능 및 복원성능이라 할 수 있다.

[부-Ⅰ] **수밀성능에 관한 기본요소**를 분석한다. 수밀성능이 유지되기 위해서는 어떠한 재질을 어떻게 연결하여 수밀이 되게 할 것인가가 핵심이 된다. 이를 재질과 이음 방식으로 규정하기로 한다.

수밀성능의 기본요소별 세부요소 및 관련공학을 정리한다. 재질은 크게 목, 강, 알루미늄, FRP 및 HDPE가 있고, 이음방식은 기계이음(목제의 끼움, 강선의 리벳), 용접(강, 알루미늄 및 HDPE는 용접을 통해 부재를 연결) 및 본딩(FRP적층)이 있다. 이를 이해하기 위해서는 재료역학, 기계공학 및 용접공학에 대한 이해가 필요하다.

[부-Ⅱ] **구조안전성능에 관한 기본요소**를 분석한다. 구조적 안전성능이 유지되기 위해서는 해당 선박에 작용하는 외력을 알고, 선박의 구조가 외력을 견딜 수 있도록 해야 한다. 이를 선박구조와 외력이라 규정하기로 한다.

구조안전성능의 기본요소별 세부요소 및 관련공학을 정리한다. 선박의 구조는 크게 종식, 횡식 및 종횡식 구조로 분류할 수 있다. 그리고 외력은 파에 의한 하중과 선박 내부의 기계설비 운용에 의한 하중으로 나눌 수 있다. 파의 하중은 다시 정하중과 동하중으로 구분된다. 정하중은 파(波)중에 선박이 위치함으로써 굽힘을 받는 하중과 정수압 등이 있고, 동하중은 슬래밍과 같이 운항 시 충격에 의한 하중 등이 있다. 기계에 의한 정하중은 기계의 자중이 대표적인 예이며, 동하중은 크레인과 같은 장비를 운용할 경우 발생한다. 액체화물 운송 시 슬로싱에 의한 동하중이 발생한다. 이는 별도의 세부요소로 분류해도 좋고, 화물의 특이성을 감안하여 다른 세부요소의 하위요소로 분류해도 좋다. 관련 공학은 구조역학, 유체역학, 해양파역학 및 기계공학 등이 있다.

㉯-Ⅲ**복원성능에 관한 기본요소**를 분석한다. 복원성능이 유지되기 위해서는 선박의 형상 및 무게중심 등과 연관된 복원력이 횡 동요, 풍압 및 여객이동 등에 의한 외력보다 커야 한다. 편의상 선박구조와 외력으로 규정한다.

복원성능의 기본요소별 세부요소 및 관련공학을 정리한다. 선박구조는 선박의 길이, 폭, 깊이 및 흘수(복원력은 배수량과 복원정의 곱으로 나타나고, 복원정 계산에 포함된 변수는 최종적으로 목표하는 재화중량을 고려하여 길이, 폭, 깊이의 비율과 흘수에 따라 달라짐)에 따른 형상적인 요소와 질량의 분포 즉 무게중심에 의해 제어된다. 외력은 큰 의미에서 보면 선박의 안정상태를 변화시키는 외부 교란을 의미하고, 앞서 설명한 횡 동요 등의 외력 외에도 자유수효과, 물의 밀도 변화 등 다양한 요인이 있다. 따라서 단순히 기울었을 때 복원할 수 있는가에 대한 정적복원과 각종 요인에 따라 횡 동요(선박은 길이가 긴 세장체로써 종방향으로 전복되지는 않는다. 관심대상은 횡 복원력이며, 따라서 동적상태는 횡 동요 상태를 말함) 상태에서도 복원할 수 있는가에 대한 동적복원으로 관점을 정리한다. 관련공학은 선박계산 및 복원성이 있다.

㉾**적재성에 대한 세부성능**을 분석한다. 적재성이 구현되기 위해서는 항구에 접안해서 화물을 선적하고, 그 상태를 안전하게 유지하며 또 다른 항에 접안하여 하역할 수 있어야 한다. 함축적 의미로 다시 정리하면 항구적합성능, 적재·하역성능 및 부양성능이라 할 수 있다. 부양성능은 적재상태에 대한 부양성 유지임으로 자세한 설명은 생략한다.

㉾-Ⅰ**항구적합성능에 관한 기본요소**를 분석한다. 선박은 정의와 같이 사람 또는 화물을 운송할 수 있어야 하고, 시작과 끝은 육상으로 통한다. 즉 계획된 항구에 입항하여 접안할 수 있을 때 비로소 목적을 달성할 수 있다. 항구 호환성능의 의미는 선박의 주요 제원이 계획된 항구에 적합해야 한다는 것이다.

항구적합성능에 관한 기본요소의 세부요소 및 관련공학을 정리한다. 선박의 주요 제원 중 항구 입출항 및 접안에 영향을 주는 요소는 길이, 폭, 깊이 및 흘수에 해당한다. 예를 들면 선폭은 항 내 출입 시 방파제가 있다면 출입이 가능한 폭이어야 하고, 깊이 및 흘수는 항 내 수심에서 운항할 수 있어야 하며, 길이는 항내 운항 및 접안시설에 맞는 규모여야 한다. 관련공학 지식은 조선공학에 해당한다.

엄밀히 말하면 항구와 적합성을 고려한 주요 치수는 공학적 지식이 필요하지는 않으나, 항구와의 적합성은 설계 제약조건으로 작용하여 선박설계 시 고려되는 요소임에 따라 조선공학이 연관된다.

[㉠-Ⅱ]**적재하역성능에 관한 기본요소**를 분석한다. 선박이 운송을 위해 계획된 항구에 입항이 가능하다고 하면, 화물을 선박에 싣거나 내릴 수 있어야 한다. 그리고 선박은 계획된 일정에 따라 운송할 수 있어야 한다. 운송과정에서 일정을 확보하기 위해서는 적재 및 하역 시 시간을 줄이는 것은 중요한 요소이다. 따라서 적재 및 하역 시에는 가능한 한 기계설비를 통해 자동화하고 능률화하고자 한다. 그리고 이러한 설비는 대상화물에 따라 달라진다. 적재 및 하역 시에 액체화물선은 배관설비를 통해 이루어지고, 컨테이너선은 크레인을 통해서 이루어지며, Ro-Ro선은 Ramp 시설이 요구된다. 조금 더 넓게 적재 및 하역에 관한 기계설비를 살펴보면, 화물창을 관리하거나 안전성을 확보하기 위한 설비부터 운용을 위해 접근을 위한 설비까지 포함될 수 있다. 간단히 예를 들어보면, 유조선의 경우 화물창을 선저에 원유의 원활한 적재 및 하역을 위해 점도를 맞추기 위한 Heating system이 설치되며, 운용의 효율을 높이기 위한 화물창 세정설비인 COW(Crude oil washing) system이 적용된다. 안전에 관한 설비로 화물창 내 화재를 고려한 소화설비가 추가된다. 그리고 이러한 장비의 운용 및 유지관리를 위해서는 접근을 위한 교통장치(Door, Ladder 및 Handrail 등)가 필요하다. 여기서 System, 설비 혹은 장치라고 설명된 것들이 움직임을 동반 하는 경우, 전력 또는 유공압 등을 활용하기 때문에 기계, 전기 및 유공압으로 내용은 더욱 확장된다. 조선 산업이 종합산업인 이유가 여기에서 확인된다. 기계설비와 더불어 적재 및 하역 성능과 관련된 다른 기본 요소는 선박 내 구획분할이다. 선박이 항구에 입항하고, 효율적으로 선적할 수 있는 장비가 갖춰졌다면, 계획된 한 항차당 화물을 선박에 실을 수 있는 공간이 확보되어 있어야 한다는 의미다. 정리하면 적재 및 하역 성능과 관련된 기본요소는 기계설비와 선박 내 구획분할이다.

적재하역성능에 관한 기본요소별 세부요소 및 관련공학을 정리한다. 주요 제원과 구획분할은 선박의 길이, 폭, 깊이, 흘수, 재화중량을 고려한 구획분할 등이 해당한다. 사실상의 조선공학에서 기본설계에 해당하는 부분이다. 주의할 사항은 뒷부분에서 설명하겠지만 이러한 주요 제원 등은 이동성을 달성하기 위한 세부요소와 중복되며, 각 기능의 목적을 달성하기 위한 조건이 상충한다. 각각의 기능을 달성하기 위해 설계변수를 결정하는 과정에서 충돌문제가 발생하는 것이다. 선박설계는 이러한 충돌문제를 해결해가는 과정이라 할 수 있다. 충돌문제에 대해서는 이동성에서 다시 다루기로 한다. 또 다른 기본요소인 기계설비는 기계공학의 영역에 해당한다. 조선공학은 집을 짓는 것이고, 기계설비는 집 안의 각종 설비에서 소품에 이르는 것을 설치하는 것이라 할 수 있다. 각각의 기계설비는 System으로 불릴 만큼 독립적인 기능을 갖는다. 일반적으로 동력원으로써의 전기, 동력 전달을 위한 전기 또는 배관(유공압) 및 실제 운동을 만들어내는 기계부분으로 구성된다. 기계설비로 한정하여 표현하기도 했으나, 고정되어 있는 의장품 역시 넓은 의미해서는 포함될 수 있다. 예를 들면 교통장치는 Traffic system으로 선원이 해당구역을 안전하고 편하게 접근할 수 있어야 한다. 그래서 사고를 고려하여 2개의 수단을 준비하고 최대한 멀리 떨어져 배치하며, 가급적 편리를 위해 경사사다리를 사용한다. 적재 및 하역을 위해 선원의 접근이 필요한 경우, 안전하고 편안한 접근을 위해 의장품을 효율적으로 배치하는 것 역시 넓은 의미에서 기계설비의 요소에 포함된다. 세부적인 관련학문은 조선공학, 구조역학, 기계공학, 유체역학, 열역학 및 전기공학이 있다.

㉨**이동성에 대한 세부성능**을 분석한다. 이동성은 선박이 화물을 선적하고 예정된 출항지에서 목적지까지 이동할 수 있어야 한다. 조금 더 정확하게 말하면 예정된 기간 내에 이동할 수 있어야 한다. 이러한 목적을 달성하기 위해서는 계획된 선속으로 선박을 운항할 때, 수상에서 발생하는 저항을 알아야 하고 추정된 저항보다 큰 추진성능을 갖출 수 있어야 한다. 그리고 원하는 항로에 따라 선박을 조종할 수 있어야 한다. 만약, 계획된 항로가 운하를 지나게 된다면 운하를 통과할 수 있는 규모여야 한다. 이동성에 관한 세부성능을 요약하여, 저항성능, 추진성능, 조종성능 및 항로적합성능으로 규정한다.

㉨-①**저항성능에 관한 기본요소**를 분석한다. 선박의 저항은 크게 공기에 의한 저항과 물에 의한 저항으로 나뉜다. 물의 밀도가 공기의 밀도보다 1,000배 크기 때문에 물에 의한 저항에 집중한다(고속선에서는 공기저항이 중요한 요소가 된다). 물에 의한 저항은 크게 물의 점성에 따라 발생하는 마찰저항과 선체 표면에 붙어있던 유체 입자가 박리되면서 선수와 선미의 압력차에 의해 발생하는 형상저항 그리고 자유수면에서 파의 발생(에너지 손실)에 따른 조파저항으로 합으로 구성되며 이는 선속에

따라 비율이 달라진다. 선박의 저항에 영향을 주는 요소를 살펴보자. 첫째는 선체가 어떤 외형을 갖추었는지(흔히들 말하는 물을 잘 가르게 생겼는지) 선체선형에 영향을 받는다(형상저항과 조파저항에 영향을 미침). 다음은 침수표면적이 있다. 물은 점성을 가지고 있기 때문에 수중에서 이동하는 경우 마찰저항이 발생하며, 이를 줄이기 위해서는 물과의 접촉 상태를 바꾸지 않는 한 침수표면적을 줄여야 한다(선체 표면에 공기를 분사하여 접촉상태를 개선하기도 하며 관련된 설비로 개념을 확장할 수 있으나 기본적인 체계에 집중한다). 그리고 동일한 선형에 동일한 침수표면적이라 할지라도 움직이는 속도에 따라 달라지기 때문에 선속이 마지막 요소가 된다.

저항성능에 관한 기본요소별 세부요소 및 관련공학을 정리한다. 선체선형을 가장 손쉽게 표현할 수 있는 방법은 주요 제원(길이, 폭 및 깊이)과 선형계수(방형계수, 주형계수, 연직주형계수, 중앙횡단면계수 및 수선면계수)이다. 즉, 선박을 직육면체의 공간에 놓았을 때, 해당공간 대비 선박의 용적이 얼마나 차지하는지, 각 단면에서 얼마의 면적을 차지하는지를 표현하여 선형을 나타내는 것이다. 이렇게 외형인 선체선형이 결정되면 침수표면적을 결정하는 것은 재화중량이 된다. 화물을 많이 실을수록 선박은 많이 가라앉게 되고 침수표면적은 커지게 된다. 그리고 속도는 계획된 화물을 목표 일정 안에 운송하기 위한 선속을 만족해야 한다. 관련학문은 조선공학에 해당한다.

절점(Node)에서 발생하는 충돌문제를 설명한다. 저항성능의 세부요소에는 주요 제원이 포함된다. 그리고 앞서 설명한 바와 같이 부양성과 적재성의 세부요소에서도 주요 제원이 포함되어 있어 충돌문제를 일으킨다. 기본기능을 중심으로 가장 손쉬운 예를 들어보면 선폭이 증가하면 부양성(복원성능) 측면에서 유리하지만, 일반적으로 이동성(저항성능) 측면에서 저하되는 경향을 보인다(자세한 내용은 '선박의 부양성능', '선박의 이동성능' 및 '선박의 이동성능'편에 수록된 선박기본설계 중 주요목에 따른 성능변화를 참고한다). 이러한 상황을 해결하기 위해 최적의 절충안을 찾기 위한 방법으로 여러 가지 최적설계 기법을 도입하여 활용한다(이 부분에서 기능구조분석의 강점을 찾을 수 있다. 대상의 체계적인 이해뿐만 아니라 변수가 전체 목적기능에 미치는 영향을 손쉽게 파악하여 변형하거나 외부 변수가 발생하였을 때 그 영향을 예측할 수 있다).

㉧-Ⅱ **추진성능에 관한 기본요소**를 분석한다. 추진성능을 구현하기 위해서는 에너지원의 동력전환에서 추진력 발생까지 흐름을 이해해야 한다. 개념화된 흐름은 에너지원을 일로 전환하고 전환된 일을 추진기까지 전달하며, 추진기를 통해 최종 추력을 발생시킨다. 예를 들어보면 에너지원의 동력으로 전환은 증기기관(보일러를 통해 증기를 생산하고 터빈을 회전), 디젤기관, 가솔린기관(연료의 폭발력을 실린더의 왕복운동으로 다시 커넥팅 로드를 통한 회전운동으로 전환) 등으로 이루어지고, 발생한 동력(회전력)은 축(Shaft)을 통해 추진기로 전달된다. 추진기는 전달받은 동력을 이용하여 실제 추력을 발생시키며, 대표적인 예로 프로펠러, 보이슈나이더 및 워터젯 등이 있다. 수중에서 프로펠러가 고속으로 회전할 경우 케비테이션에 의한 문제가 발생하기 때문에 가급적 대직경 저회전으로 프로펠러가 작동될 수 있도록 하기 위해 감속기를 두기도 한다. 큰 개념에서 중요한 기본요소는 추진기관, 동력전달 및 추진기로 구성된다.

추진성능에 관한 기본요소별 세부요소 및 관련공학을 정리한다. 추진기관의 세부요소는 여러 가지로 구성될 수 있으나, 선박에 있어 핵심요소는 마력의 추정이다. 풀어서 말하면 추진기관(동력장치)은 기존에 개발된 제품을 적용하면 되기 때문에 어떤 용량의 추진기관을 사용할 것인지가 핵심이 되는 것이다. 그리고 몇 마력에 해당하는 추진기관을 사용할 것인가는 앞서 저항성능에서 저항을 추정함으로써 구했다. 동력전달은 통상 축(Shaft)의 회전을 통해 전달한다. 축은 기관실의 조건에 따라 다양하게 구성되나, 핵심요소는 추진축, 선미관축 및 추력축에 해당한다. 추진축은 프로펠러에 연결된 축이며, 선미관축은 축이 선체를 관통하면서도 수밀이 유지되도록 한다. 그리고 추력축은 프로펠러, 추진축 및 선미관축을 통해 전달된 추력을 선체에 전달하는 역할을 한다. 만약 추력축이 없이 추진기관의 커넥팅 로드와 연결된 축과 바로 연결된다면, 추력에 의해서 축이 추진기관으로부터 이탈된다. 실제 추력을 발생시키는 추진기는 다양한 것이 개발되어 있으나 가장 효율이 좋은 것은 프로펠러이다(자세한 내용은 '선박의 이동성능' 편에 수록된 추진기의 기본 개념을 참고한다). 관련공학은 조선공학, 기계공학 및 전기공학 등이 있다.

㉧-Ⅲ **조종성능에 관한 기본요소**를 분석한다. 선박을 안전하고 원하는 상태로 조종하기 위해서는 일정 수준 이상의 조종성능을 만족해야 한다. 풀어서 말하면 긴급으로 정지하고자 할 때, 최소한 얼마의 제동거리가 발생하는지(긴급정지)와 선회를 할 때

어느 만큼의 회전반경이 필요한지(선회성)를 알고 있어야 하고, 원하는 방향으로 침로를 유지(보침성)하고 원활한 변침(변침성)이 가능해야 한다. 그리고 필요시 해상의 한 곳에 머물 수 있어야 하며, 항구에 입항했을 때 안전하게 접안도 할 수 있어야 한다. 지금까지 선박의 외형을 갖추고 이동하기 위한 추진기가 설치된 상태라면, 선박을 원하는 상태로 조종하기 위한 여러 기계설비가 추가되는 개념이다.

조종성능에 관한 기본요소별 세부요소 및 관련공학을 정리한다. 조종성능을 구현하기 위해 필요한 세부요소는 매우 많다. 넓은 의미에서 예를 들면, 목표한 항로에 따라 안전하게 운항하기 위해 다른 선박 혹은 육상과 교신을 위한 항해통신설비와 원활한 조종을 위해 선원을 위한 편의설비 등 다양한 경우를 생각할 수 있다. 하지만 선박의 움직임과 직접적인 연관을 갖는 기계설비에 집중한다. 주요 설비로는 선박의 방향을 바꿀 수 있는 조타설비, 해상에서 정박하거나 긴급정지 및 선회 등을 위한 계선설비, 그리고 항 내에서 필요한 계류설비 및 조향설비(Thruster 등)를 들 수 있다. 해당 장비는 앞서 적재 및 하역을 위한 기계설비에서 설명된 바와 같이 독립된 기능을 갖는 System으로, 해당 기능을 실현하기 위해 기계(철의장), 배관 및 전기 Part를 조합한다. 관련학문은 기계공학, 유체역학, 열역학 및 전기공학 등이 있다.

[ⓘ-Ⓘⓥ]**항로적합성능에 관한 기본요소**를 분석한다. 항로적합성능의 개념은 항구적합성능과 같은 개념이다. 항로상에 선박의 제원에 영향을 주는 요소가 있는지 파악하는 것이다. 그것은 대부분이 항로상에 운하가 존재하는지 여부가 된다. 특별한 경우로는 북극항로를 지나는 경우 쇄빙능력(쇄빙선은 쇄빙을 고려하여 설계하지만 가급적 쇄빙이 발생하는 경로를 피하여 운항하고, 유빙에 대비한다)을 고려한 주요 제원의 선정이 필요하다.

항로적합성능에 관한 기본요소의 세부요소 및 관련공학을 정리한다. 앞서 설명한 바와 같이 대부분의 항로적합성능에 관한 검토는 운하 통과 여부이다. 따라서 세부요소는 운하를 통과한다면, 해당 운하를 이용할 수 있는 길이, 폭, 깊이 및 흘수를 갖추었는가에 해당한다. 역시 이 부분은 선박설계 측면에서 제약 조건으로 작용된다. 항구 적합성능에서와 같이 항로적합성능에 따른 주요 제원의 도출은 제약조건일 뿐이나 주요 제원이 다른 성능과 연관되어 있기 때문에 관련 학문으로 조선공학에 대한 이해가 필요하다.

제2편
기능구조분석에 기반한 선박의 기능과 체계

제1장 선박기본 및 구조

1. 선박의 주요성능 및 분류(공통)

: 선박은 주요 기본성능인 부양성, 적재성 및 이동성을 갖추어야 하고, 목적(수송, 해양작업 및 군함 등 특수목적), 크기(Handy size, Hand max, Panamax, Aframax, Capesize, Suezmax, VLCC 및 ULCC 등) 및 지지방식(배수량형, 수중익형, 공기부양형 및 반수형 등)에 따라 분류되고, 계열화할 수 있다.

2. 주요정의 및 선박규모의 단위(공통)

: 선박의 기본제원을 나타내는 길이(전장, 등록장, 수선간장, 수선장), 폭(형폭, 전폭, 등록폭) 및 깊이(형깊이, 등록깊이 및 건현깊이)는 사용 목적에 따라 다양하게 표현된다. 또한 선박의 규모를 나타내는 단위 역시 선박의 목적 및 특징에 따라 무게를 기준으로 한 중량톤수(배수톤수, 기준배수톤)와 부피를 기준으로 한 용적톤수(총톤수, 순톤수 및 보정총톤수)로 세분화되어 있다(컨테이너선은 선적가능한 컨테이너 수량으로 TEU, FEU로 선박규모를 나타냄). 선박에 관한 다양한 단위가 있다.

3. 설계프로세스(공통)

: 선박설계는 대부분 변형설계에 해당된다. 기하학적 변이를 주고 이들의 효율을 비교해서 최적의 값을 찾아가는 방식이다. 정해진 Flow를 따라 설계를 진행하고 충돌되는 값이 발견되는 경우 이전 Step으로 다시 회귀하여 설계하는 반복법을 주로 채택하고 있다.

4. 주요목에 따른 선박의 성능변화(공통)

: 앞서 기능 간 충돌문제를 살펴본 바 있다. 그리고 선박설계는 정해진 Flow에 따라 진행하고 기능구조의 결합부(Node)에서 충돌문제가 발생한다. 이를 위해 기하하적 변형을 체계적으로 시도하고, 충돌문제가 해결되지 않으면 이전 Step으로 회귀하는 방식을 취한다고 했다. 주요목(L, B, D, d, DWT)의 변화에 따른 영향을 이해한다면, 반복작업을 줄일 수 있을 것이다.

5. 주요목의 추정(공통)

: 선박의 주요제원은 모든 기능에 영향을 미친다. 그리고 앞서 선박설계는 대부분 변형설계임을 설명한 바 있다. 실제 선박설계는 가장 기본이 되는 주요제원에 대해 변형설계 관점에서 기존의 정보를 활용하여 계약사항을 어떻게 효율적으로 만족시킬 것인가에 대해 집중한다. 실적선을 바탕으로 도출한 경험식 또는 회귀분석을 통해 합리적인 초기값을 찾는 방법이 활용된다.

6. 마력추정(이-Ⅱ-1)

: 목표한 이동성을 달성하기 위해서는 추진성능이 확보되어야 한다. 이는 추진기관의 마력에 의해 결정되며, Admiralty 계수법과 같이 합리적인 초기값을 추정할 수 있는 방법 들이 있다.

7. 선형설계(이-Ⅰ-2)

: 목표한 이동성을 효율적으로 달성하기 위해서는 저항성능을 추정하고 선박의 저항이 최소가 되도록 해야 한다. 선박의 선체선형은 저항성능에 지배적인 영향을 미친다. 선형설계는 정해진 용적(DWT)을 유지하면서 길이 방향 단면적을 변화시켜 최소저항이 되도록 하는 선형을 찾는 과정이다.

< 선박의 필수기능에 관한 기능구조분석도 >

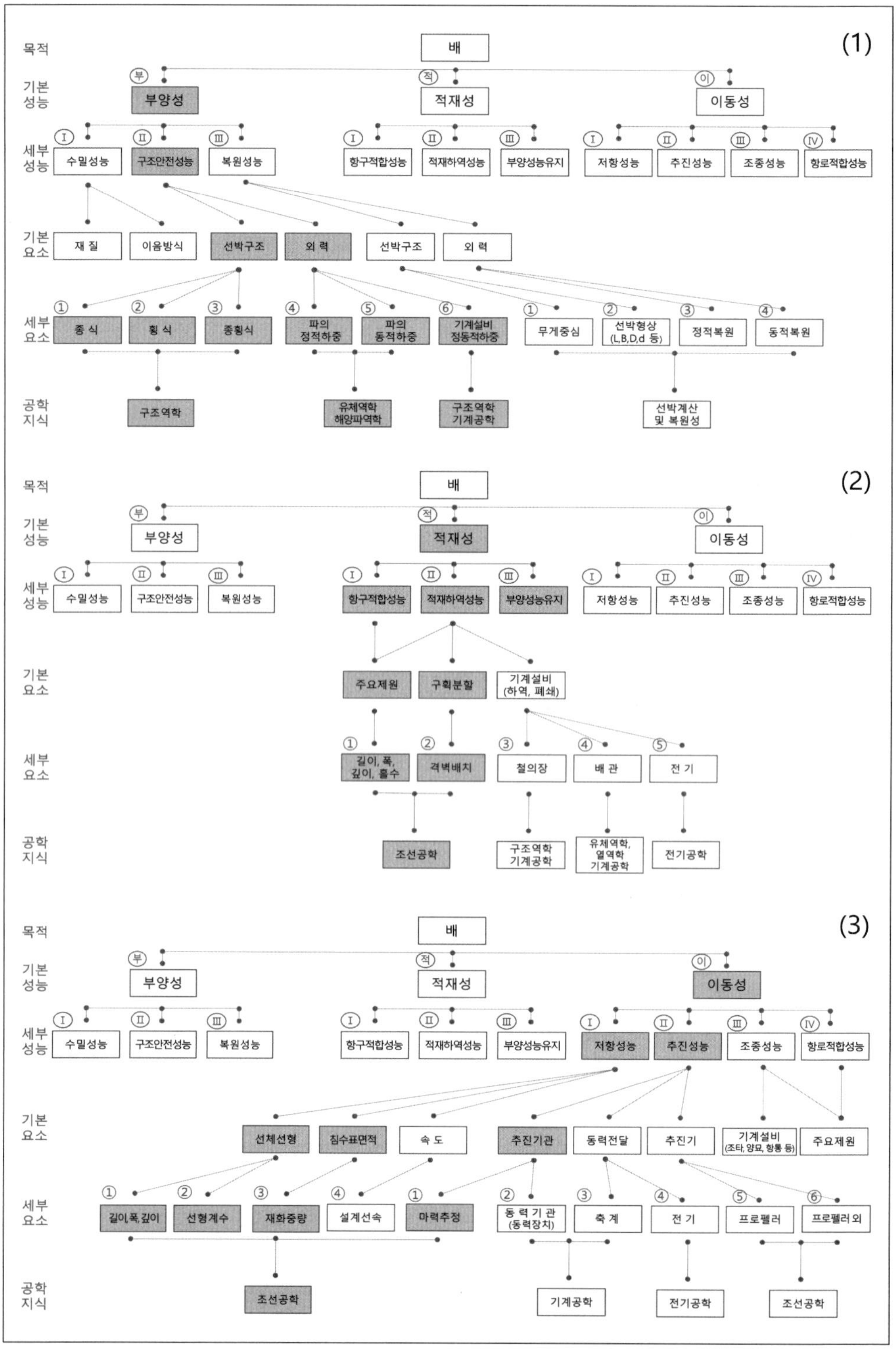

2-1-1 선박의 주요성능 및 분류 〔공통〕

□ 주요성능

○ 선박의 주요성능은 통상 작게는 3가지 크게는 5가지로 구분하며, 각각은 부양성, 적재성, 이동성, 복원성 및 조종성이다.

① **(부양성)** 선박은 물 위에 뜰 수 있어야 함

② **(적재성)** 선박은 사람 또는 화물 등을 적재할 수 있어야 함

③ **(이동성)** 선박은 이동할 수 있어야 함

④ **(복원성)** 선박은 경사시 전복되지 않고 복원할 수 있어야 함

⑤ **(조종성)** 원하는 상태로 직진, 선회 및 정지 등을 할 수 있어야 함

□ 분류

○ 선박분류는 관점에 따라 달라지며 여러가지 방식이 있을 수 있으나, 통상 사용되는 기능, 크기 및 부양방식에 따라 다음과 같이 분류된다.

① **(기능에 따른 분류)** 수송, 해양작업 및 특수목적선으로 분류

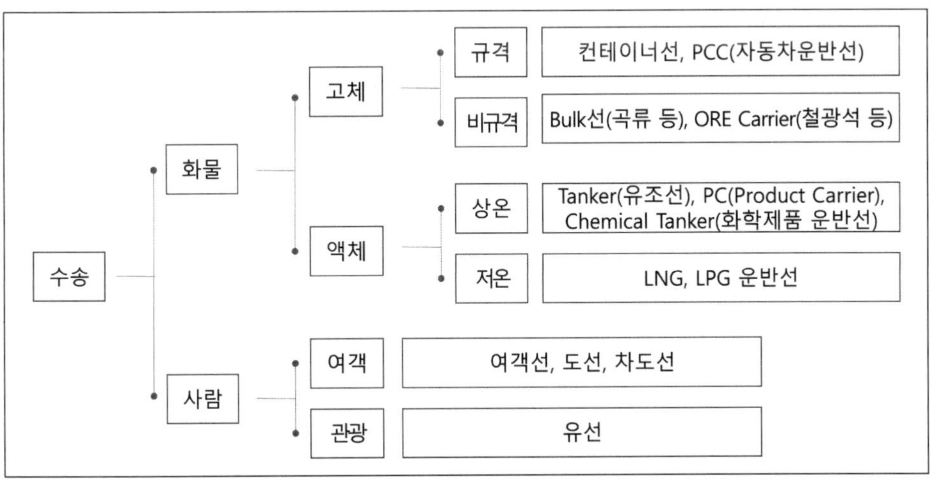

* 여객 vs 관광: 여객은 사람을 운송하기 위하여 항구에서 항구로 이동하는 것이나, 관광은 해상의 유락을 위한 것으로 출발한 항구로 다시 귀항하는 차이가 있음

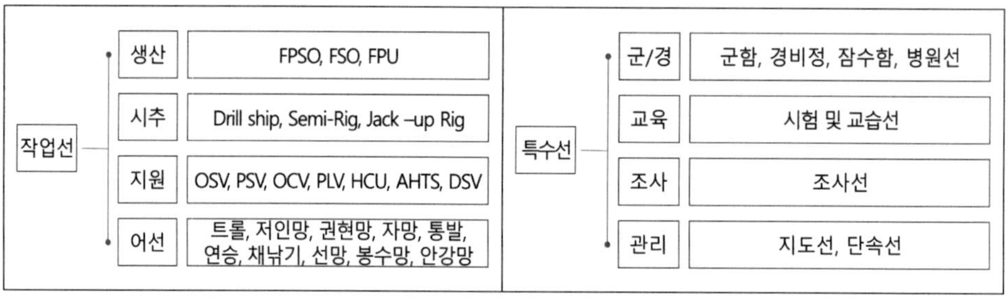

- ► FPSO: Floating Production Storage and Off-loading
- ► FSO: Floating Storage and Off-loading
- ► FPU: Floating Production Unit
- ► OSV: Offshore Support Vessel
- ► PSV: Platform Supply Vessel
- ► OCV: Offshore Construction Vessel
- ► PLV: Pipe Laying Vessel
- ► HCU: Heavy Crane Vessel
- ► AHTS: Anchor Handling Tug & Supply
- ► DSV: Diving Support Vessel

② **(크기에 따른 분류)** 산적화물선과 유조선은 수치(숫자)를 포함하지 않고, 선박의 규모를 나타내는 별도의 용어가 존재

* 상선 중 산적화물선과 유조선은 중요한 위치를 차지하고, 항로에 의해 주요치수가 결정됨에 따라 항구 또는 운하의 운용 가능성을 기점으로 크기를 명명

산적화물선
- Handy Size: 2~4만톤(일정한 항로 없이 운항, 크기가 작아 접안시설 영향↓)

산적화물선
- Handy Max: 5만 톤급

산적화물선
- Panamax: 6~7만톤(파나마 운하를 통과할 수 있는 최대크기)

유조선
- Aframax: 8~11만톤(운임, 선가 고려시 최대 이윤창출이 가능한 규모 의미)

산적화물선
- Capesize: 10~15만톤(남아공 석탄 적출항 리차드 항에 입항 가능한 최대 규모)

유조선
- Suezmax: 13~15만톤(수에즈 운하를 통과할 수 있는 최대크기)

유조선
- VLCC: 20~30만톤

유조선
- ULCC: 30만톤 이상

③ **(지지방식에 따른 분류)** 부력형성 원리에 따라 분류

- 배수량형: 가장 흔한 형태로 아르키메데스의 원리에 의해 배가 물속에 잠김에 따라 발생한 부력에 의해 지지되는 방식
- 수중익형: 기본적으로 배수량형태이나 선저에 추가로 수중익*을 부착하고, 운항 시 수중익의 양력에 의해 지지되는 방식

* 수중익(Hydrofoil): 수중에 잠긴 비행기 날개와 같음

- 공기부양형: 중력반대 방향으로 Fan 등을 통해 공기의 흐름을 발생시켜 지지하는 방식
- 반잠수형/잠수형: 자유표면*에서 운항하는 것이 아니라, 수중에 운항하는 형태

* 자유표면: 밀도가 다른 2가지 유체(선박에서는 공기와 물)의 경계면

- 지면효과형: 지면효과*를 이용해 수면 가까이에서 운항하는 형태

* 지면효과: 날개가 지면 가까이 가면 항력이 50%가량 감소하여, 날개효율(양항비)이 급격히 좋아지는 현상으로 이동속도(추력)가 낮더라도 충분한 양력이 발생됨

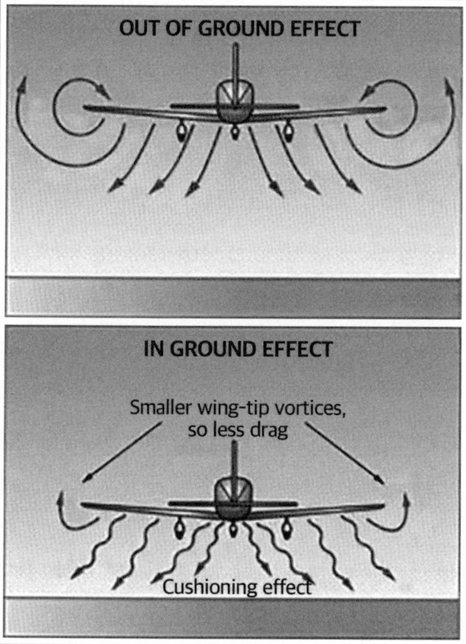

► 항력이 급격히 감소하는 이유는 날개 끝에 발생하는 Tip Vortex가 지면에 방해를 받아 사라짐으로써 항력의 감소를 유발

► 날개 아랫부분의 압력이 날개 윗부분의 압력보다 크고, 날개 끝부분에서 Tip Vortex가 발생하나 지면의 영향으로 사라짐

[그림출처] https://airtravelinfo.kr/wiki/index.php?title=%EC%A7%80%EB%A9%B4%ED%9A%A8%EA%B3%BC

** WIG(Wing In Ground): 수면 위 5m 이내에서 시속 550km까지 운항할 수 있는 초고속선으로 접안시설이 없는 경우 활용할 수 있고, 이동속도가 매우 빠르다는 장점이 있으나, 파도가 높은 경우 사용이 곤란하며, 해수포말에 의한 엔진의 부식으로 교체비용이 높은 것이 핵심적인 한계

2-1-2 주요정의 및 선박규모의 단위 (공통)

□ 주요정의

○ **(길이)** 선박등록, 운하통과, 접안여부 및 운동성능 등 여러 목적에 따라 선박의 길이를 아래와 같이 다양하게 정의하고 있다.

- 전장 (L_{OA}, Length Over All) 선수의 최전단과 선미의 최후단 사이에서 계획수선과 평행한 직선상의 거리 → 선박의 최대길이를 의미하며 항포구 내 접안 및 운하통과 검토 시 활용

- 등록장 (L_R, Registered Length) '최소 형깊이의 85% 위치에서 계획만재흘수선에 평행한 흘수선 전장의 96퍼센트' 또는 '그 흘수선상의 선수재 전면에서 타두재 중심까지 거리' 중 큰 것 → 주관청에 선박 등록 시 사용

  * 단, 「어선법」에 따른 상갑판 보의 상면의 선수재 전면에서 선미외판 후면까지의 수평거리가 24m 미만인 어선은 상갑판 보의 상면의 선수재 전면에서 타주의 후면까지 거리(타주가 없는 경우에는 타두재의 중심까지의 수평거리)를 등록장으로 함

- 수선간장 (L_{BP}, Length Between Perpendicular) 선수부 수선*와 선미부 수선** 사이의 길이 → 설계시 횡부재(Frame 등) 배치기준이 되는 기준점간 길이며, L_{BP}의 중간을 선체 중앙부라하고 ⓧ로 표기

  * 선수부 수선(F.P Fore Perpendicular): 계획만재흘수선과 선수재의 전면이 만나는 점에 세운 가상의 수직선

  ** 선미부 수선(A.P After Perpendicular): 계획만재흘수선과 선미에 있는 타주 (Rudder post)의 후면[타두(Rudder stock)가 있을 시 중심선]이 만나는 점에 세운 가상의 수직선

- 수선장 (L_{WL}, Water Line Length) 계획수선 상에서 선수부와 선미부 사이의 길이 → 선박이 실제 물에 잠긴 길이로 운동성능 평가 시 활용

< 선박의 길이 >

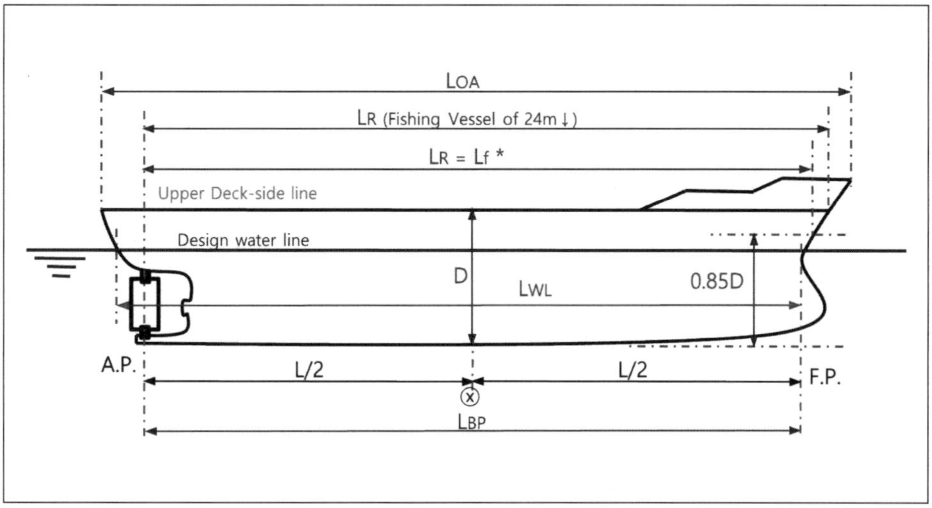

* 건현길이(L_f): '최소 형깊이 85%에서 LWL의 96%' 또는 '최소 형깊이 85%의 선수재 전면에서 타두재 중심선 사이 거리' 중 큰 값

○ **(폭)** 길이에 비해 목적이 명확하게 명시되는 것은 아니나 현측외판 두께*의 고려 여부에 따라 구분된다. → 선질과 건조공법에 따라 현측외판의 두께를 일치시키는 기준점이 달라지고, 선질에 따라 톤수 계산시 폭의 측정방식이 달라진다.

* 몰드라인(Mould line): 강선은 건조효율을 고려하여 현측외판의 내측을 일치시키고, FRP선 등은 형틀 위에 적층되기 때문에 현측외판의 외측이 일치 → 폭의 기준점 상이

- **(Moulded Breadth**(형폭)**)** 가장 넓은 횡단면(통상 중앙횡단면을 의미)의 현측외판 '내면' 사이의 최대 선폭 → 주로 강선에 적용

- **(B_{Max}, Extreme Breadth**(전폭)**)** 가장 넓은 횡단면의 현측외판 '외면' 사이의 최대 선폭 → 주로 FRP선에 적용, 도킹, 운하 통과 시 활용

- **(B_R, Registered Breadth**(등록폭)**)** 최대폭 횡단면에서 현측외판 '외면' 사이의 최대 선폭 → 주관청에 선박 등록 시 사용

○ **(깊이)** 폭의 경우와 같이, 선저외판 두께의 고려 여부에 따라 구분한다.

형깊이
- **(Moulded Depth)** 중앙횡단면에서 현측형선(Mould line)과 상갑판 하면과의 교점에서 기선(Base line) 사이의 깊이 → 설계시 주로 활용

등록깊이
- **(D_R, Registered Depth)** 중앙횡단면에서 현측형선(Mould line)과 상갑판 하면의 교점으로부터 용골상면선(Top of Keel) 사이 깊이 → 선박등록 시 활용

건현깊이
- **(Freeboard Depth)** 건현갑판 '상면'선에서 수면까지 거리 → 예비부력 평가시 활용, 타 깊이기준과 달리 갑판의 두께 상면까지 예비부력으로 작용할 수 있어 상면까지 포함

* 건현(乾舷): 말라있는 현측이라는 의미로 물에 잠기지 않은 현측의 높이를 의미

○ **(흘수)** 선박이 물속에 잠긴 높이를 의미하며, 적재상태에 따라 변화하고 종강도 및 저항·추진능력 등에 연관되어 달리 정의된다.

형흘수
- **(Moulded draft)** 기선으로부터 임의 흘수선까지 높이를 의미

* 예시: 경하흘수(light draft), 만재흘수(Full load draft)

구조흘수
- **(Scantling draft)** 구조강도 계산*에 사용하는 최대 흘수로 강도상 여유를 갖기 위해 만재흘수선보다 높게 적용

* 선박은 세장체(가늘고 길이가 긴 형태)로 파고 및 파저의 상대적 위치에 따라 굽힘을 받을 수 있어 종방향 강도(종강도)를 중요하게 평가

설계흘수
- **(Design draft)** 선박의 최대 운항효율을 고려하여 설정한 설계기준 깊이

* 구조흘수 > 만재흘수 > 설계흘수 순으로 깊이가 깊음

□ 선박규모의 단위

○ **(중량톤수)** 선박의 운송능력을 중량으로 평가하는 것이 효과적인 경우에 선박의 규모를 중량톤수로 나타낸다.

- **(배수톤수, △)** 선박의 중량을 의미하며, 적재상태에 따라 만재배수톤수*, 경하배수톤수**, 재화중량톤수***로 구분됨

* 만재배수톤수(Full load displacement): 화물을 최대로 선적했을 때 배의 중량
** 경하배수톤수(Light load displacement): 화물을 선적하지 않았을 때 배의 중량
*** 재화중량톤수(DeadWeight, DWT, DW): 배의 적재가능 중량(만재배수톤수와 경하배수톤수의 차)

① 배수용적(▽, Volume of displacement): 배가 물 위에 떠 있을 때, 물속에 잠긴 배의 부피 (Tip. ▽기호는 자주 사용되어 숙지가 필요하고 헷갈리는 경우 Volume의 V를 떠올리자) ② 배수량, 배수톤수(△, Displacement): 배의 중량을 의미(배수용적 × 유체의 비중량) (예시: 배수용적 1,000m^3의 배수톤수 → △ = ▽ × ρ → 1.025톤 = 1,000m^3 × 1.025톤/m^3)

- **(기준배수톤, Standrad displacement)** '군함의 배수톤수'로써 병기, 탄약, 승무원 및 식량 일체를 적재하고, 연료·급수만 제외한 톤수

○ **(용적톤수)** 선박의 운송능력을 부피로 평가하는 것이 효과적인 경우에 선박의 규모를 용적톤수로 나타낸다.

* 참조: 「선박톤수의 측정에 관한 규칙」, 「국제톤수측정협약」(TONNAGE, 69)
** 재화계수(m^3/ton): 선적화물 1톤당 부피, 밀도와 반대되는 개념으로 선적화물이 차지하는 부피가 중량보다 중요한 요소인 경우 활용

- **(총톤수, Gross Tonnage)** 선박의 폐위된 용적을 구한 뒤 일정한 계수를 곱한 값(등록, 세금부과 등의 기준)

* $GT = (0.2 + 0.02\log_{10} V) \times V$ (V는 폐위된 모든 용적을 의미)
** 비폐위의 개념은 3면이 개방되거나 상부가 개방된 경우이며, 톤수제외 공간은 미소용적($1m^3$↓) 또는 Hose pipe, Crane pedestal 등 선적이 불가능한 폐위공간 등이 해당

- **(순톤수, Net Tonnage)** 여객이나 화물의 운송용으로 제공되는 장소의 크기를 규정하기 위해 사용되는 지표

* $NT = K_2 \times V_c(4d/3D)^2 + K_3(N_1 + N_2/10)$
V_c: 화물창 합계용적, K_2: 0.2 + 0.02 ln Vc, D: 형깊이, d: 하계만재흘수선의 상당흘수,
N_1: 8개 이하 침대를 갖춘 선실의 여객수, N_2: 기타 여객수, K_3: 1.25 × (GT+10,000) / 10,000

- **(재화용적, Cargo capacity tonnage)** 화물창 내 화물적재 가능 총용적

  * 그레인용적, 낱알화물용적: 비포장 화물을 적재할 수 있는 용적

  ** 포장화물용적: 포장화물을 적재할 수 있는 용적

- **(보정총톤수, Compensated Gross Tonnage)** 건조 난이도를 감안한 총톤수. 여객선, LNG, LPG, 컨테이너선, 유조선 및 벌크선 순으로 건조 난이도가 낮기 때문에 같은 GT여도 난이도를 고려하여 보정

  * CGT = 총톤수(GT) × 선종에 따른 계수
  (동일 GT여도 벌크선 등에 비해서 가스선 등을 건조했을 경우 CGT가 높아짐)

○ **(TEU, FEU)** 컨테이너 적재가능 개수를 의미하며, 컨테이너선의 규모를 나타내는 척도이다(컨테이너는 비규격 화물을 규격화 할 수 있는 수단임).

  * TEU(Twenty foot Equivalent Unit): 20ft 컨테이너를 의미

  ** FEU(Forty foot Equivalent Unit): 40ft 컨테이너를 의미

□ 중량톤수와 용적톤수의 상관관계

○ 중량톤수와 용적톤수는 각각 다른 단위이나 둘 간의 상관관계를 참고로 살펴보면 "용적톤수 × 2~3 = 중량톤수"와 같다.

- **(정의적 접근)** 구톤수 계산식은 $100ft^3$의 용적을 1 tonnage으로 한 것에서 중량톤수와 용적톤수를 비교 분석

  * $100ft^3$ 용적의 바지선이 모두 물에 잠겼다고 하면, 용적톤수는 1 tonnage,
  중량톤수 = ρgv = 1.025ton/m^3 × f × 100 × (0.3m)^3 = 2.76tonf [1ft=0.3m → $100ft^3$ = 100 × (0.3m)^3]

  ※ 용적톤은 역사적으로 럼주통을 몇 개를 옮기는지 확인하여 통행세를 받기 위해 생긴 개념으로 초기 $100ft^3$을 1tonnage로 했으나(구톤수), 1982년부터 개정(신톤수)됨

- **(수식적 접근)** 신톤수 계산식과 배수톤수 계산식을 통한 중량톤수와 용적톤수의 관계분석

  * $GT = (0.2 + 0.02\log_{10}4{,}000) \times 4{,}000$ = 1,088 tonnage, 약 1,000 GT(V는 편의상 4,000m^3 가정),
  배수톤수 = ρgv = 1.025ton/m^3 × f × 4,000m × 0.5(수선하 용적을 50% 가정) = 약 2,000tonf

2-1-3 설계프로세스 (공통)

□ 선박설계의 대구분

○ 선박 수주에서 생산 전 단계까지의 대구분은 대략 기술영업, 기본계획, 기본설계, 상세설계 및 생산설계로 구분*할 수 있다.

* 조선소별 상세 업무분장은 상이할 수 있으며 전박적인 업무흐름의 이해가 중요

- **(기술영업)** 사양, 가격, 납기조건 등 계약조건 및 건조사양서(Building Spec.)에 대한 계약 전 대선주 업무를 의미
- **(기본계획)** 기본설계와 비슷한 시기에 경제성 분석 중심의 업무
- **(기본설계)** 건조사양서에 글(Text)로 표현된 사항을 기본도면*을 중심으로 도면화하고 관련 계산을 통해 검증하는 과정

* 일반배치도, 중앙횡단면도, 외판전개도, 강재배치도 등

- **(상세설계)** 기본설계를 바탕으로 각 구역 및 공종별로 배치를 확정하고, 상세사양을 확정하는 단계(강제 및 기기장비 발주 실시)

> ▸ 종합설계(일반배치, 복원성능 검토, 시운전 절차서 등 관련 설계)
>
> ▸ 구조설계(FWD, AFT, MID, Hold 등 각 구역별 구조의 형상, 배치 및 두께를 설계)
>
> ▸ 기장배관(기관실 구역 배관설계) / 기장철의(기관실 구역 기계 및 의장품 설계)
>
> ▸ 선장배관(기관실 및 선실을 제외한 모든 구역의 배관설계) / 선장철의(기관실 및 선실을 제외한 모든 구역의 기계 및 의장품 설계)
>
> ▸ 선실설계(선실구역의 기계, 배관, 의장품 및 목의장 관련 설계)
>
> ▸ 전장설계(모든 구역의 동력계통, 제어계통, 항해통신 및 등화 관련 설계)

- **(생산설계)** 상세설계에 따라 일반 의장품의 제작도와 설치를 위한 상세한 설치 치수가 있는 설치도를 작성하는 단계

□ 선박기본설계의 주요 프로세스

○ 선박설계의 대구분을 기준으로 기본설계까지의 과정 중 주요프로세스를 정리하면 다음과 같다.

① **(설계조건 검토)** 선주 요구사항 및 주요항로 등 설계상의 제약사항(혹은 요구사양)을 검토하는 단계(DWT, V, d 등 결정)

* 어떤 화물을 얼마만큼, 어느 기간 동안, 어디에서 어디로 운송할지가 기본사항으로 화물의 총 운송량을 기간으로 나누면 1항차 당 운송량(DWT)이 결정되고, 1항차 당 운송량을 만족시키기 위한 필요속력(V)과 설정항로 및 입출항 Port에 따라 흘수(d) 결정

② **(주요목 추정)** 설계조건을 바탕으로 길이(L), 폭(B), 깊이(D), 방형계수(C_b) 및 경하중량을 추정

* 주요목의 추정은 반복법에 의해 목표값과의 차이를 줄여가는 방식으로 진행되나, 실적선 데이터가 있는 경우, 회귀분석, 경험식 등을 통해 신뢰도 높은 초기 추정값 추정

③ **(초기 선도(Lines) 작성)** 추정된 주요목(L,B,D,C_b)을 기준으로 선박의 외형정보인 선도에 대한 초기정보를 생성하는 단계

* 선형작성은 Lackenby 선형변환, 1-Cp방법 등 다양한 방법이 존재하며, 전체선박의 용적을 유지하면서 선박의 길이방향으로 각 단면의 어떻게 배치하는지가 핵심이고, 통상 정면도(Body plan), 측면도(Buttock line), 평면도(Water line)에 대해 Offset으로 표현

④ **(저항 및 마력 추정)** 초기선도에 따른 선박형상과 설계속도를 통하여 저항을 추정하고, 선속 만족을 위한 마력을 추정하는 단계

* 마력추정은 간편한 방법 중 하나로 '에드미럴티 계수'를 이용한 방법 등이 있음

⑤ **(초기 일반배치도(General Arrangement(G.A)) 작성)** 추정된 주요목을 바탕으로 화물창, 격벽, 각종 탱크, 기계류 배치 및 거주구역 등이 나타난 도면을 작성

* 법규 등에서 요구하는 안전기준(격벽 등) 및 건조사양서(Building Spec.)의 주요사항 등을 우선 반영하고 나머지 작은 내용들을 그에 맞추어 설계하는 방식

⑥ **(화물 및 Tank용적 계산)** 초기 G.A를 바탕으로 운송능력(DWT)을 계산하고, 추정된 마력을 근거로 Fuel oil tank를 검증하며, B-spec.에 따라 승선원 등을 고려하여 Fresh-water(청수) tank 적정성 검토

⑦ **(배수량 계산)** 화물 및 각종 tank 용적 계산 후 배수량 추정

Mid-Ship Section

⑧ **(초기 중앙횡단면도 작성)** 초기 G.A를 통해 대략적인 종강도를 만족할 수 있는 중앙횡단면도 작성(실적선 정보가 많은 경우, 실적선 정보를 초기정보로 활용)

Pre-Trim & Stability

⑨ **(초기 복원성 등 계산)** ⑧까지 확정된 정보를 바탕으로 Trim(선수미 흘수차) 및 초기 복원성을 계산(불만족시, 이전 단계로 회귀하여 반복)

* 중량 정보가 미확정 된 상태의 초기 복원성 계산이기 때문에 통상 실적선 정보를 바탕으로 한 경험식 또는 회귀분석에 의존하는 경우가 많음

⑩ **(G.A 수정)** ⑨번 계산에 따라 수정된 사항을 G.A에 반영

⑪ **(톤수추정)** 작성된 G.A를 바탕으로 톤수(중량 또는 용적톤수)를 추정

⑫ **(강재배치도 작성)** 이전단계까지 작성된 G.A 및 Mid-Ship Section을 활용하여 강재배치도 작성

⑬ **(중량추정)** G.A* 및 강재배치도를 활용하여 중량(의장품 포함) 추정

* G.A를 통해서 화물창 및 각종 Tank류에 따른 중량의 추정이 가능하나, 기기장비 및 의장품은 실적선에 의존하거나, 기기장비는 계약 진행 중인 Maker(기기장비 제작 업체)를 통해 예상 중량을 추정함

Trim & Stability

⑭ **(복원성 등 계산)** 이전까지 확정된 정보를 바탕으로 다시 Trim & Stability을 계산하여 만족 여부를 검증

⑮ **(종강도 계산)** 이전까지의 확정된 정보를 활용하여 종강도를 계산하고 불만족시 이전단계로 복귀하여 만족할 때까지 반복 수행

⑯ **(도면작성)** 종강도까지 만족할 경우, 실제 도면작성에 착수

☞ 지금까지의 전 과정을 잘 살펴보면, 선박의 기본성능인, 부양성, 적재성, 이동성, 복원성 및 조종성*에 대한 검증과정이었음을 알 수 있음. 즉 기본적인 성능의 검토를 마치고 도면을 작성함

* 필요시 초기에 조종성 검증을 위한 타력 등을 계산할 수 있겠으나, 타력을 고려해 다른 조건을 변경하기 힘들고, 타력의 변경은 조타기(Steering Gear) 사양정도의 변경을 발생시키기 때문에 후행에서 검증 및 수정 가능

2-1-4 주요목에 따른 선박의 성능변화 [공통]

□ 길이에 따른 성능변화

ㅇ 길이는 선박의 기본배치, 종강도, 추진마력, 복원성, 내항성 및 건현 등에 영향을 준다.

- **(종강도)** 길이가 증가할수록 선체에 가해지는 작용응력은 증가

  * $\sigma = \frac{My}{I}$ (M: 굽힘모멘트, y: 중립축에서 끝단까지 거리, I: 단면2차모멘트) ≫

  $M = \frac{WL^2}{4}$ (선체를 분포하중(W)을 받는 단순지지 된 보로 가정) ≫ L↑ ≫ $\sigma_{working}$↑

  ** Tip. 구조설계를 할 경우, 선체에 가해지는 작용응력(Working stress, Demand)과 강도(Strength, Capacity)를 구분하여 인지할 필요

- **(저항·추진)** 길이가 증가할수록 저항은 감소하는 경향을 가지며, 이에 따라 요구되는 추진마력도 감소

  * 배수량이 일정한 경우 길이의 증가는 폭 또는 깊이의 감소를 의미하고, 폭의 감소는 날렵한 선형으로 선미의 박리점을 후퇴시켜 형상저항 등의 감소 가능

- **(복원성)** 길이가 증가할수록 복원성은 좋아지나, 폭의 증가 대비 미미

  * GM = KB + BM - KG (BM=$\frac{I_{xx}}{V}$), L↑ ≫ I_{xx}↑ ≫ GM↑(바지선 가정, BM=$I_{xx} = \frac{LB^3}{12}$)

- **(운동성능 등)** 일반적으로 길이 증가 시 일반배치가 쉬워지고, 내해성↑(Pitching 운동↓), 보침성↑ 및 선회성↓의 경향을 보임

- **(건현)** 길이가 증가 할수록 요구되는 건현의 깊이는 증가

  * 건현계산은 길이에 따른 표정건현을 시작으로 선박의 형상에 따라 수정하여 결정, 길이가 길수록 예비부력을 확보하여 안전성을 높이기 위한 취지

※ (참조) 일반적으로 L↑ → 경하중량*↑ → 선가↑&재화중량↓ → 경제성↓의 관계임으로 안전측면의 최소수밀격벽수, 운용측면의 수로제한 길이 등 설계제약 사항 검토 후 건조·운항시 가장 경제적인 길이로 결정한다.

  * 길이증가는 선체에 가해지는 Working stress(작용응력)를 키워, 종방향 부재치수의 증가로 이어져 경하중량이 상승함

□ 폭에 따른 성능변화

ㅇ 폭은 상갑판 배치, 복원성, 종강도, 저항 및 운동성능에 영향을 준다.

- **(복원성)** 폭의 증가는 복원성능 향상에 기여(특히 초기복원성을 향상 시킴)

  * GM = KB + BM - KG (BM = $\frac{I_{xx}}{V}$), B↑ ≫ I_{xx}↑ ≫ GM↑(바지선 가정, BM = $I_{xx} = \frac{LB^3}{12}$)

- **(종강도)** 폭의 증가는 약간의 작용응력 감소 효과가 있고, 따라서 선체부재의 치수 경량화로 중량절감에 기여 가능

  * $\sigma = \frac{My}{I}$ ≫ B↑ ≫ I↑ ≫ $\sigma_{working}$↓ (중앙횡단면을 직사각형으로 가정, $I = \frac{BD^3}{12}$)

- **(저항)** 일반적으로 폭이 증가하면 길이가 감소하는 효과가 있어 선체저항이 증가 (수면 상부의 풍압면적 증가로 저항 증가 가중)

  * 저항추정은 "총저항 = 마찰저항 + 형상저항 + 조파저항"으로 세분화(선체주부 기준**) 할 수 있고, 선폭의 증가는 형상저항 증가로 이어질 수 있으나, 선형을 잘 설계하면 박리점 후퇴로 형상저항의 증가를 피할 수 있음

  ** 수면상부의 폭이 증가하는 것은 풍압면적 증가로 저항증가 요인(상부구주물은 통상 유선형으로 만들지 않고, 공기는 점도가 무시할 만한 수준으로 박리점 후퇴는 곤란)이나, 공기의 밀도는 물의 1/1000임에 따라 저항증가에 미치는 영향도는 비교적 낮음

- **(운동성능)** 폭의 증가 시 GM의 증가로 횡요주기가 급격히 짧아 짐

  * $T(\text{횡요주기}) = 2\pi\sqrt{\frac{K_{xx}^2}{W \cdot GM}}$, $K_{xx} = \sqrt{\frac{I}{A}}$ (W: 배수량, K_{xx}: 관성반경, I: 단면2차모멘트, A: 단면적)

  ≫ B↑ ≫ GM↑ ≫ T↓(횡요주기 감소효과)

※ (참조) 통상 선폭의 결정 시에 중요한 사항은 운항경로 및 입출항 항구의 선폭 제한 여부를 확인하는 것이다. 배수량의 조정이 필요한 경우에는 성능에의 영향을 최소화 하도록 선폭을 조정한다.

□ 흘수(d) 및 깊이(D)에 따른 성능변화

ㅇ 흘수의 변화는 복원성, 종강도, 저항 및 운동성능에 영향을 준다.

- **(복원성)** 흘수 및 깊이의 증가는 약간의 복원성능 향상에 기여

  * 흘수 증가시 G. B가 동시에 상승하나, ΔKG < ΔKB이 경향이 있어, GM이 일부 상승하며, 배수량 증가로 복원력 향상 유발(복원력 = 배수량 × GM)

- **(종강도)** 부력과 자중의 차이가 상승함에 따라 배의 길이방향 전단력과 굽힘모멘트의 증가로 작용응력이 커지고 종강도 측면에서 불리
- **(추진)** 흘수증가는 추진기(프로펠러 등)가 수중에 충분히 잠겨 추진성능을 원활히 발휘하는데 기여
- **(운동성능)** 흘수의 증가는 직진성 및 보침성의 향상에 기여

※ (참조) 흘수 결정시 운하 및 항구의 수심에 접합한지 여부를 고려해야 한다.

○ 깊이의 변화는 건현과 흘수를 합성한 효과가 있으며, 깊이 증가시 작용응력을 감소*시켜 종강도 측면에서 긍정적 효과를 유발한다.

* $\sigma = \frac{My}{I}$ ≫ D↑ ≫ I↑ ≫ $\sigma_{working}$↓ (중앙횡단면을 직사각형으로 가정, $I = \frac{BD^3}{12}$)

※ (참조) 깊이의 증가는 길이증가 대비 선박의 용적을 효율적으로 증가(종강도 측면에서 유리) 시켜 선가를 감소시킬 수 있고, 건현과 흘수의 비율은 복원성능에 영향을 준다.

□ 건현(F)에 따른 성능변화

○ 건현의 변화는 복원성, 종강도 및 내해성 등에 영향을 준다.

- **(복원성)** 건현의 증가는 복원성능 향상에 기여

* 현단몰입각 θ는 $\tan\theta = \frac{2F}{B}$임에 따라, 통상 동복원성 향상, 초기복원성 저하(KG 증가)

- **(종강도)** 건현의 증가는 깊이 증가를 의미하여 종강도 측면에 유리
- **(내해성)** 건현의 증가는 Green Water 감소 효과 및 대경사 시 복원성능 향상으로 내해성 측면에서 긍정적 효과 발생

※ (참조) 건현은 예비부력을 의미하며, ICLL에서 선박 길이별 최소 건현을 요구하고 통상 화물 적재능력을 높이기 위해 Rule에서 요구하는 건현을 최소한으로 만족시킨다.

□ 주요 치수비에 따른 성능변화

- ㅇ L/B: 저항·추진성능, 보침성, 일반배치 및 종강도(선가)에 영향
- ㅇ B/D: 저항·추진성능, 조종성 및 복원성에 영향
- ㅇ F/B: 복원성에 영향
- ㅇ L/d: 저항·추진성능, 보침성 및 종강도(선가)에 영향
- ㅇ d/D: 내파성능에 영향
- ㅇ B/D: 복원성에 영향
- ㅇ L/D: 종강도(선가)에 영향

2-1-5 주요목의 추정 [공통]

□ 주요목 추정의 흐름

○ 주요목의 추정은 주어진 정보*를 기반으로 구하고자 하는 정보를 순차적으로 추정해 가는 과정이다.

* 주어진 정보는 선주요구사항과 설계제약 조건임

- 통상적인 확정정보는 DWT(재화중량)과 V(선속)임

□ 주요목 추정 방법 [참조: 박명규 & 권영중. 「선박기본설계학(제4판)」. 2009, 한국이공학사, 41~59쪽]

○ **(배수량 추정)** DWT을 활용하여 Δ(배수량)을 추정(DWT→Δ)

선종	추정식	K값(Bulk, Tanker 제외)
General ship	$\frac{DWT}{\Delta}=k\frac{[(DWT/1000)^{0.045}]}{Fn^{0.54}}$	0.26~0.29
Container		0.25~0.27
Ro-Ro		0.22~0.25
Multi-Purpose		0.27~0.28
Bulk	$\frac{DWT}{\Delta}=(0.69\sim0.71)\times(\frac{DWT}{100})^{0.046}$	-
Tanker	$\frac{DWT}{\Delta}=0.97\sim0.98$	-

* 추정식에 대한 논리적 접근방식을 살펴보면, 배수량은 화물을 포함한 배의 중량이고, DWT은 그 중 일부인 화물인 만큼 확정정보인 DWT를 이용하여 Δ를 추정하는 방식임

○ **(길이 추정)** Δ(배수량)을 활용하여 길이를 추정(Δ→L)

선종	추정식	C값 (선속 V는 Knot 단위임)
Cargo ship	$C=\frac{L}{\Delta^{\frac{1}{3}}}$	$(2.9\sim3.1)\times(V/\Delta^{\frac{1}{6}})^{0.5}$
Container		B < 32.2m, 5.8~6.1 B = 32.2m, 4.7+0.03 × (Δ/1000)
Bulk		4.7~5.2
Tanker		4.7~5.0 or (3.9~4.1) × ($(V/\Delta^{\frac{1}{6}})^{0.27}$)

* 추정식에 대한 논리적 접근방식을 살펴보면, 바지선을 가정할 경우 Δ=L×B×D임에 따라 Δ를 길이 차원으로 변환하고 일정 계수를 곱하여 길이를 추정하는 방식임

○ **(깊이 추정)** 길이를 활용하고, 흘수를 가정하여 깊이를 추정(L,d가정→D)

선종	추정식
Cargo ship	D = d / (0.925 - 0.00135 × L)
Bulk / Ore carrier	D = d / 0.73
Tanker	D = d / (0.685 + 0.0028 × L)

* 추정식에 대한 논리적 접근방식을 살펴보면, 길이가 정해지고, 흘수를 가정한다면, 길이별 표정건현이 규정되어 있기 때문에 흘수와 건현의 합인 깊이를 추정 가능

○ **(폭의 추정)** 길이, 깊이 및 흘수(가정)를 통해 폭을 추정(L,D,d→B)

구분	L/B	B/d	L/D	B/D
Container	5.2~9.0	2.6~3.0	9.0~13.0	1.4~1.9
Bulk	5.6~6.8	2.6~2.9	10.1~12.8	1.5~2.2
Tanker	5.3~6.0	3.0~3.5	9.8~12.4	1.6~2.2

* 폭의 추정방식은 L,D,d의 정보를 바탕으로 기존에 검증된 실적선의 주요치수비의 범주를 이용하여 B값을 추정, (단, 운하통과 시 선폭에 대한 제약조건 고려 필요)

○ **(만재흘수의 추정)** 재화중량를 통해 만재흘수를 추정(DWT→$d_{full\ load}$)

구분	추정식
Cargo Ship	$d = 3.72 \times (DWT/1000)^{0.32} \sim 3.95 \times (DWT/1000)^{0.33}$
Bulk / Tanker	$d = 3.05 \times (DWT/1000)^{0.35}$

* 만재흘수는 사실상 재화중량에 지배적인 영향을 받기 때문에 실적선 정보를 바탕으로 DWT와의 상관관계를 분석하여 추정

○ **(방형계수의 추정)** 프루드 수(Fn)을 통해 방형계수를 추정(Fn→C_b)

구분	추정식	비고
Yamagata 식	$C_b = 1.036 - 1.46 \times Fn$	Fn < 0.24
	$C_b = 3.116 - 10.15 \times Fn$	Fn > 0.24
	$C_b = 0.4$	Fn > 0.267
Ayre 식	$C_b = 1.0 - 1.41 \times Fn$	Fn > 0.18
Telfer 식	$C_b = 1.0 - 1.26 \times (B/L+1) \times Fn$	-

* 설계속도 및 조파저항의 특성을 갖는 Fn부터 C_b값을 구함

2-1-6 마력추정 [01-II-1]

□ 개념

○ 마력추정은 설계선속으로 운항할 때 선박의 저항을 추정하는 것과 같으며, 특히 선형 미확정 단계에서는 합리적인 마력의 추정이 요구된다.

□ 필요성

○ 마력의 추정을 통해 주기관을 선정하게 되며, 주기관의 크기에 따라 기관실 배치가 결정되어, 다시 선형*에 영향을 줄 수 있음으로 초기에 합리적인 마력 추정이 필요하다.

* Tip: 초기 선형에 영향을 주는 주요배치는 크게 기관실 배치(Machinery Arrangement, 선미선형)와 양묘설비 배치(Arr't of Anchring, 선수선형)로서 주기관 및 Anchor chain 격납을 위해 절대적인 공간이 필요함에 따라 초기검토가 필수적임

□ 추정방법

○ 통상의 공학적 접근방식에 따라 실험에 의한 추정, 해석적 추정(공학이론 이용) 및 사례(실적선)를 통한 추정으로 구분할 수 있다.

- **(실험적 추정)** 선형정보를 이용하여 모형실험(수조실험)을 수행하는 것으로 3가지 방법 중 가장 정밀한 방법이나 실험비용이 고가임에 따라 초기선형에 대해 실험적 추정을 하는 것은 비효율적임
- **(해석적 추정)** 총저항 중 상당 부분은 잉여저항이 차지하며, 이는 속장비(Fn)로 대표할 수 있어 유사선형의 마력과 속장비의 관계를 일반화하여 마력을 추정함 (초기단계에서 합리적인 방법)

* Admiralty 계수법: 유사선형의 정보(시운전 또는 수조시험)를 활용하여 배수량, 속력 및 마력에 관한 Admiralty 계수를 정리(속장비-계수)해 두고, 설계대상 선박의 배수량, 속력과, 속장비에 대비되는 Admiralty 계수를 활용하여 마력 추정

** $P_s = \frac{\Delta^{\frac{2}{3}} \times V^3}{C_{(Admiralty\text{계수})}}$ [설계대상 선박의 속장비($\frac{V}{\sqrt{gL}}$)에 대응되는 유사선형의 C값, 설계대상선박의 Δ, V를 대입 → P_s 추정]

- **(실적선 추정)** 실적선의 선형에 관한 정보와 마력에 관한 정보를 도표화하고 해당 선형을 기준으로 대응되는 마력을 초기 값으로 추정하는 방식

2-1-7 선형설계 (01-Ⅰ-2)

□ 개념

ㅇ 선형설계는 제약조건(DWT)을 만족시키면서, 저항이 최소화되도록 선체의 외형을 결정하는 작업이라 할 수 있다.

ㅇ 따라서, 정해진 용적(DWT)을 유지*하면서 길이방향 각 단면의 형상을 변화시켜 최소저항이 되도록 하는 선형을 찾아야 한다.

* 설계프로세스에 따라 필요시 선주와 합의를 거쳐 DWT가 수정될 수 있음

□ 선도의 개념

ㅇ 선형설계의 결과물로서 선도(Lines)를 작성하게 되며, 선도는 정면선도, 측면선도 및 반폭선도로 구분된다. 각 선도는 Station별 단면에서 선형을 이루는 각 점을 좌표로 표기한 Offset Table로서 나타낸다.

- **(정면선도, Body plan)** 선박의 길이방향을 축으로 하여 그 축에 수직인 단면들을 한 평면에 나타낸 것으로, 좌우 대칭인 점을 감안, 선수부는 우측에, 선미부는 좌측에 반반씩 나누어 표기
- **(측면선도, Sheer plan)** 선박의 폭 방향을 축으로 하여 그 축에 수직인 단면들을 한 평면에 나타낸 것
- **(반폭선도, Half Breadth plan)** 선박의 높이방향을 축으로 하여 그 축에 수직인 단면들을 한 평면에 나타낸 것(좌우 대칭으로 반폭만 나타냄)

< 각 선도에 대한 개념도 >

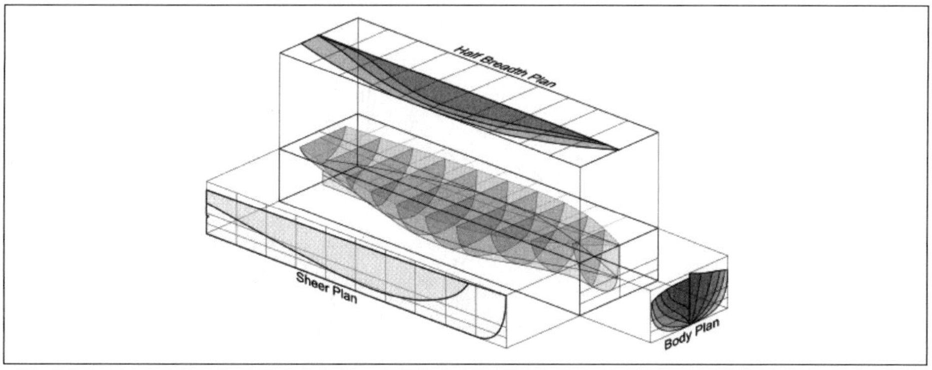

□ 설계방법

○ 선형설계는 앞서 설명한 개념을 바탕으로 수학적 모델을 이용해 다양한 방법*으로 실현될 수 있으며, 대표적인 1-Cp방법을 설명한다.

* Lackenby(1-Cp), Alef-Collatz, Botting 방법 등이 있음

○ **(1-Cp법)** 배수량과 길이방향 부력중심(Longitudinal Center of Bouncy)[LCB]을 변화시켜 선형을 개발하는 방법으로 변수 $C_p, \delta C_p, L_p, x, y$를 이용하여 δx를 구한다.

- **(원리)** 횡단면적 곡선*의 '선형변형전 면적과 변형 후 면적비'는 횡단면적 곡선의 '새로운 곡선과 기존곡선의 거리 비'가 같음을 이용하여 선형을 변화함

  $$\Rightarrow \delta x = \frac{\delta C_p}{1 - C_p} \times (1 - x)$$

* 횡단면적 곡선(Sectional Area Courve)[SAC]: Cp곡선이라고도 하며 무차원화 된 선박의 횡단면적을 길이방향으로 분포시킨 곡선($C_p = \frac{\nabla}{A_x \times L}$, ∇: 배수용적, A_x: 중앙횡단면적, L: 선박길이)

- **(활용)** 선형변환이 완료되면 Cp값을 읽어* Body plan을 작성하고 이어서 Sheer plan을 작성

* $A_x = \frac{\nabla}{C_p \times L}$ 각 Section의 면적이 확정 → 각 단면을 배치

< SAC 곡선 및 선형변환 >

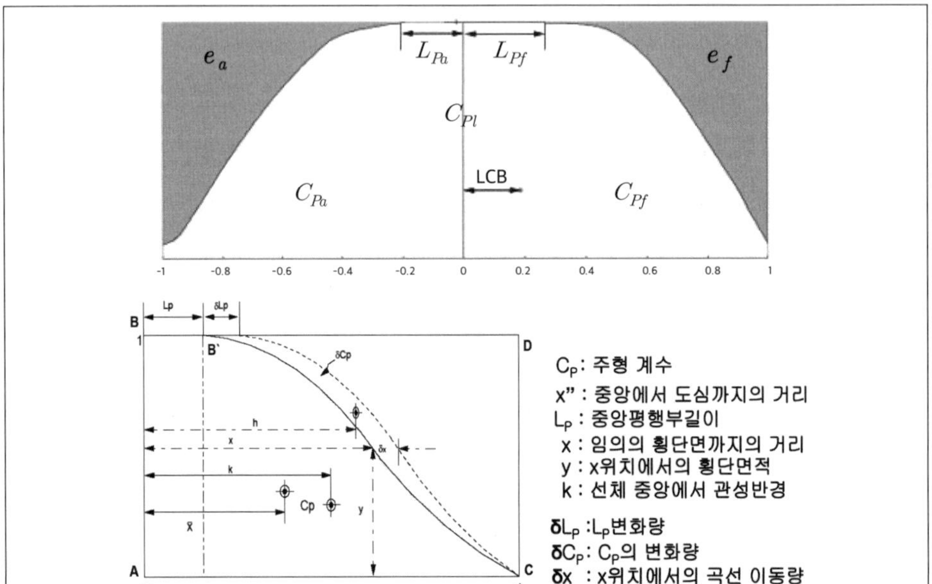

제2장 저항

1. 저항추정의 기본개념(이-Ⅰ-0)

: 해당 선박이 목표하는 이동성을 갖추기 위해서는 계획된 선속으로 이동시키기 위해 소요되는 힘이 얼마인지 알아야 한다. 선박의 운동반대 방향으로 작용하는 힘이 저항으로 정의되며, 점성저항(마찰저항+형상저항), 조파저항 및 공기저항으로 세분화된다.

2. 상사성(이-Ⅰ-0)

: 선박의 저항추정을 위해서 실제선박을 사용하는 것은 현실적으로 불가능하다. 따라서 실제보다 작은 모형을 만들어 실험을 하게 되는데, 모형시험을 통해 실선의 저항을 추정하는 공학적 기반이 상사성이다.

3. 모형실험(이-Ⅰ-0)

: 상사성을 만족하는 조건에서 모델을 이용한 모형실험을 수행하고, 이를 토대로 상사법칙을 이용하여 실선의 선체저항을 추정한다.

4. 프루드 저항추정법(이-Ⅰ-0)

: 실제 저항추정 방법을 알아본다. 프루드의 저항추정법은 완벽히 상사성에 입각한 방법은 아니지만 현재의 선체저항 추정에 근간이 되는 이론이다. 모형선의 총저항을 실험으로 측정하고, 경험식에 기반한 모형선의 마찰저항을 계산한다. 모형선의 총저항과 마찰저항의 차이를 잉여저항으로 규정하고 실선의 잉여저항으로 확장한다. 그리고 경험식에 기반한 실선의 마찰저항을 계산하여 실선의 잉여저항과 마찰저항의 합으로 실선의 총저항을 추정하는 방식이다.

5. 모형시험을 통한 기타 저항추정법(이- I -0)

: 프루드의 저항추정법은 무차원 수를 활용하지 못했다는 등의 한계가 존재함에 따라 이후에 지속적인 연구가 이어져 보완되어 왔다. Hughes 공식, Prohaska 공식, ITTC 1957 공식, ITTC 1977 공식 등으로 변화되어 온 것이 그것이다.

6. 통계해석을 통한 저항추정법

: 선체저항 추정을 위한 모형시험은 대단히 많은 비용이 소요된다. 따라서 실적선 데이터를 통해 저항을 추정하는 통계적 방식은 유용한 대안이 될 수 있다. 대표적인 통계해석을 통한 저항추정방식인 Holtrop 방법이 있다.

7. 저항감소 기술

: 선체저항을 감소시키는 궁극적인 이유는 유류비 절감을 통해 선박의 효율을 개선하는데 있다. 따라서 저항추정에 이어 선체저항을 감소시키는 방법은 매우 중요하며, 파의 생성을 감소시키기 위한 구상선수에 관한 연구에서 선체와 물의 접촉 상태를 변화시키는 연구로 다변화되고 있다.

< 선박의 필수기능에 관한 기능구조분석도 >

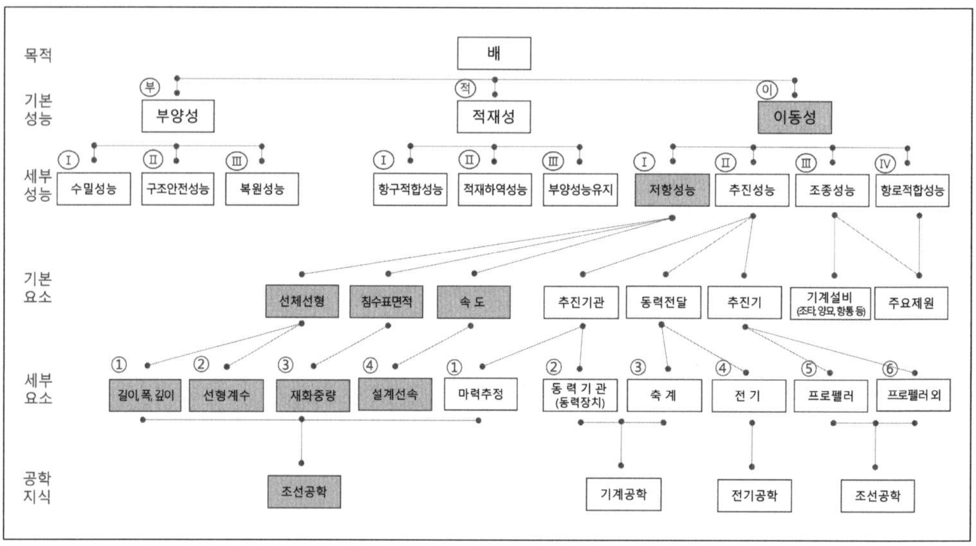

2-2-1 저항추정의 기본개념 (01-Ⅰ-0)

□ 목적

○ 선박은 목표한 화물(DWT)을 목표기한 내에 운송할 수 있어야 하며, 선박의 외형이 결정되면 운송량도 확정되기 때문에 목표기안 내에 운송할 수 있는 선속이 중요한 요소*가 된다.

* 선속은 주요계약 사항으로 시운전 시에 계약서 상의 목표선속을 만족하지 못할 경우, 인도거부 사유가 되기도 함

○ 선속에 영향을 미치는 것은 선박의 이동시 발생하는 저항, 추진기 및 추진기관의 마력이라 할 수 있고, 실제선박을 통해 저항을 측정하는 것은 어려움에 따라 합리적인 추정방법을 소개한다.

□ 추정조건

○ 선박의 저항은 실제 운항조건을 고려 할 때, 거친 해상을 가정하여 추정할 필요*가 있으나, 추정이 복잡하고 추정결과에 대한 정밀도 대비 많은 노력이 소요됨에 따라 정수 중의 저항을 추정한다.

* 정수 중 최적의 선형이, 거친해상 조건에서 최적의 선형이라고 단정할 수 없음

○ 이에 따라, 거친해상(조류, 파도 및 바람 등)을 고려하여 여유동력(Sea Margin)을 주어 속도손실(Speed loss)를 보상하도록 한다.

* 고속선 등에 대해서 실제 거친해상 조건을 고려한 저항추정 방법의 개발 필요

□ 주요개념

○ **(선체저항)** 물체가 이동할 때, 운동하는 반대방향으로 작용하는 힘을 저항이라 하며, 조선공학에서는 선박을 일정한 속도로 예인하는데 필요한 힘을 의미한다.

* 나선저항: 선박의 빌지킬이나 러더(방향타)와 같은 부가물을 부착하지 않은 상태를 나선(Bare Hull)이라 하고 이때의 저항을 의미 → 저항 추정시 관심 대상

○ **(선박동력)** 선박이 설계선속으로 이동하기 위해서는 선체저항 보다 더 큰 추력이 필요하다. 이때, 추진기관에 요구되는 동력은 축계 등에서의 손실을 최소화하여 최적화할 수 있다.

Sea Margin, 해상여유

○ **(여유동력)** 악천 후 및 경년효과*(Aging Effect) 등을 고려하여 설계속력의 유지를 위해, 추정된 요구동력 대비 추가**로 확보하는 동력을 말한다.

* 경년효과: 선박운항시간에 따른 선체표면 부식, Fouling(해조류 부착) 등으로 선체표면 거칠기(조도) 증가 / 프로펠러 손상 및 조도 증가/ 엔진 및 축계성능 저하 등의 효과

** 여유동력은 통상 항로 및 선주요구 사항을 고려하여 MCR의 15~20%로 선정

○ **(운전상태)** 추진기관의 운전상태에 따른 동력 구분은 다음과 같다.

NCR, 연속상용마력

- (Normal Continuous Rating) 지시동력에 Sea margin을 더한 값으로, 평상시 선박을 운용할 때 소요되는 마력을 의미

* 선주는 통상 NCR을 MCR의 90% 수준으로 요구

MCR, 최대연속마력

- (Maximum Continuous Rating) 24시간 이상 연속해서 안전하게 운전할 수 있는 최대마력을 의미

* 실제 선박운항 시 최대부하를 의미하기 때문에, 해상시운전시 MCR 상태에서 각종 기관부 시운전을 실시

NMCR, 공칭최대연속마력

- (Nominal Maximum Continuous Rating) 추진기관의 최대출력으로 해당 추진기관의 사양에 대한 판별 기준임

* 실제 추진기관이 최대로 낼 수 있는 출력은 NMCR이나 기관의 과도한 부하로 내구연한의 감소를 발생시킴에 따라 출력을 감소(Derating)시켜 운항함

□ 선체저항의 종류

○ 선체에 발생하는 총저항은 다양한 방식으로 설명될 수 있으나, 대표적으로 점성저항, 조파저항 및 공기저항으로 구분할 수 있다.

* 총저항 = 점성저항 + 조파저항 + 공기저항

** (점성저항) 물의 점성에 의해 생기는 저항 / (조파저항) 선박의 운동시 발생하는 파계에 의해 생기는 에너지 손실(저항을 의미) → 점성에 영향을 받지만 그 크기가 미소하기 때문에 이상유체를 가정하여 계산하며, 실제 실험값과 유사(독립적 저항 요인)

① **(점성저항)** = 표면마찰저항 + 형상저항(압력저항) + 와류저항

- **(마찰저항)** 선체의 침수표면에서 외부방향으로의 속도구배에 의해 생기는 접선방향 응력을 적분한 것(유체와 접하는 부분에서 유체의 점성에 의해 발생하는 저항)
- **(형상저항)** 선박의 3차원 형상에 의해 진행방향으로 선수부와 선미부 간에 압력 차이가 발생함으로서 생기는 저항
- **(와류저항)** 박리와 와류 생성에 따른 저항

② **(조파저항)** 물체가 수중을 이동하는 경우는 물체 주위의 압력변화가 생기지만, 자유표면*을 이동하는 경우는 파(波)가 생성되며 파의 생성은 선박관점에서 에너지 손실을 의미하며, 이것이 조파저항**임

* 자유표면: 밀도가 다른 두 유체가 이루는 경계면으로 공기와 해수가 만나는 해면이 대표적

** 일정한 속력으로 이동하는 선박에 의해 발생하는 파계는 일정하며, 이는 조파저항이 일정함을 의미

③ (**공기저항**) 자유표면 위의 선체와 갑판구조물이 공기와 접촉함에 따라 발생하는 저항

* 저속선에서는 미미하지만, 20노트 이상의 고속선 등에서는 총저항의 상당부분 영향을 발생시키는 요인임

2-2-2 상사성 (01-Ⅰ-0)

□ 목적

ㅇ 저항추정을 위해 실제선박을 이용하여 실험하는 것은 높은 비용이 발생하고, 이론적 방법은 신뢰도에 대한 검증이 필요하다.

ㅇ 따라서, 현재의 저항추정 방식은 모형실험 후 실선의 저항으로 그 값을 확장(추정)하며, 이때, '상사성'을 이용한다.

ㅇ 상사성을 이해하기 위해서는 단위의 차원, 무차원화 그리고 저항추정에 관한 주요 무차원 수에 대한 이해가 필요하다.

□ 차원해석

ㅇ 대부분의 공학적 문제에 대한 접근은 문제에 관한 역학방정식(지배방정식)을 세우고, 그 해를 구하는 방식으로 이루어지나, 엄밀한 해(해석적 해)를 구하기 어려운 경우 차원해석을 활용한다.

- 차원해석은 결과에 영향을 주는 모든 변수를 식별하고, 변수를 유의미한 무차원수로 묶어서 해답의 형태를 추정하는 데 활용되며, 실험을 동반하는 경우 일반적인 경험해*를 얻을 수 있음

* 무차원화 할 경우, 기하학적 상사(기하학적 비율이 같음), 운동학적 상사(속도 또는 가속도 비율이 같음) 및 역학적 상사(힘의 비율이 같음)를 통해 실험의 결과를 자유롭게 확장할 수 있음 / 모형실험 값에서 무차원수를 활용하여, 실제모델의 값을 추정

- 모든 공학적인 문제를 해석적으로 명확하게 풀기는 힘들기 때문에 차원해석을 통한 접근은 매우 유용하다고 할 수 있음

ㅇ 저항추정은 저항과 관련한 모든 변수를 나열하고, 차원해석을 통해 공학적으로 의미를 갖는 무차원수를 도출하여, 모형실험 값을 실선으로 확장하는 방식으로 이루어지며, 차원해석은 다음과 같다.

- **(변수도출)** 저항에 영향을 줄 수 있는 변수(인자)를 식별

  * 선체저항에 영향을 줄 수 있는 요인은 밀도, 속력, 길이, 점성, 중력 및 압력임 / 수식화하면 "$R \propto \rho, V, L, \mu, g, p$" ($R$: 저항, ρ: 밀도, V: 속력, L: 길이, μ: 점성, g: 중력, p: 압력)

- **(차원분리)** 도출된 변수를 최소 기본단위로 분리

  * $R \propto \rho, v, L, \mu, g, p \rightarrow R \propto \rho^a, V^b, L^c, \mu^d, g^e, p^f \rightarrow \frac{ML}{T^2} = (\frac{M}{L^3})^a (\frac{L}{T})^b (L)^c (\frac{M}{LT})^d (\frac{L}{T^2})^e (\frac{M}{LT^2})^f$

  M: 질량, L: 길이, T: 시간

- **(무차원화)** 기본단위로 분리된 것을 적절한 무차원수로 재정리

  ① $\frac{ML}{T^2} = (\frac{M}{L^3})^a (\frac{L}{T})^b (L)^c (\frac{M}{LT})^d (\frac{L}{T^2})^e (\frac{M}{LT^2})^f$

  ② $M: a+d+f=1$
  $L: -3a+b+c-d+e-f=1$ → a,b,c에 대해 정리하여 ①에 대입 후 적절한 무차원 수로 정리
  $T: b+d+2e+2f=2$

  → $R = \rho V^2 L^2 f^* [(\frac{\rho VL}{\mu})^{-d} (\frac{gL}{V^2})^e (\frac{P}{\rho V^2})^f]$ → f^*는 함수를 의미

  ③ a~f 6개 미지수에 대해, M,L,T 3개의 식만 존재함으로 d,e,f는 각각의 무차원에 대한 저항 변화를 실험하여 도출

  ④ $\frac{\mu}{\rho} = v$(동점성계수), $L^2 = S$(면적)으로 치환하여 재정리

  ⑤ $\frac{R}{0.5\rho V^2 s} = f^* [\frac{VL}{v}, \frac{V}{\sqrt{gL}}, \frac{P}{\rho V^2}]$ ($\frac{VL}{v}$: 레이놀드 수, $\frac{V}{\sqrt{gL}}$: 프루드 수, $\frac{P}{\rho V^2}$: 압력계수)

⇒ 크기가 다른 두 상사선(모형, 실선)에 대해 우변의 모든 무차원수가 각각 같으면, 좌변의 저항계수 값도 같고, 저항계수를 통해 최종 저항(R)을 구할 수 있게 된다.

□ 상사성의 중요성

ㅇ 기하학적인 상사성을 갖는 모형선이 실선과 역학적 상사를 이룬다고 하면, 모형시험을 통해 작은 비용으로 실선의 저항을 추정 할 수 있다.

2-2-3 모형시험 (01- I -0)

□ 모형시험을 통한 선체저항 추정

○ 실선과 기하학적 상사를 갖는 모형선이 있다면, 모형시험을 수행하고 상사법칙을 활용하여 실선의 선체저항을 추정할 수 있다.

① **(축척비)** 기하학적, 운동학적 및 역학적 상사는 다음의 축척비를 가짐

* ❶ 기하학적 상사 $\frac{L_S}{L_M} = \lambda$ (L_S: 실선길이, L_M: 모형선길이),

❷ 운동학적 상사(속도비) $\frac{V_S}{V_M} = \frac{\sqrt{L_s}}{\sqrt{L_M}} = \lambda^{\frac{1}{2}}$ (V_S: 실선속도, V_M: 모형선속도),

❸ 역학적상사 $\frac{R_{WS}}{R_{WM}} = \frac{0.5\rho S_S V_S^2 C_{WS}}{0.5\rho S_M V_M^2 C_{WM}} = \frac{S_S V_S^2}{S_M V_M^2} = \frac{L_S^2 L_S}{L_M^2 L_M} = \frac{(L_S)^3}{(L_M)^3} = \lambda^3$

(R_{WS}: 실선조파저항, R_{WM}: 모형선조파저항)

② **(제한조건)** 레이놀드 수(Rn, $\frac{VL}{v}$)는 속도와 선박길이 성분이 반비례 관계고, 프루드 수(Fn, $\frac{V}{\sqrt{gL}}$)는 속도와 선박길이 성분이 비례관계로 동시 만족 불가*

* 모형선이 레이놀드 수를 만족하기 위해서는 선박길이가 작아진 만큼 큰 선속이 필요하고, 프루드 수를 만족하기 위해서는 선박길이가 작아진 만큼 작은 선속이 필요(조건 충돌)

③ **(저항분리)** 저항을 Rn에 영향을 받는 마찰저항과 Fn에 영향을 받는 조파저항으로 분리하여 각각을 구하고 선형결합으로 총저항을 추정

* $C_T = C_f + C_w$ (총저항 = 마찰저항 + 조파저항) → $\frac{R_T}{\frac{1}{2}\rho V^2 S} = f_1(\frac{VL}{\nu}) + f_2(\frac{V}{\sqrt{gL}})$

** 마찰저항(Rn)은 모형시험시 모형선 축척비 만큼 속력증가 필요 → 모형시험 적용 곤란

④ **(모형시험)** 예인시험으로 모형선의 총저항을 구하고, 대체평판*을 통해 모형선의 마찰저항을 구하여 총저항과 차이를 잉여저항**으로 구분

* 대체평판(Equivalent Plate): 선박의 수선간 길이(LWL)와 길이가 같고 침수표면적이 같은 2차원 평판

** 잉여저항은 조파저항과 형상저항의 합이라 할 수 있음

- 이후 실선에 대응되는 대체평판으로 실선의 마찰저항을 구하고, 모형선의 잉여저항을 상사법칙을 활용하여 실선의 잉여저항으로 확장

- 실선의 마철저항과 실선의 잉여저항을 합하여 실선의 총저항을 추정

○ 잉여저항 개념을 통한 저항 추정은 다양한 방법 중 하나이며, 모형시험을 통한 실선의 저항 추정은 지속적으로 발전하는 추세이다.

□ 모형시험의 주요사항

○ 모형시험은 실선과 기하학적 상사를 이룬 모형선을 역학적 상사를 만족하는 조건으로 수조에서 예인하여 모형선의 저항을 계측하고, 이를 바탕으로 다양한 저항추정방법에 따라 실선의 저항을 추정하는 것이다.

○ 모형시험시 주요사항은 다음과 같다.

- 실선과 같은 조건을 구현하기 위해 선수미 방향 운동의 구속*을 제외하고 다른 모든 방향의 운동은 구속되지 않아야 함

* 실제 저항의 측정은 선수미 방향 운동을 구속하고 load cell을 통해 선수미 방향으로 발생하는 힘을 측정하여 저항을 계산하는 방식임

- 예인점(Towing Point)은 프로펠러의 추진점과 동일 선상에 있도록 하며, 가능한 한 선미에 두는 것이 좋음
- 모형선은 가능한 한 실선과 가깝도록 크게하여 불확실성을 낮추는 것이 좋으나, 수조크기 및 예인능력(속도)*를 고려하여 결정

* 프루드 수($\frac{V}{\sqrt{gL}}$)를 통한 역학적 상사를 만족시키기 때문에 큰 모형일수록 높은 속력 필요

< 모형시험 개념도 >

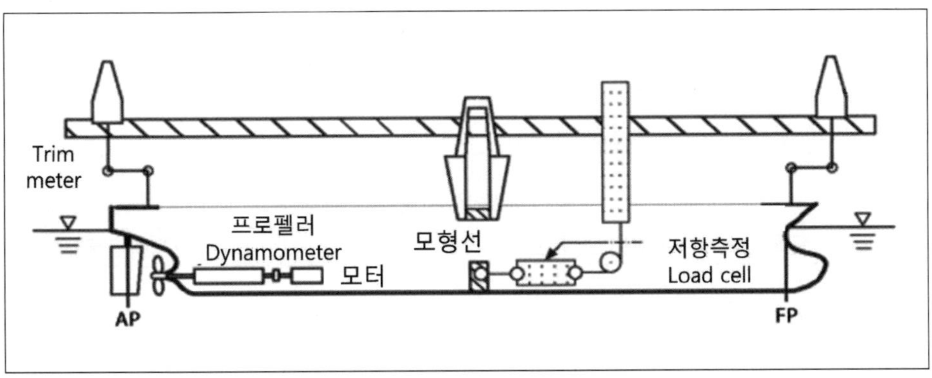

2-2-4 프루드 저항추정법 [01-1-0]

□ 프루드(Froud)의 모형시험을 통한 저항 추정흐름

① **(모형선 총저항)** 일정한 축척비 λ로 만들어진 모형선을 사용하며, 대응속도*에서 모형선을 예인하여 모형선의 총저항(R_{TM})을 계측

* 대응속도: 모형선이 실선과 역학적 상사를 이루기 위해 모형선의 기하학적 축척비를 고려하여 요구되는 모형시험 시 선속

** $\frac{V_S}{\sqrt{L_S}} = \frac{V_M}{\sqrt{L_M}} \rightarrow V_M = V_s \lambda^{-\frac{1}{2}} \quad (\because \frac{L_S}{L_M} = \lambda)$

② **(모형선 마찰저항)** 모형선의 마찰저항이 대체평판의 마찰저항과 동일하다고 가정하여, 모형선의 마찰저항(R_{FM})을 구함

③ **(모형선 잉여저항)** 모형선의 총저항에서 모형선의 마찰저항을 뺀 값을 모형선의 잉여저항(R_{RM})으로 함

* $R_{RM} = R_{TM} - R_{FM}$ (모형선 잉여저항 = 모형선 총저항 - 모형선 마찰저항)

④ **(실선 잉여저항)** 모형선의 잉여저항에 대해 상사법칙을 이용하여 실선의 잉여저항(R_{RS})으로 확장

* $R_{RS} = R \times \lambda^3 \times \lambda_p$ [실선 잉여저항 = 모형선 잉여저항 × 역학적 상사비 × 대응속도의 비(① 참조)]

⑤ **(실선 마찰저항)** 실선의 마찰저항이 대체평판의 마찰저항과 동일하다고 가정하여, 실선의 마찰저항(R_{FS})을 구함

⑥ **(실선 총저항)** 실선의 마찰저항과 실선의 잉여저항의 합으로 실선의 총저항(R_{TS})을 구함

* $R_{TS} = R_{FS} + R_{RS}$ (실선 총저항 = 실선 마찰저항 + 실선 잉여저항)

※ **(마찰저항 경험식)** 대체평판을 이용한 실험으로 매번 마찰저항을 구하는 것은 비효율적임에 따라 경험식을 활용한다.

< Froude의 마찰저항 공식 >

► $R_F = \frac{\gamma \lambda_t}{1000} S V^{1.825}$ ► $\lambda_t = (0.1392 + \frac{0.258}{2.67 + L})[1 + 0.0043(15 - t)]$

R_F: 마찰저항(kgf) / S: 침수표면적(m2) / t: 온도(섭씨) / γ: 비중

< Froude의 저항추정 흐름 >

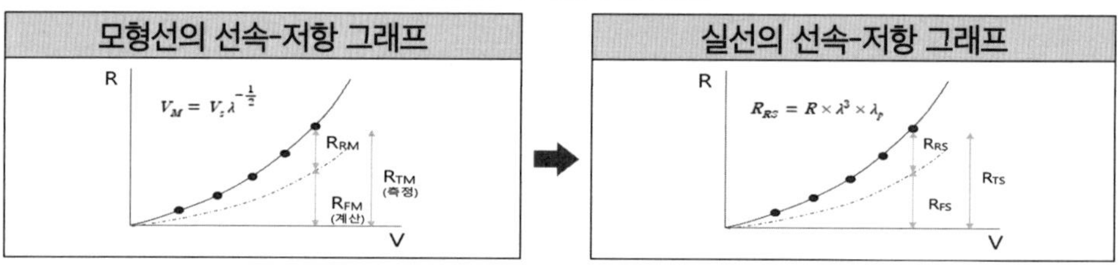

2-2-5 모형시험을 통한 기타 저항추정법 (01-I-0)

□ 프루드 저항 추정의 한계

ㅇ 프루드의 저항추정 방식은 Rn의 함수가 아니며, 무차원 수를 활용하지 못했다는 한계가 존재한다.

ㅇ 이후 개발된 방법은 프루드의 저항추정 방식과 동일한 원리이나, 모형선의 저항을 실선으로 확장하는 방식에서 차이를 갖는다.

□ Schoenherr 공식

ㅇ 마찰저항을 Rn가 포함된 함수로 표현하여 프루드 저항추정 방식의 한계를 개선했고,

* $\frac{0.242}{\sqrt{C_F}} = \log(Rn\,C_F)$ --- Schoenher 공식 (C_F: 마찰저항 계수)

$C_T = C_F + C_R$ [C_T: $\frac{R_T}{0.5\rho V^2 S}$ 총저항 계수(저항계수는 저항의 무차원 수, 이하동일), (C_R: 잉여저항 계수)

ㅇ ITTC*에서는 '모형선의 표면 매끄러움'과 '실선의 용접 또는 리벳 등 거친표면'을 감안하여 "모형선-실선 상관수정 계수"의 사용을 권장한 것이 특징이다.

* ITTC(International Towing Tank Conference): 국제수조회의
$C_T = C_F + C_R + C_A$ (C_A: 모선형-실선 상관수정 계수)

- ATTC*에서는 "모형선-실선 상관수정 계수"를 대신하여 0.0004의 여유치 적용을 제안

* ATTC(American Towing Tank Conference): 미국수조회의

□ Hughes 공식 (Froude-2차원법 vs Hughes-3차원법)

ㅇ 침수표면적이 동일하고 가로세로비가 다른 평판과 폰툰을 사용하여 마찰저항을 측정하고, 이를 토대로 가로세로비가 무한대인 경우의 대체평판에 대한 마찰저항 추정공식을 외삽법을 통해 추정했다(길이가 긴 대체평판을 이용하여 높은 $Rn=3\times10^8$일 때 값을 추정한 것 또한 유의미).

* $C_F = \frac{0.066}{(\log_{10}Rn - 2.03)^2}$ --- Hughes 공식

ㅇ 총저항을 점성저항과 조파저항의 합으로 정의하고, 매우 낮은 저속에서는 파가 생성되지 않아 총저항과 점성저항이 일치하며, 선속의 증가로 조파저항이 생성(이때를 Run-in point라 하고 R_{n0}로 표기)되며 이는 3차원 형상에 의한 것이라 추정하여 형상계수(1+K) 개념을 도입한 것이 특징이다.

* $C_{TM} = C_{VM} + C_{WM}$ (총저항=점성저항+조파저항) / 형상계수$(1+k) = \frac{C_{TM}(R_{n0})}{C_{FM}(R_{n0})}$

** $C_{TS} = C_{VS} + C_{WS} \rightarrow C_{TS} = (1+k)C_{FS} + C_{WS}(=C_{WM})$ [$\because C_V = (1+k)C_F(R_n)$]

□ Prohaska 공식

○ Hughes의 방식에서 조파저항이 시작되는 Point(저항계수-Rn 곡선에서 Cw생성점)를 찾기 어려운 점 등을 보완하여 조파저항계수의 가정을 통해 수정된 방식을 제안했고,

* C_W = cFn^4(c: 임의상수) → $C_T=C_W+(1+k)C_F$ → $\frac{C_T}{C_F}=(1+k)+\frac{cFn^4}{C_F}$ → ($\because \frac{cFn^4}{C_F}=x, \frac{C_T}{C_F}=y$로 가정)

→ y=cx + (1+k) 의 그래프로 귀결되어 K값을 명확히 찾을 수 있음

○ 이후, ITTC에서는 조파저항계수를 $(F_n)^n$로 두고 n은 2~8의 상수로 하여 실험데이터와 잘 맞는 값을 사용하도록 권고한 것이 특징이다.

□ ITTC 1957 수정 공식

○ 기존방식에 대해 각각의 '저항-Rn 곡선'을 그리고 각 추정방식의 차이를 분석하여 적절히 상향시킨 공식을 ITTC에서 제안했다.

* $C_F=\frac{0.075}{(\log_{10}Rn-2)^2}$ --- ITTC 1957 공식

□ ITTC 1977 수정 공식(Granville 공식)

○ ITTC 1957 공식대비 경계층 내부 속도의 분포를 고려하여 일반적인 형태의 공식으로 했다는 것이 특징이다(ITTC 1957은 ITTC 1977의 특정상태임).

* $C_F=\frac{a}{(\log_{10}Rn-b)^2}+\frac{c}{Rn}$ --- ITTC 1977 공식 (a=0.0776, b=1.88, c=60)

** ITTC 1957은 (a=0.075, b=2, c=0인 경우임)

□ ITTC 1978 수정 공식

○ ITTC에서는 Single screw를 갖는 선박의 실선 저항을 추정하기 위한 방법을 제안했다.

* C_{TS} = $(1+k)C_{FS}$ + C_R + C_A + C_{AA} (C_A: 모형선-실선 상관수정계수, C_{AA}: 공기저항계수) /
① $(1+k)C_{FS}$ → Prohaska 방법을 이용, C_F는 ITTC 1957 공식을 이용
② C_R → C_R = C_{TM} - $(1+k)C_{FM}$을 이용하여 잉여저항 계산
③ C_A → $C_A=[105(\frac{k_s}{L_{WL}})^{\frac{1}{3}}-0.64]\times 10^{-3}$을 이용하여 계산
(K_S: 50mm 단위 길이의 표면 조도의 평균 높이, 값을 모를 경우 150×10^{-6}m 적용)
④ C_{AA} → $C_{AA}=0.001(\frac{A_{VT}}{S})$를 이용하여 계산 ($A_{VT}$: 흘수상부 풍압면적, S: 침수표면적)

** C_{TS} = [{(S+S_{BK}) / S}×{$(1+k)C_{FS}$ + C_A}]+ C_R + C_{AA}
(빌지킬이 존재하는 경우 수정식, S_{BK}: 빌지킬 표면적)

2-2-6 통계해석을 통한 저항추정법 (01- I -0)

□ 개념

ㅇ 일반적으로 공학문제를 접근하는 방식은, 해석적 방법, 실험적 방법 또는 통계적 방법 등으로 구분될 수 있다.

- 해석적 방법은 공학이론 등을 이용한 것으로 입력과 출력사이의 관계를 명확히 알 수 있어 활용성이 매우 높지만 적용범위가 좁음*

* 통상 문제를 이상적인 상태로 가정하고, 상황에 적합한 지배방정식을 세워 초기값 또는 경계조건 등을 대입하여 해를 구하는 방식이나 적용 가능한 공학문제는 제한적

- 실험적 방법은 비교적 가장 정확한 방법이지만, 비용이 고가이고 실험조건이 변경되면 결과 값이 달라지기 때문에 확장성이 낮음

ㅇ 이에, 많은 실험데이터를 기반으로 공학적 이론을 활용하여 문제를 해결하는 통계적 방법은 유용한 수단이 된다.

- 선체저항은 설계변수를 체계적으로 변화시킨 모형시험 또는 시운전 결과를 바탕으로 하는 통계해석법을 이용하여 추정 가능
- 다만, 전혀 새로운 선형 또는 국부적인 선형변환에 따른 선체저항의 추정은 불가능하다는 점이 한계임

□ 통계해석법(Holtrop 방법)

ㅇ Holtrop에 의해서 334척의 모형시험 결과를 바탕으로 선체저항을 추정하는 방식이 제안되어 졌다.

$$R_T = R_F(1+k) + R_{APP} + R_W + R_B + R_{TR} + R_A$$

① **($R_F(1 + k)$, 점성저항)** R_V라고도 하며, R_F는 ITTC-1957 마찰식, '1+k'는 형상계수임

❶ $R_V = \frac{1}{2}\rho V^2 C_F(1+k_1)S$, $(\because C_F = \frac{0.75}{(\log_{10} Rn - 2)^2}$ --- ITTC 1957 공식, S: 침수표면적)
$(1+k_1)$ 및 S에 대해 통계적 방식으로 계산

❷ $1+K_1 = 0.93 + 0.487118C_{14}(B/L)^{1.06806}(T/L)^{0.46106}(L/L_R)^{0.121563}(L^3/\nabla)_{0.36486}(1-C_p)^{-0.604247}$
(B: 폭, T: 흘수, L: 수선에서 길이, ∇: 배수량, C_P: 주형계수)

❸ $C_{14} = 1 + 0.011C_{stern}$ (∵ 선미형상을 고려하기 위한 것으로 선미형상계수 C_{stern}을 활용)

구분	V형	일반형	U형
C_{stern}	-10	0	+10

❹ L_R = L[1 - C_P + 0.06C_P·(lcb) / (4C_P -1)] (∵ lcb : 종방향 부력중심을 길이에 대한 %로 나타내고 중앙부에서 선수이면 '+', 선미이면 '-' 임)

❺ S = L (2T+B) $C_M^{0.5}$ (0.4530 + 0.4425C_B - 0.2862C_M - 0.003467 B/T + 0.3696C_{WP}) + 2.38A_{BT} / C_B (C_M: 중앙횡단면계수, A_{BT}: 구상선수의 황단면적으로 정수중 수면이 선수를 가로지르는 위치에서 값)

② (R_{APP}, 부가물 저항) $R_{APP} = 0.5\,\rho\,V^2\,S_{APP}(1+K_2)_{eq}\,C_F$

❶ ρ: 밀도, V: 속력, S_{APP}: 부가물의 침수표면적, 1+K_2: 부가물 저항계수

❷ 1+K_2는 다음과 같고, 부가물이 하나 이상일 때, $(1+k_2)_{eq} = \dfrac{\sum(1+k_2)S_{APP}}{\sum S_{APP}}$ 로 정의

구분	스케그 뒤 러더	선미뒤 러더	트윈 스크류 밸런스 러더	축 볼래킨	스케그
1+K_2	1.5~2.0	1.3~1.5	2.8	3.0	1.5~2.0

구분	스트럿 보싱	선체 보싱	축	안정핀	돔	빌지킬
1+K_2	3.0	2.0	2.0~4.0	2.8	2.7	1.4

❸ 1+K_1(형상계수) 및 1+K_2(부가물 저항계수)를 이용하여 1+K(유효 형상계수)를 새롭게 정의하여 점성 저항식을 재정리 할 수 있음

❹ 1+K = 1+K_1 + [1+K_2 - (1+K_1)] S_{APP} / S_{tot} → R_V = 0.5ρV_2 C_F S_{tot} (1+K)
(∵ S_{tot} : 선체 및 부가물의 총 침수표면적)

③ (R_W, 조파저항) Fn의 크기에 따라 조파저항 추정식은 달리 적용되며, Fn > 0.55, 0.4 < Fn < 0.55 및 Fn < 0.4 구간으로 구분

❶ Fn > 0.55일 때, $R_{W-B} = c_{17}c_2c_5\nabla\rho g e^{m_3 Fn^d + m_4\cos(\lambda Fn^{-2})}$

∵ $c_{17} = 6919.3(C_M)^{-1.3346}(\nabla/L^3)^{2.00977}(L/B-2)^{1.40692}$

$c_2 = e^{(-1.89\sqrt{c_3})}$ --- 구상선수에 의한 조파저항의 감소를 고려

$c_5 = 1-0.8A_T/BTC_M$ --- 트랜섬의 조파저항 영향을 고려 (A_T: 정수 중 잠수 된 트렌섬 면적)

$m_3 = -7.2035(B/L)^{0.326869}(T/B)^{0.605375}$

$d = -0.9$

(L/B < 12일 때) $\lambda = 1.446C_p - 0.03L/B$ (L/B > 12일 때) $\lambda = 1.446C_p - 0.03$

$c_3 = 0.56(A_{BT})^{1.5}/BT(0.31\sqrt{A_{BT}} + T_F - h_B)$ --- (h_B: A_{BT} 중심의 수직위치로 keel frame부터 측정 단, 0.6T_F를 초과할 수 없음)

$m_4 = c_{15}0.4e^{(-0.034Fn^{-3.29})}$

($L^3/\nabla < 512$일 때) $c_{15} = -1.69385$, ($L^3/\nabla > 1726.91$일 때) $c_{15} = 0$,

($512 < L^3/\nabla < 1762.91$일 때) $c_{15} = -1.69385 + (L/\nabla^{1/3} - 8)/2.36$

❷ 0.40 < Fn < 0.55일 때, $R_W = R_{W-A_{04}} + (10Fn-4)(R_{W-B_{055}} - R_{W-A_{04}})/1.5$

∵ $R_{W-A_{04}}$: Fn=0.40에 대한 조파저항 추정치, $R_{W-B_{05}}$: Fn=0.55에 대한 조파저항 추정치

❸ 0.40 < Fn일 때, $R_{W-A} = c_1 c_2 c_5 \nabla \rho g e^{m_1 Fn^d + m_4 \cos(\lambda Fn^{-2})}$

$\because\ c_1 = 2223105(c_7)^{3.78613}(T/B)^{1.07961}(90-i_E)^{-1.37565}$

(B/L < 0.11일 때) $c_7 = 0.229577(B/L)^{0.33333}$, (B/L > 0.25일 때) $c_7 = 0.5 - 0.0625L/B$

(0.11 < B/L < 0.25일 때) $c_7 = B/L$

$m_1 = 0.0140407\,L/T - 1.75254\nabla^{1/3}/L - 4.79323\,B/L - c_{16}$

(C_P < 0.8일 때) $c_{16} = 8.07981\,C_p - 13.8673(C_p)^2 + 6.984388(C_p)^3$

(C_P > 0.8일 때) $c_{16} = 1.73014 - 0.7067\,C_p$

m_4는 Fn > 0.55일 때와 동일

$i_E = 1 + 89\,e^{-(L/B)^{0.80856}(1-C_{WP})^{0.30484}(1-C_P-0.0225\,lcb)^{0.6367}(L_R/B)^{0.34574}(100\nabla/L^3)^{0.16302}}$ --- i_E는 입사각의 반각으로 선수에서 국부적인 형상을 무시하고 중앙단면에 대한 선수에서의 수선각으로 알 수 없는 경우 본 식을 활용

④ (R_B, **부가압력저항**) 구상선수의 부가압력저항

❶ 수면 근처에서 구상선수의 부가압력저항

$R_B = 0.11e^{-(3P_B)^{-2}Fn^3(A_{BT})^{1.5}\rho g/[1+(Fn_i)^2]}$

$P_B = 0.56\sqrt{A_{BT}}\,/\,(T_F - 1.5\,h_B)$ --- 선수 출현부로부터 측정

$Fn_i = V/\sqrt{g(T_F - h_B - 0.25\sqrt{A_{BT}}) + 0.15\,V^2}$ --- 침수에 대한 Fn임

⑤ (R_{TR}, **부가압력저항**) 트랜섬에 의한 부가압력저항

❶ 잠수된 트랜섬의 부가압력저항

$R_{TR} = 0.5\rho V^2 A_T c_6$

(F_{nT} < 5일 때) $c_6 = 0.2(1 - 0.2F_{nT})$, (F_{nT} > 5일 때) $c_6 = 0$

$F_{nT} = V/\sqrt{2gA_T/(B + BC_{WP})}$

⑥ (R_A, **모형선-실선 상관수정 저항**) 모형선과 실선사이의 표면조도와 공기저항의 영향을 고려하기 위함

❶ 모형선-실선간 상관수정 저항(이상적인 조건인 경우)

$R_A = 0.5\rho V^2 S C_A$

$C_A = 0.006(L+100)^{-0.16} - 0.00205 + 0.003\sqrt{L/7.5}\,(C_B)^4 c_2 (0.04 - c_4)$

($T_F/L \le 0.04$일 때) $c_4 = T_F/L$, ($T_F/L \ge 0.04$일 때) $c_4 = 0.04$

❷ 모형선-실선간 상관수정 저항(표면조도가 표준 이상인 경우)

표면조도 $k_s = 150\mu m$를 표준으로 하며, 거칠기 증가시 저항 증가로 다음 식 활용

$C_A = 0.105(k_s)^{\frac{1}{3}} - 0.005579/L^{\frac{1}{3}}$

2-2-7 저항감소 기술 (01-1-0)

□ 개념

○ 선체의 저항을 감소시키고자 하는 궁극적인 목적은 연료비 절감을 통해 운항효율을 향상 시키는 것이다.

○ 초기 투자비용 대비 선박의 생애주기 동안 연료비 절감 효과가 큰 경우 적용할 가치가 있으며, 현존 기술들은 다음과 같다.

□ 선체저항 감소기술

○ 저항 감소방법은 외부환경 변화(교란)에 따라 제어가능 여부를 기준으로 수동적 방법과 능동적 방법으로 구분된다.

- **(수동적 방법)** 선박에 설치 후 변경 또는 운항 시 추가적인 조작이 필요 없는 것으로 리블렛, 유연벽면, 발수성 표면 및 LEBU 등이 있음

① **(리블렛, Riblet)** 선박 운항시 선체표면에 유체입자가 지나가는 흐름(유선방향)에 따라 미세한 홈을 시공하는 방법(항력의 8%가량 감소 추정)

► 상어 피부표면에서 착안한 것으로 격렬한 운동을 일으키는 Vortex의 크기 이하로 미세홈을 시공하여 Vortex의 선체표면 접근을 감소시키는 효과

② **(유연벽면, Compliant Wall)** 선체 표면에 탄성벽면을 설치하여 국소압력 변화에 따라 벽면이 진동하고, 이를 통해 국소압력 변화를 상쇄시킴으로써 저항을 감소시키는 방법(돌고래 피부표면에서 착안)

③ **(발수성표면, Hydrophobic Surface)** 선체 표면을 발수성 표면으로 시공하여 물이 물방울 형태로 맺히게 함으로써 저항을 감소시키는 방법(연잎 위에 맺힌 물방울과 같은 원리)

④ (**큰 에디 분쇄 장치, Large Eddy Break-Up**[LEBU]) 선체 주위의 유동 중 경계층 외부에 존재하는 Eddy를 파괴하여 항력을 감소시키는 방법. 다만, 평판에서 항력은 감소하지만 선박에 설치 시 장비자체가 또 다른 저항 증가요인*이 되는 한계 발생

* 예시: 평판 위에 Eddy보다 작은 간격으로 다수의 plate를 부착하는 방식으로 연구

- (**능동적 방법**) 선박에 설치 후 운항조건에 따라 장비를 조작하여 저항을 감소시키는 방법으로 폴리머(또는 기포)첨가, EMTC 등이 있음

① (**폴리머 첨가**) 선체표면에서 폴리머 또는 50마이크론 정도의 기포를 분사하여 항력을 감소시키는 방법 (미소기포 첨가를 통한 저항감소 방식은 실선에 적용된 사례가 있음)

② (**전자기장에 의한 항력감소**[EMTC]) 선체표면에 수직한 방향으로 자기장을 발생시키면, 난류의 항력을 감소시킬 수 있음

제3장 추진

1. 선박추진의 기본개념(이-Ⅱ-0)

: 선박이 목표하는 이동성을 갖추기 위해 소요되는 동력을 알고 있다고 하면, 어떻게 동력을 발생시켜서, 전달하고 실제 선박의 추진력으로 이어지게 할 것인가에 대한 문제가 남는다. 선박은 일반적으로 주기관에서 동력을 발생시켜 축을 통해 동력을 전달하고 추진기를 통해 추력을 발생시킨다.

2. 선박의 동력 및 효율(이-Ⅱ-0)

: 선박의 동력은 주기관(엔진)에서 생성되어 실제 추진력으로 전환되기까지 추진 시스템의 구성요소를 기준으로 전달과정에서 손실이 발생하게 된다. 다시 말해서 선박의 효율(전효율, 선각효율, 선후효율, 준추진효율, 축전달효율 및 기계효율)을 높이기 위해서는 전달과정의 손실을 줄이기 위한 노력이 필요하다.

3. 선박의 추진기관(박용기관)(이-Ⅱ-0)

: 박용기관은 연료를 동력으로 전환하는 기관으로 선박의 심장과도 같은 기능을 한다. 주기관 및 전력을 생산하는 발전기는 주로 내연기관이 이용되고 있다.

4. 환경규제와 추진기관(이-Ⅱ-2)

: 국제사회에서는 해양환경보호를 위해 환경규제를 강화하고 있는 추세이다. 이는 조선 산업의 관점에서는 기술개발과 새로운 건조수요로 이어지기 때문에 변화의 요인으로 작용하게 된다. 따라서 선박의 대기오염에 관한 국제사회의 규제흐름과 추진에 관한 기술개발 동향은 맥을 같이 한다.

5. 축계(이-Ⅱ-3)

: 축계장치는 주기관에서 추진기로 동력을 전달하는 장치이며, 주기관 및 추진기(프로펠러) 대비 타운송 수단이나 기계장치와 구분되는 선박의 독특한 영역이다. 선박의 목적에 따라 주기관, 축계 및 추진기는 다양한 조합으로 적용된다.

6. 추진기의 기본개념(이-Ⅱ-5)

: 추진기는 동력을 전달받아 추진력을 발생하는 장치로 다양한 형태가 있을 수 있으나, 대부분 효율이 높은 프로펠러를 추진기로 사용하고 있다. 프로펠러의 추진력 발생 원리는 디스크이론, 베르누이방정식 및 Kutta-Joukowski식 이론 등으로 설명된다.

7. 프로펠러 상사법칙 및 모형시험(이-Ⅱ-5)

: 앞서 저항관련 부분에서 소개한 모형시험 단계에서 프로펠러는 함께 고려되어야 한다. 프로펠러 역시 상사법칙을 따르며, 프로펠러 단독 모형시험과 모형선에 맞게 제작된 프로펠러를 갖추어서 실험하는 자항시험이 있다.

8. 프로펠러 기하학(이-Ⅱ-5)

: 프로펠러는 비행기날개(Air-Foil)와 비슷한 Hydro-Foil의 단면을 갖는 3차원 형상으로 수학적으로 표현하기가 매우 복잡하다. 프로펠러는 선박의 여러 장비 중 하나이나, 이동성에 직접적인 영향을 주는 중요한 요소이다. 프로펠러 기하학은 날개단면에 관하여 정의하고 허브로부터 날개 팁까지 확장하는 방식으로 설명된다.

9. 프로펠러의 설계(이-Ⅱ-5)

: 실제 프로펠러 설계는 모델별 계열화된 정보(차트 및 선도)를 활용하여 설계가 수행되나, 프로펠러 전진비를 최대로 하는 것을 목적함수로 설정하고, 주기관과의 토크일치 및 추력일치, 캐비테이션 방지에 관한 조건식을 사용하여 프로펠러 설계변수를 결정하고, 이들의 값을 찾아 주는 최적화를 소개한다.

10. 반류계수 및 추력감소계수(이-Ⅱ-5)

: 선박이 물 위에서 운항함에 따라 선박 주위의 물이 선박의 이동방향으로 따라 움직이며,

프로펠러는 회전하여도 나사못과 달리 피치만큼 전진하지 않는다. 이러한 특성이 반류계수와 추력감소계수로 표현된다.

11. 캐비테이션 현상(이-Ⅱ-5)

: 캐비테이션은 프로펠러와 같은 장치가 유체를 빠르게 이송할 때 발생하는 현상으로 선박의 성능에 영향을 주는 요소이다. 선박의 추진기인 프로펠러 관점에서 캐비테이션 현상은 효율감소, 진동 및 소음을 발생시킨다.

12. 추진기의 종류(이-Ⅱ-5)

: 실제 선박 건조시 활용되는 추진기는 프로펠러의 형상을 바꾸거나, 조합하거나 또는 부가적인 장치를 설치하는 방식으로 다양하게 사용된다. 프로펠러와 상당한 차별성을 갖춘 추진기는 보이슈나이더방식, 워터젯방식 및 전자기 추진장치 등이 있다.

< 선박의 필수기능에 관한 기능구조분석도 >

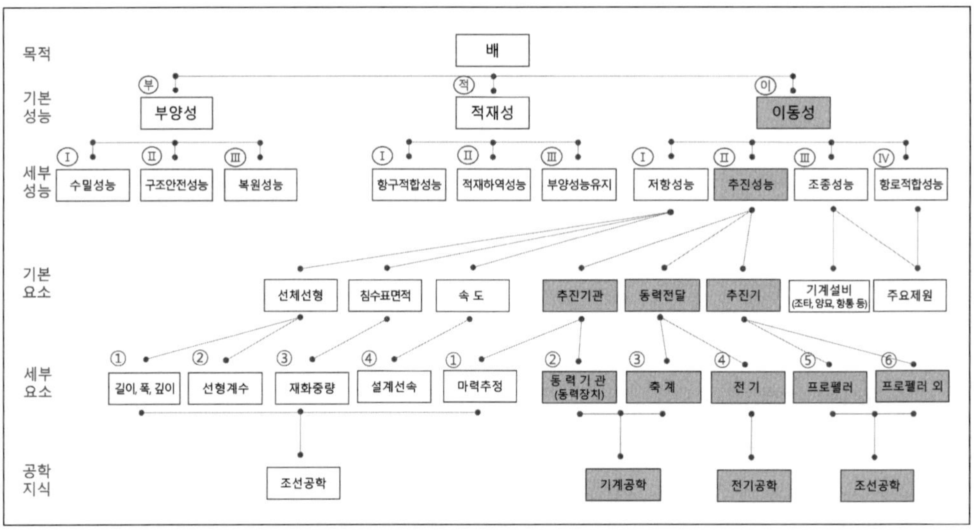

2-3-1 선박추진의 기본개념 (01-11-0)

□ 기본개념

○ 선박에서의 추진은 연료를 통해 동력을 생산하는 기관, 동력을 전달하는 축계 및 실제 추진력을 발생시키는 추진기로 구성된다.

- **(주기관)** 동력생산방식에 따라 외연기관, 내연기관 및 모터로 구분할 수 있고, 외연기관은 증기터빈, 내연기관은 가솔린엔진, 디젤엔진 및 혼소엔진이 대표적이며 박용기관으로도 불림

  * Tip. 주기관은 추진동력을 생산하고 발전기는 선박 내 필요 전력을 생산한다는 점에서 목적은 다르지만, 그 구성과 작동원리는 동일함

- **(축계)** 주기관, 추진기, 선체구조 및 축계유지보수 등을 고려하여 축계를 배치하게 되며, 동력변화를 위한 클러치와 감속기 등을 축계와 함께 적용함
- **(추진기)** 동력을 추진력으로 변환하는 장치이며, 대표적인 예로 프로펠러, 워터젯, 보이슈나이더 및 전자기 추진 등이 있음

□ 주요내용

○ 선박추진의 주요 구성요소 중 주기관의 설계는 사실상 기계설계의 영역이며, 종합산업인 조선산업 특성상 주기관의 선정 및 배치 등이 실제 선박설계에서 관심을 갖는 영역에 해당된다.

○ 축계는 강도·진동에 대한 검증과 유지보수 등을 고려한 배치설계가 주요내용이며, 구성방식과 각 구성품의 기능에 대한 이해가 필요하다.

○ 추진기는 선박의 수많은 구성품 중 하나에 해당하지만, 추진기 하나에 따라 선박의 성능이 영향을 받을 수 있어 매우 중요한 구성품 중 하나라 할 수 있다.

  * 추진기는 여러 형태로 존재하나 현재까지의 개발된 기술 중 프로펠러가 가장 효율적인 방법 중 하나임. Fan과 일부 펌프에 프로펠러가 사용되지만 선박에서는 저속 대유량 형태의 프로펠러가 사용됨에 따라 타 영역과 차별성을 가짐

2-3-2 선박의 동력 및 효율 (01-11-0)

□ 선박의 동력 및 효율

○ **(동력)** 선박에서 동력은 주기관에서 추진기까지 전달되는 과정에서 각종 손실에 의해서 감소되며, 각 단계를 구분하여 동력*을 정의한다.

* Tip. 동력의 기본적인 정의: 동력(Power, W) = 힘(N) × 속도(m/s)

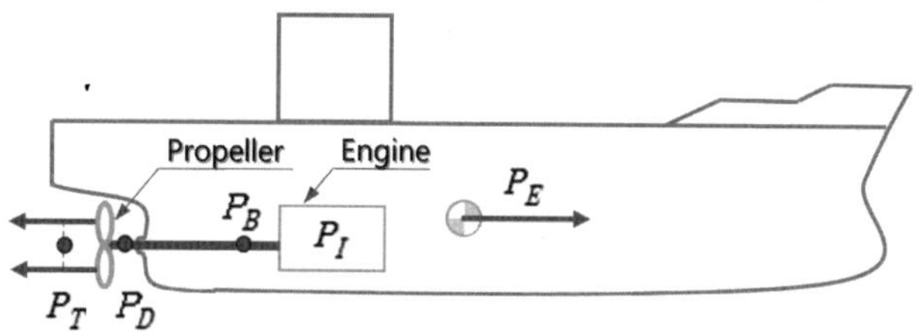

○ **(효율)** 선박효율은 다음에서 정의된 주요 동력사이의 관계를 통해 동력 전달과정에서 손실이 얼마나 되는지 보여주는 척도(출력/입력)이다.

선박 동력	선박 효율
① (유효동력, Effective Power) $P_E = R_T V_S$ * R_T: 선박의 전체저항(N), V_S: 선속(m/s)	① (전효율, Total Efficiency, η_T) $\frac{P_E}{P_I} = \frac{P_E}{P_T}\frac{P_T}{P_D}\frac{P_D}{P_B}\frac{P_B}{P_I}$ $(\because \eta_T = \eta_H \eta_B \eta_t \eta_M)$
② (추진동력, Thrust Power) $P_T = T V_A$ * T: 프로펠러 추력(N), V_A: 프로펠러 전진속도(m/S)	② (선각효율, Hull Efficiency, η_H) $\eta_H = \frac{P_E}{P_T} = \frac{R_T V_S}{T V_A} = \frac{1-t}{1-w}$ * t(추력감소계수): $R_T = T(1-t)$, w(반류계수): $V_A = V_S(1-w)$
③ (전달동력, Delivered Power) $P_D = 2\pi Q n$ * Q: 토크(N-m), n: 회전수(1/s)	③ (선후효율, Behind Efficiency, η_B) $\eta_B = \frac{P_T}{P_D} = \frac{T V_A}{2\pi Q n} = \frac{T V_A}{2\pi Q_0 n}\frac{Q_0}{Q} = \eta_0 \eta_R$ * η_0: 단독효율(균일류 중 프로펠러 효율), η_R: 상대회전효율, Q: 실제 프로펠러 토크, Q_0: 균일류 속에서의 프로펠러 토크
④ (축동력, Shaft Power) P_S ⑤ (제동동력, Brake Power) P_B ⑥ (지시동력, Indicated Power) P_I	④ (준추진효율, Quasi-Propulsive Eff., η_D) $\eta_D = \frac{P_E}{P_D} = \eta_H \eta_B = \frac{1-t}{1-w}\eta_0 \eta_R = \eta_H \eta_0 \eta_R$ ⑤ (축전달효율, Transmission Efficiency, η_t) $\eta_t = \frac{P_D}{P_B}$ ⑥ (기계효율, Mechanical Efficiency, η_M) $\eta_M = \frac{P_B}{P_I}$

2-3-3 선박의 추진기관(박용기관) (01-II-2)

□ 개념

○ **(변천사)** 선박의 추진기관은 기술발달* 및 환경규제** 등에 따라 지속적으로 개발되고 변화되어 왔다.

* 외연기관, 내연기관 혼소기관 및 모터 등 추진기관의 개발은 지속적으로 진행

** 질소산화물, 황산화물 및 탄소중립 등의 환경규제를 통해 연소배출물 등에 대한 관리가 강화되고, 이는 기술개발의 요인으로 작용

○ **(종류)** 증기터빈, 가스터빈, 디젤기관, 가솔린기관, 혼소기관(디젤+LNG 등), 모터 및 핵추진 기관 등이 있다.

* 선체와의 관계에 따라 선외기(기관이 선체밖에 위치한 형태), 선내기(기관실 내에 기관이 위치), 선내외기(기관은 기관실에 위치하나 기관에 동력축이 프로펠러와 직적 연결)를 구분하기도 함

○ **(고려사항)** 선박종류에 따라 추진기관은 선정되어야 하며, 선박의 규모, 선속, 항속거리, 추진연료 및 추진특성에 대한 검토가 필요하다.

❶ **(선박규모)** 기관실을 갖추기 곤란한 경우, 선외기로 추진기관을 선정하며 선외기는 대부분 디젤 또는 가솔린 고속엔진을 적용하지만 최근 LPG 기관을 적용하는 사례 有

❷ **(선속)** 동일 디젤기관이라 하더라도 계획된 설계 선속에 따라 중속(또는 고속)엔진(예: 소형 고속정) 및 저속엔진(예: 저속비대선) 등 달리 적용

❸ **(항속거리)** 연료탱크를 크게 하여 항속거리를 증가할 수 있지만 적재공간이 감소하는 충돌문제가 발생하여, 기관선정시 고려 필요(예: 잠수함은 잠항시간이 주요성능인 만큼 일부 잠수함은 핵추진 방식을 적용)

❹ **(추진연료)** 환경규제 및 선박의 효율성 등을 고려하여 추진연료를 선정하고 그에 적합한 기관선정 필요(예: LNG운반선은 환경규제에 대응하면서 효율성 제고를 위해 BOG를 주기관 추진연료로 사용하고, 그에 맞는 혼소기관을 사용)

❺ **(추진특성)** 해당 선박의 요구 성능에 적합한 추진특성을 갖는 기관선정 필요
(예: 쇄빙선은 쇄빙능력을 고려하여 POD System을 많이 사용하고, 여객선은 진동소음 문제를 해결하기 위해 모터를 이용한 추진방식을 사용하기도 함)

○ **(동향)** 최근 환경문제로 인한 질소, 황 및 탄소 등의 배출가스 규제에 따라, 이에 대응하기 위한 다양한 형태의 기술들이 개발되고 있다.

- ①저황유과 같이 기존연료의 질을 개선*하거나, ②기존연료를 사용하되 DPF, SCR, 스크러버 등의 부가설비를 설치하는 방법 또는 ③LNG 등의 대체연료로 전환**하는 경향을 보임

* 저황유를 사용할 경우, 연료의 점도가 낮아져 그에 맞는 추진기관으로 변경 필요

** LNG추진기관은 상용화 되었으며, LPG 및 암모니아 추진기관에 대한 연구가 활발히 진행

□ 내연기관의 주요특성

ㅇ 선박에 가장 많이 사용되는 추진기관은 내연기관이며, 대형선에는 디젤기관이 적용되고, 소형선에는 가솔린기관이 적용되는 추세이다.

ㅇ 내연기관의 동력발생 원리와 디젤기관 및 가솔린기관(또는 4행정 및 2행정기관)의 주요특성은 다음과 같다.

- **(동력발생원리)** 연료분사 → 연소실내 폭발 → 피스톤의 상하 운동 → 크랭크축에 의한 회전운동으로 전환 → 축계로 동력전달

* 기관의 제동동력(P_B) =PLAn × 실린더 갯수

P: 실린더 내 평균유효압력(N/m^2), L: 실린더 내 스트로크(상하사점 길이, m),

A: 실린더 내부 단면적($\pi D^2/4$, D: 실린더 내경), n: 초당 회전수(1/s)

- **(각 기관 비교)** 디젤기관 및 가솔린기관의 특성은 다음과 같이 구분

구 분	디젤기관	가솔린기관
연료	경유(소형, 고속기관) 중유(중형 이상) 착화온도: 250℃	휘발유 착화온도: 350℃
착화방식	자연착화방식 실린더 내 연료+혼합공기를 공기압 압축열로 착화	전기착화방식 실린더 내 연료+혼합공기를 점화플러그를 통해 착화
행정	대부분 2행정	대부분 4행정
효율	높음 자연착화로 연소효율 좋음	낮음 전기착화로 불완전 연소 존재
진동 소음	높음 자연착화로 많은 실린더 압축이 요구되어 진동소음 大	낮음

2-3-4 환경규제와 추진기관 (01-11-0)

□ UN기후변화 협약

○ UN에서는 기후변화에 대응하기 위해 노력 중이며, "기후변화에 관한 유엔 기본협약(United Nation Framework Convention on Climate Change)"을 중심으로 국제동향의 변화 흐름은 다음과 같다.

- **(몬트리올 의정서, 1987)** 오존층 파괴를 막기위해 CFC, HCFC 사용을제한하는 협약 [CFC 금지(1996~), HCFC 금지(2020~ 단, 개도국은 2045~)]

 * 선박은 공조·냉동system에 사용되는 냉매에 CFC, HCFC 사용불가로 제한적 영향 발생

- **(브라질 리우, 기후변화협약, 1992)** 지구온난화에 대한 범지구적 대책 마련을 위해 각국의 능력·경제수준 등에 따라 온실가스 감축의무 부여*

 * CFC를 제외한 온실가스의 배출량 및 제거량을 보고

- **(도쿄의정서, 1997)** 기후변화협약 실행을 목표로 하는 각국의 이행에 관한 협약으로 6대 온실가스* 감축에 대한 국가별 목표치를 제시

 * 6대 온실가스: 이산화탄소(CO_2), 메탄(CH_4), 아산화질소(N_2O), 수소불화탄소(HFC_S), 불화유황(SF_6), 불화탄소(PFC_S) → 한국, 멕시코 등은 개도국으로 분류되어 면제

 ** CO_2: 지구온난화, CFC: 오존층 파과 + 지구온난화, HCFC: 오존층 파과(일부) + 지구온난화

- **(2001)** 미국에서 중국 및 인도 등의 이산화탄소 최대 배출국의 불참을 빌미로 탈퇴(자국이익 도모) → 최근 참여하는 방향으로 선회 중

- **(2004)** 이상기후로 인하여 몰디브에서 대규모 쓰나미 피해를 입는 등 도서국가의 피해 가속화

- **(파리기후협약, 2015)** 산업화 이전과 비교하여 지구온도가 2℃* 이상 상승하지 않도록 온실가스 배출량을 줄이는 것이 주요 목표**

 * 2℃ 이상 상승하면 북극의 CH_4이 녹아서 지구온난화가 가속화됨에 따라 회복불가 상태가 될 수 있음을 우려

 ** 55개국 이상 가입하고, 가입국 온실가스 배출량의 합이 총배출량의 55% 이상일 경우 발효

- **(글래스고 협약, 2021)** 지구온도 상승을 1.5% 이내로 제한하기 위해 석탄발전과 화석연료에 대한 보조금을 단계적으로 축소 추진

□ 선박에서의 환경규제

ㅇ 지구 기후변화에 대응하기 위해 IMO에서는 선박으로부터의 대기오염방지에 관한 환경규제를 지속적으로 강화해 왔고, 주요 규제대상은 질소산화물(NO_X), 황산화물(SO_X) 및 이산화탄소이다.

* 상세내용은 국내법인 「해양환경관리법」 제4장 해양에서의 대기오염방지를 위한 규제참조 → 국가법령정보센터(www.law.go.kr)에서 확인 가능

ㅇ 질소 및 황은 선박검사시 직접 배출량을 확인하는 방식을 취하고 있으나, CO_2는 에너지효율설계지수 등을 활용하여 평가한다.

< EEDI, SEEMP, EEOI >

► IMO(MEPC)에서 CO_2 배출량 감축의 방안으로 설계·건조 시부터 각 선박당 CO_2의 배출량을 산정하고, 운항 시에도 CO_2 배출량을 개량 감축하도록 함

신조선은 EEOI, 현존선은 SEEMP로 운항효율성을 높이고, EEOI로 검증하는 방식 ('13.1.1부 시행)

❶ EEDI(Energy Efficiency Design Index, 에너지 효율 설계지수)

: 선박의 연비효율을 나타내는 지수로 1ton 화물을 1mile 운반할 때 발생하는 CO_2 배출량을 의미

$$EEDI = \frac{\text{연료소비율} \times CO_2\text{환산계수}}{\text{화물량} \times \text{속력}}$$

$$= \frac{Engine\,Power(KW) \times SFC(g/KWh) \times C_F}{DWT \times Speed(knots)}$$

C_F: 연료에 대한 CO_2환산계수(연료 소모시 CO_2 발생량 환산계수), SFC: 연료소모량

❷ SEEMP(Ship Energy Efficiency Manigement Plan, 선박에너지 효율관리 계획서)

: 선박 운항 시 효율적으로 CO_2 배출량을 감축하고자 작성하는 계획서(GT400톤↑)

❸ EEOI(Energy Efficiency Operational Indicator, 에너지 효율 지표)

: 운항중인 선박으로 부터 실제 배출되는 CO_2 배출량을 계산하기 위해 사용(EEDI와 동일 단위)

□ 오염물질 저감기술

○ **(질소산화물 저감기술)** SCR 및 EGR이 대표적 저감기술이다.

<table>
<tr><th>SCR: Selective Catalytic Reduction</th><th>EGR: Exhaust Gas Recirculation</th></tr>
<tr><td>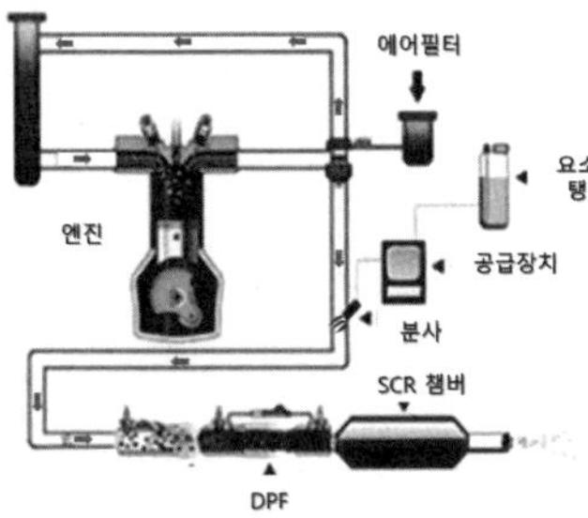
</td><td>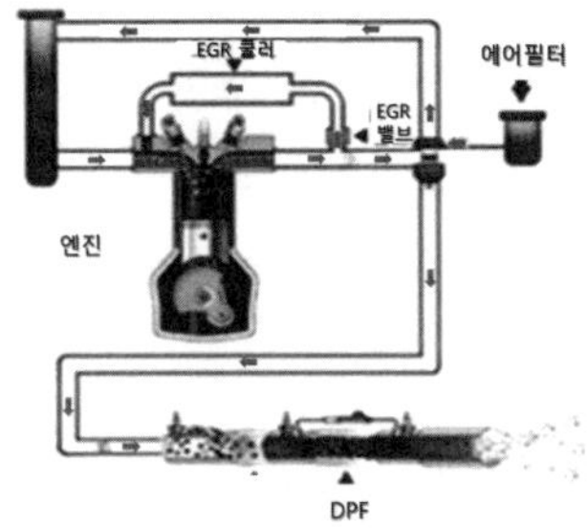
</td></tr>
<tr><td>► '선택적 촉매에 의한 감소 장치'로서, 암모니아 액체를 배기가스에 분사하고 촉매반응을 이용하여 질소산화물 저감
장점은 출력감소가 없이 연비를 향상 시키지만, 단점으로 요소수 탱크의 설치 및 요소수 보충에 따른 비용상승 발생</td><td>► '배기가스 재순환 방식'으로서, 엔진에서 연소된 배기가스의 일부를 재순환 과정을 통해 다시 엔진으로 공급하여 질소산화물 저감
비교적 설비가 간단하여 비용이 저렴하나, 일부 배기가스가 다시 엔진으로 공급되기 때문에 출력 및 연비 감소</td></tr>
</table>

* DPF(Diesel Particulate Filter): 배기가스 후처리장치, 매연 저감을 위한 필터임

○ **(황산화물 저감기술)** Scrubber가 대표적 저감기술이다.

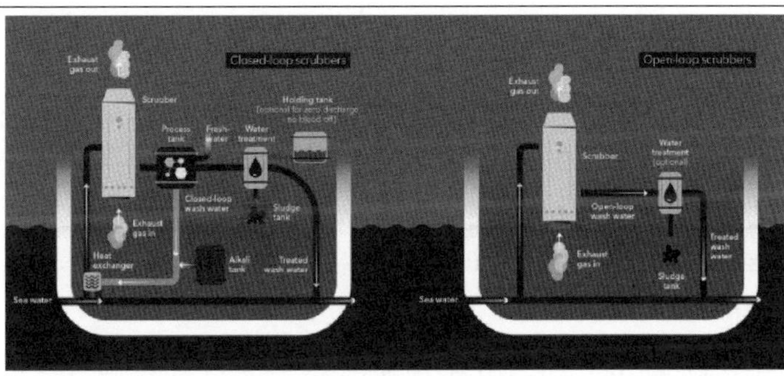

[그림출처] https://theloadstar.com/more-carriers-eye-scrubber-installation-as-price-gap-between-fuels-gets-wider

► 핵심원리는 황산화물이 포함된 배기가스에 해수를 분사하여, 황산의 형태로 추출하여 대기 중 황산화물의 배출을 저감하는 방식임

개방형과 폐쇄형으로 구분되며, 개방형은 황산을 바다로 바로 배출하기 때문에 또 다른 해양오염의 발생 우려

⇒ 앞서 살펴본 기술은 후처리 기술이며, 근본적인 해결책은 연료의 전환으로 저황유, LNG, LPG 및 전기추진 선박이 건조되고 있고, 암모니아 및 수소추진 선박도 활발히 연구되고 있는 상황이다.

2-3-5 축계 (01-II-3)

□ 동력전달 방식일반

○ 추진동력의 전달을 포함하여, 선박에 사용되는 일반적인 동력전달 방식은 기계식, 유압식 및 전기식으로 구분된다.

- **(기계식)** 기계요소를 통한 동력 전달방식 (예: 기어, 풀리와 벨트, 스프로킷과 체인, 마찰차 등)
- **(유·공압식)** 파스칼 원리를 이용, 배관으로 연결 된 작동유체(액체 또는 기체)의 압력을 변화시켜 동력 전달
- **(전기식)** 전선을 통해 전력을 전달하고 종단의 모터를 통해 동력으로 전환하는 방식

* 동력전달의 응답속도는 전기식 > 유압식 > 기계식이며, 동력전달장치의 내구성 및 유지보수성은 기계식 > 유압식 > 전기식 임

□ 선박추진 동력전달

○ 선박의 추진동력 전달은 축계를 통한 방식, 전기를 통한 방식 및 혼합된 하이브리드 방식으로 구분된다.

① **(기계식)** 축계를 통한 동력전달 방식은 주기관과 추진기를 직접 연결하는 경우와 중간에 감속기를 두는 경우 2가지로 구분 가능

- 추진력은 크고 공동현상은 없어야 함에 따라 토크*은 크고 회전수는 작게 하며, 대직경의 프로펠러를 사용

* 동력 = 토크 × 회전수 × 환산계수(KW, HP 또는 PS 등)로 회전수는 낮추고 토크는 높이는 것이 선박의 추진효율 관점에서 유리

- 이에, 고속기관인 경우, 감속기를 통해 추진기의 회전수는 줄이고 회전력을 높이는 반면, 중저속 기관은 감속기 없이 추진기를 바로 연결하여 사용

② **(전기식)** 전기를 통한 동력전달은 발전기(Generator)에서 생산된 전력을 배전반(Switch Board), 변압기(Transformer) 및 변류기(Convertor)를 거쳐 추진용 모터로 배송하는 형태임

- 전력손실을 줄이기 위해 고압으로(High Voltage) 송전 후 추진모터에 공급되기 전 Low Voltage로 변환 등의 과정을 거쳐 모터의 사양에 맞도록 전력을 공급

* 통상 선박에서 High Voltage는 600V 이상을 말하고, Low Voltage는 440V 또는 220V 이하를 의미함

③ **(하이브리드식)** 두 종류 이상의 동력원을 사용하여 추진하는 방식으로, 운항 상태에 따라 최적화 된 동력을 적용하여 효율을 향상시킴. 동력원의 종류에 따라 복합적인 동력전달 방식이 사용

❶ 디젤기관 및 가스터빈 결합방식

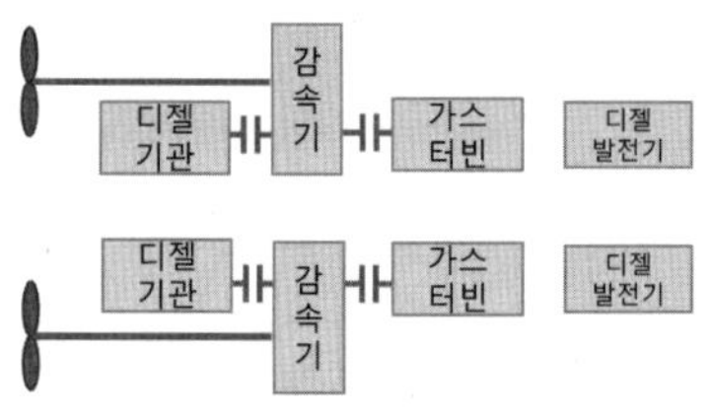

► 예시 1

: 저속운항 등 부하가 낮은 경우 디젤기관을 통해 운항하고, 고속운항 등 부하가 큰 경우는 가스터빈을 이용하여 운항

※ 동력의 연결과 끊김은 클러치를 통해 이루어지며 이하 모든 예시에서 동일하게 적용

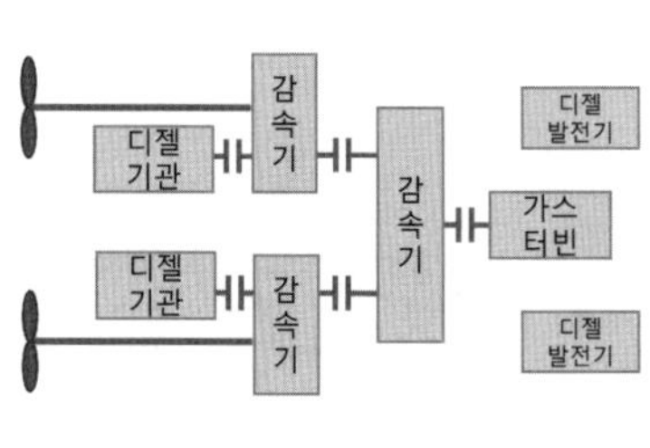

► 예시 2

: 저속운항 등 부하가 낮은 경우 디젤기관을 통해 운항하고, 고속운항 등 부하가 큰 경우는 가스터빈과 함께 디젤기관을 동시에 이용하여 운항

이 경우, 가스터빈의 용량을 축소할 수 있으나, 동력전달시 디젤기관과 가스터빈의 조화가 필요하여 각 기관의 출력제어가 어려움

❷ 전기추진 및 가스터빈 결합방식

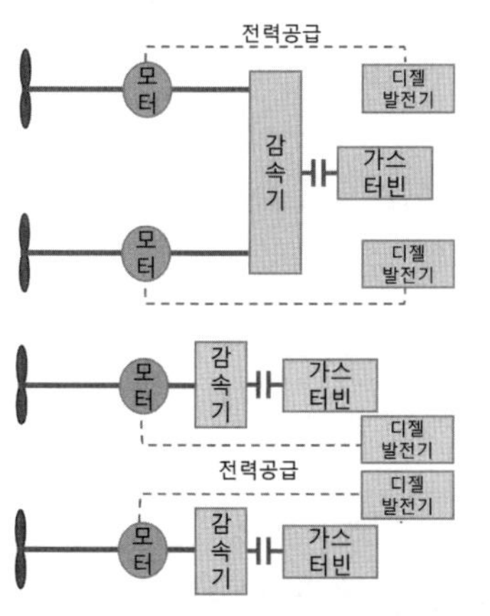

► 예시 1

: 저속운항 등 부하가 낮은 경우 전기모터를 통해 운항하고, 고속운항 등 부하가 큰 경우는 가스터빈을 이용하여 운항(이때, 모터는 공회전)

또는 부하가 클 경우 전기모터와 가스터빈을 함께 사용하는 방식을 적용하기도 함

※ 전기추진의 동력전달은 디젤발전기에서 생산한 전력을 전기모터에 송전하는 방식이며, 이하 모든 예시에서 동일하게 적용

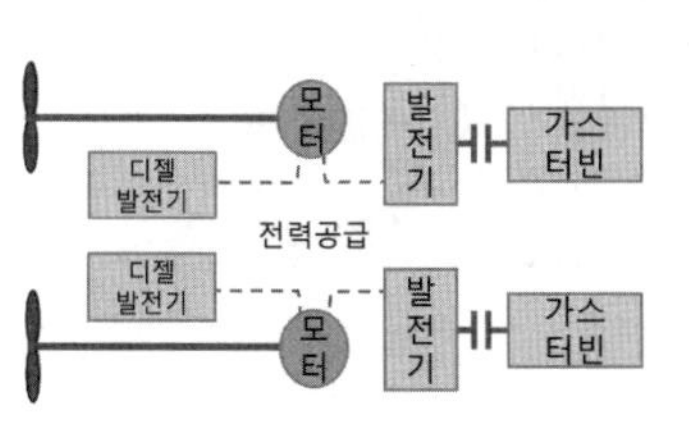

► 예시 2

: 저속운항 등 부하가 낮은 경우 디젤기관(발전기)을 통해 생산한 전력으로 전기모터에 송전하여 운항하고,

고속운항 등 부하가 큰 경우는 디젤기관(발전기) 및 가스터빈(발전기)을 함께 이용하여 운항

운항상태에 따라 디젤발전기 또는 가스터빈발전기를 다수 설치하고 운항모드에 따라 이용하기도 함

□ 축계 주요부품

○ **(구성)** 축계는 주기관의 회전력을 추진기로 전달하고, 추진기의 추력을 다시 선체로 전달하는 각종 축으로 구성된다.

- 그리고 축 간의 연결을 위한 커플링, 원활한 회전을 위한 베어링, 동력의 연결과 끊김을 위한 클러치 및 감속기 등으로 구성

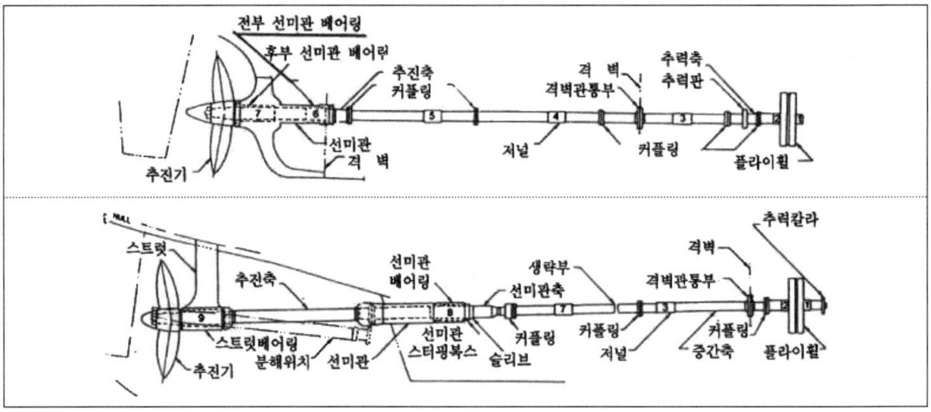

[그림출처: 오인호, 「선박의 동력 전달과 추진(제2판)」, 다솜출판사, 2014, 13쪽]

① **(추력축, Thrust shaft)** 추진기(프로펠러)로부터 전달받은 추진력을 선체로 전달하는 축으로, 추력축에 돌출하여 설치된 링플레이트*(Ring plate)가 추력축 베어링에 축방향으로 힘을 전달하는 구조

* 링 플레이트의 개수는 추력의 크기를 고려하여 하중을 적절히 분산할 수 있도록 결정되며, 칼라(Collar)라고도 함

② **(추력축 베어링, Thrust bearing)** 추력축으로 부터 전달받은 추력을 선체에 전달하며, 추력축의 링플레이트 전후에 설치되고, 양 끝단에는 축의 지지를 위한 구조를 갖춤

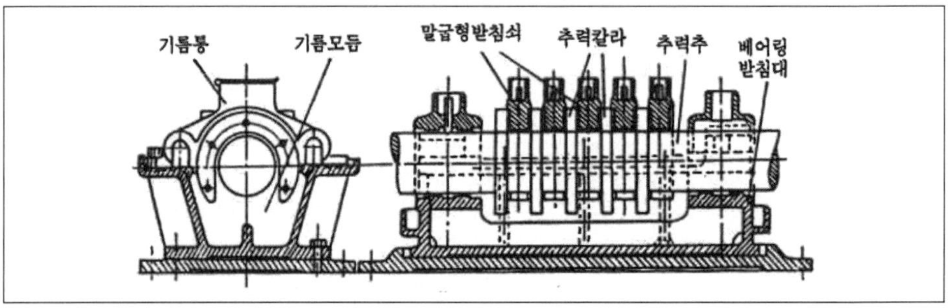

* 추력축 베어링은 말굽형, 상자형, 미첼형 등이 있으며, 위는 말굽형에 대한 자료임

[그림출처: 오인호, 「선박의 동력 전달과 추진(제2판)」, 다솜출판사, 2014, 136쪽]

③ **(중간축, Intermediate shaft)** 추력축과 추진축을 이어주는 축으로 반드시 필요한 축은 아니나, 추력축 및 추진축의 길이대비 기관실이 크거나, 기관실 내 축계의 효율적 유지보수 등을 고려하여 적용

- 중간축은 축계 유지보수를 고려하여 중간축 개수 및 길이를 선정하고, 동축도 조정을 위해 지지베어링의 개수 및 위치에 대한 검토 필요

④ **(추진축, Propeller shaft)** 중간축과 추진기(프로펠러)를 연결하는 축으로 프로펠러가 선체로부터 많이 이격된 경우, 2개로 분할

- 분할된 축은 각각 선미관과 스트럿베어링을 관통하고 플랜지로 연결하며, 선미관에 있는 축을 별도로 선미관축이라고 구분함
- 추진축은 내식성 및 내마모성 등을 고려하여 1,2종 축*으로 구분되며, 법규에서 규정하는 검사주기가 다르기 때문에 설계 시 검토 필요

* 1종축은 2종축에 비해 내식성 및 내마모성 등이 좋아 초기 비용은 비싸지만, 해당 항목에 대한 선박검사 주기가 길어 유지보수 측면에서 유리

⑤ **(선미관, Stern tube)** 추진축이 선체를 관통하여 선외로 돌출 될 때, 추진축을 지지하고 선내 해수유입과 선외 기름유출을 막는 역할

- 여러 선미관이 있으나, 대형선에는 '기름 윤활방식'이, 소형선에는 '해수 윤활방식'이 많이 사용됨

< 기름 윤활방식 >

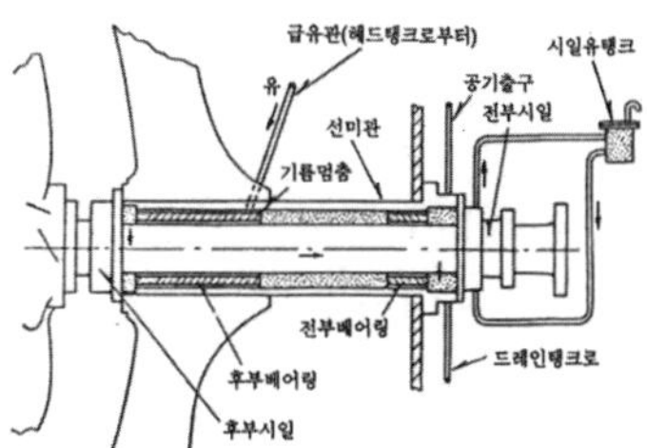

< 해수 윤활방식 >

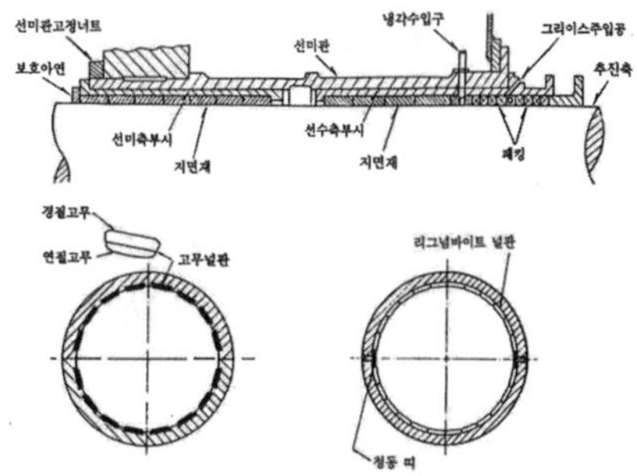

[그림출처: 오인호, 「선박의 동력 전달과 추진(제2판)」, 다솜출판사, 2014, 145&147쪽]

* Tip. 해수 윤활방식에 대표적인 예는 리그넘바이트(lignumvitae)라는 경질의 나무를 선미관 내부에 설치하고 V홈을 통해 선외로부터 해수를 유입하여 냉각하는 방식임. 기름 윤활형식에 비해 가격이 저렴하나, 유입된 해수를 별도로 관리하지 않으면 기관실내 기름과 혼합(선저폐수)되고 빌지펌프를 통해 선외로 배출되어 해양오염을 발생

○ **(선체연결)** 축을 중심으로 살펴보면, 주기관으로 부터 추력축, 중간축, 선미관축, 추진축을 통해 프로펠러로 동력이 전달되며, 주요 베어링으로는 추력 베어링, 선미관 베어링 및 스트럿 베어링이 있다.

< 베어링 주요개념 >

► 베어링은 원활한 회전운동을 위한 연결수단으로 유막베어링, 볼베어링 및 부시베어링 등이 조선분야에 사용되며 축계, 크레인 등 기계장비 및 개폐장치(Door)등 다양한 분야에 적용됨

❶ (유막베어링) 큰 하중을 받는 개소에 적용이 가능하며, 유체에 의해 냉각 및 밀봉 등의 부가적 효과가 있으나, System이 복잡한 단점이 있음 → 예) 축계 활용

❷ (볼베어링) 유막베어링 대비 큰 하중을 받지 않는 개소에 적용하며, 마찰에 의한 손실이 매우 작아 효율적임. 다만, 파손우려가 있고 비용이 비교적 고가임 → 예) 크레인 Swing 운동을 위한 King post 상부에 적용

❸ (부시베어링) 표면이 잘 가공된 경첩의 형태라 할 수 있으며, 구조가 간단하고 가격이 저렴하지만, 타 베어링에 비해 마찰손실이 큼 → 예) Door 적용

□ 배치

○ 주기관 및 축계는 다양한 조합이 가능하고, 이에 따라 기관실 배치가 변화된다. 대표적인 배치패턴은 다음과 같다.

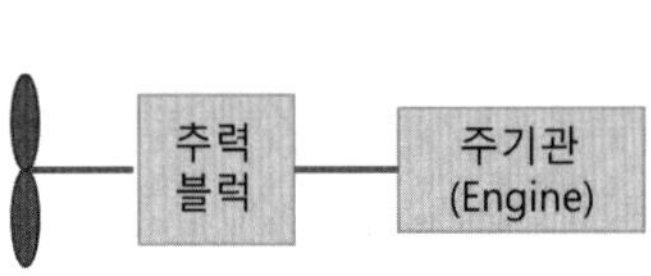	► **(저속엔진+FPP)** 가장 단순한 형태로 운전과 유지보수가 용이하고, 주로 저속 2행정 기관을 사용하며 엔진의 역회전 으로 후진
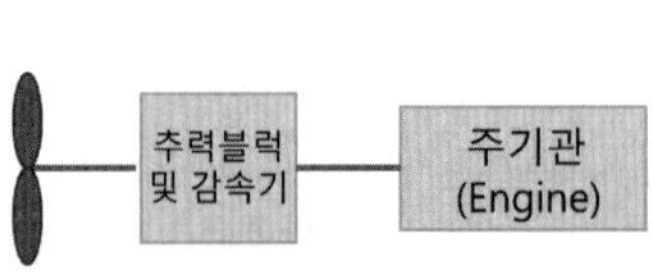	► **(고속엔진+감속기+FPP)** 고속 2행정 또는 고속 4행정 기관을 사용하며, 회전수 감소를 위한 감속기와 정·역회전을 위한 클러치를 적용

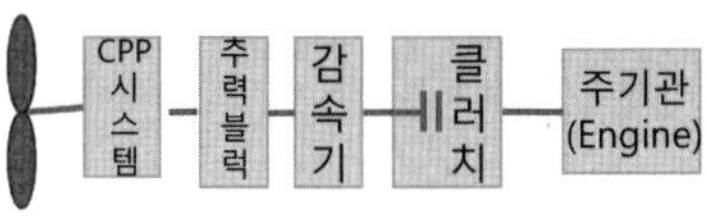	► **(고속엔진+감속기+CPP)** 중속 4행정 기관을 사용하며, CPP를 이용해 후진 및 추력 조절 가능
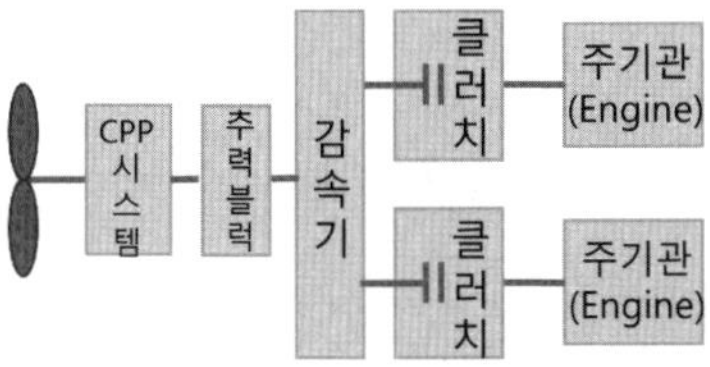	► **(고속엔진 2Set+감속기+CPP)** 출력을 높이고, 고장 등을 고려하여 엔진을 추가 적용
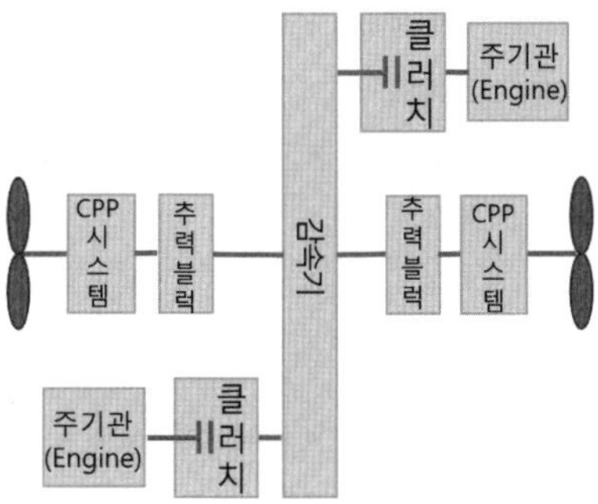	► **(양방향 추진)** 짧은 거리를 왕복하는 경우 적용하며, 운항시 선회할 필요가 없어 운항시간이 단축됨

2-3-6 추진기의 기본개념 (01-II-5)

□ 개 념

○ 추진기는 동력(회전력)을 추력으로 전환하는 장치이며, 현재 사용되는 추진기 중 가장 성능이 뛰어난 것은 프로펠러라 할 수 있다.

○ 프로펠러는 추진성능 및 조종성능 등을 종합적으로 고려*하여 최적의 성능을 달성하기 위해 선미에 설치한다.

* Tip. 프로펠러를 선박의 선미에 설치하는 이유는 일반적으로 다음의 3가지 이유 임

❶ 추진효율 증가 [∵ 반류이득 → $\eta_H = \frac{1-t}{1-w}$, w(반류계수)를 통해 η_H(선각효율)을 증대]

❷ 조종성 향상 (∵ 프로펠러 후류의 유속증가로 타력이 증대됨에 따라 조종성 향상)

❸ 추진기 손상방지 (∵ 선박의 진행방향을 고려할 때, 선체에 의해 추진기가 보호 됨)

□ 프로펠러에 의한 추력발생 이론

○ 프로펠러 회전에 의한 추력발생 원리는 다양한 방법으로 설명되며, 주요이론과 함께 프로펠러 설계변수에 대해 소개한다.

① **(디스크 이론)** 유체가 프로펠러를 통과할 때 가속되기 때문에 프로펠러 후류의 유동은 동압증가로 정압이 감소하고, 프로펠러 후류의 정압대비 전면의 정압이 크기 때문에 추력이 발생한다는 이론

<table>
<tr><td>❷
(프로펠러 통과후)</td><td>❶
(프로펠러 통과)</td><td>⓿
(프로펠러 유입전)</td><td rowspan="2">► 프로펠러를 하나의 디스크로 보고, 프로펠러 이후 유속이 증가하는 함을 가정
$P_1 + \frac{1}{2}\rho V_1^2 = P_0 + \frac{1}{2}\rho V_0^2$
(∵정압+동압=일정)
$(P_0 - P_1) = \frac{1}{2}\rho(V_1^2 - V_0^2)$, $(\because V_1 > V_0)$
P_0가 P_1보다 큼으로 추력 발생
► 프로펠러의 추력발생 원리는 설명이 가능하나, 프로펠러의 설계변수에 따른 추력의 영향을 알 수 없는 한계</td></tr>
<tr><td colspan="3">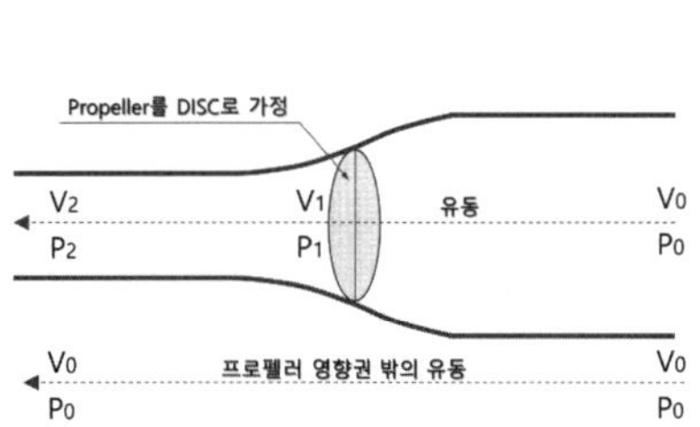
</td></tr>
</table>

② **(베르누이 방정식)** 프로펠러 날개의 단면은 Hyd. Foil 형태로 각 단면의 양력(추력)을 베르누이 방정식을 통해 추정하고, 프로펠러 특성을 계수로 표현하는 방식

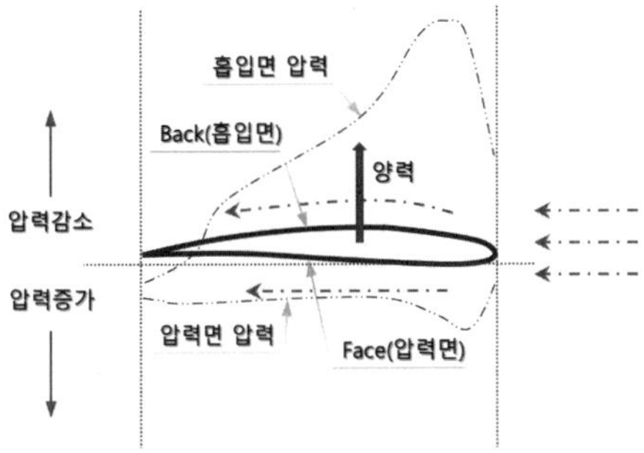 	▸ $P_{흡입면} + \frac{1}{2}\rho V^2_{흡입면} = P_{압력면} + \frac{1}{2}\rho U^2_{압력면}$ $C_P = \frac{P_{흡입면} - P_{압력면}}{0.5\rho U^2_{압력면}}$ ($\because$ $V^2_{흡입면}$ 은 $U^2_{압력면}$ 면 대비 작아 무시)

③ **(Kutta-Joukowski 식)** 프로펠러 날개의 각 단면에 발생하는 순환(Circulation, Γ)에 의해 양력을 계산하고 각 단면의 양력을 적분하여 최종 프로펠러의 추력을 계산하는 방식

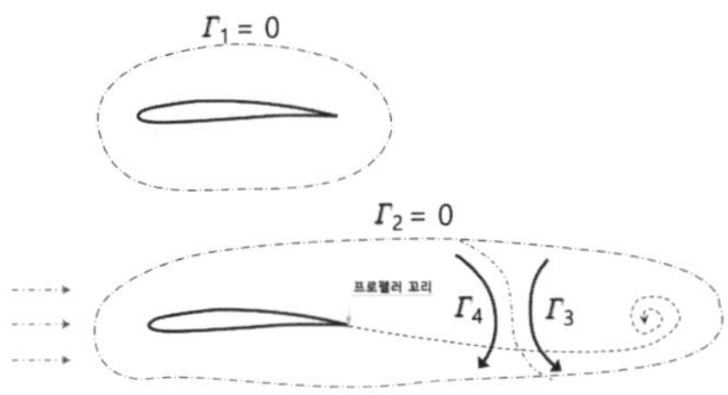 	<순환의 이해> ▸ 프로펠러 날개 단면 주위의 유동에 대해 정지상태에서는 순환($\Gamma_1 = 0$)이 없으나, ▸ 프로펠러가 회전하는 경우, 프로펠러 꼬리(Tail)을 시작으로 후연의 유동장에 미시적 순환(Γ_3)이 발생 ▸ 프로펠러가 회전시 전체 유동을 거시적으로 봤을 때 순환(Γ_2)은 0이 되고, 이는 프로펠러의 Γ_3와 크기는 같고 상반되는 순환 Γ_4 존재함을 의미
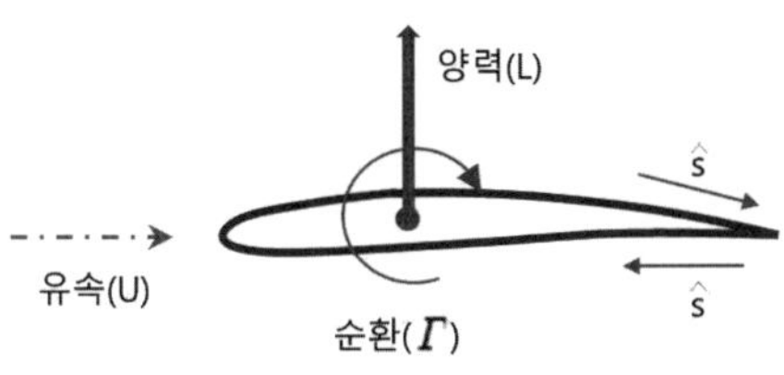 	<Kutta-Joukowski 식> ▸ 프로펠러 날개의 단면에 발생하는 양력은 Kutta-Joukowski 식으로 계산 $L = \rho U \Gamma$ (L: 양력, ρ: 밀도, U: 유속, Γ: 순환) $\Gamma = \int V ds$ (프로펠러 날개 단면의 표면을 따른 유속을 선적분한 값임)

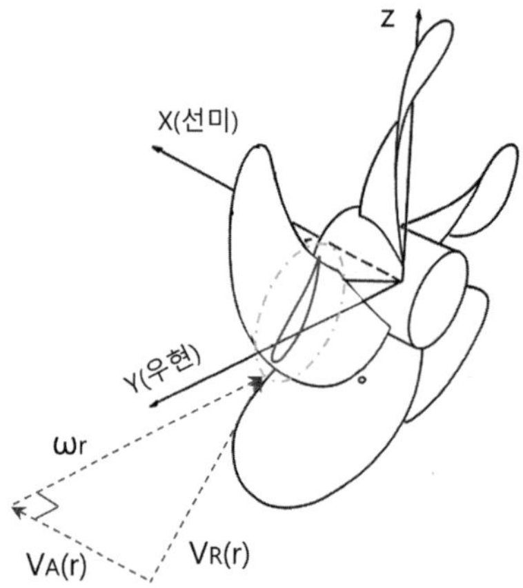	<프로펠러 유입속도 계산> ► Kutta-Joukowski 식의 계산을 위해서는 프로펠러 날개 단면의 유입속도 계산이 필요 ► 선박에 설치된 프로펠러 날개 단면의 기하학적 위치를 감안하여 선속 및 프로펠러 회전속도를 이용하여 계산 $V_R(r) = \sqrt{(V_A(r))^2 + (\omega r)^2}$ $V_R(r)$: 프로펠러 날개의 허브로부터 임의 위치(r)의 단면에서 유입속도 $V_A(r)$: 프로펠러 날개의 허브로부터 임의 위치(r)의 단면에서 선속 ωr: 프로펠러 날개의 허브로부터 임의 위치(r)에서의 프로펠러 회전 각속도
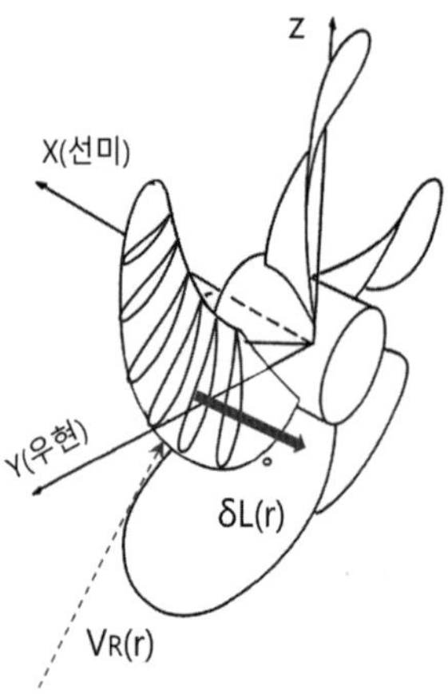	<프로펠러 전체의 추력 계산> ► 프로펠러 날개 허브로부터 각 단면의 추력을 계산하여 최종 추력을 계산 $\delta L(r) = \rho\, V_R(r) \Gamma(r)$

2-3-7 프로펠러 상사법칙 및 모형시험 (01-II-5)

□ 프로펠러 상사법칙

○ 저항 추정을 위한 모형시험시 프로펠러 단독시험*과 모형선에 프로펠러를 설치하여 예인하는 자항시험을 각각 실시하며, 프로펠러 단독시험은 프로펠러 상사법칙에 대한 이해가 필요하여 관련 내용을 소개한다.

* 프로펠러 단속시험(POW): Propeller Open Water test

① **(기하학적 상사)** 실선과 모형 프로펠러가 일정한 축척비로 동일한 형상을 갖추고, 실제 프로펠러와 모형 프로펠러가 각각 허브로 부터 동일한 위치의 단면에서 동일한 피치각을 가져야 함

* 피치각 동일: $\varnothing_M = \varnothing_S$, 선체-프로펠러간 축적비 동일: $\lambda = \dfrac{L_S}{L_M} = \dfrac{D_S}{D_M}$

(L: 선박길이, D: 프로펠러 직경, 첨자 S: 실선값, 첨자 M: 모형값)

② **(운동학적 상사)** 실제 프로펠러와 모형 프로펠러가 각각 허브로부터 동일한 위치의 단면에서 받음각과 유체역학적 피치각이 동일한 조건 → 전진계수가 동일한 조건

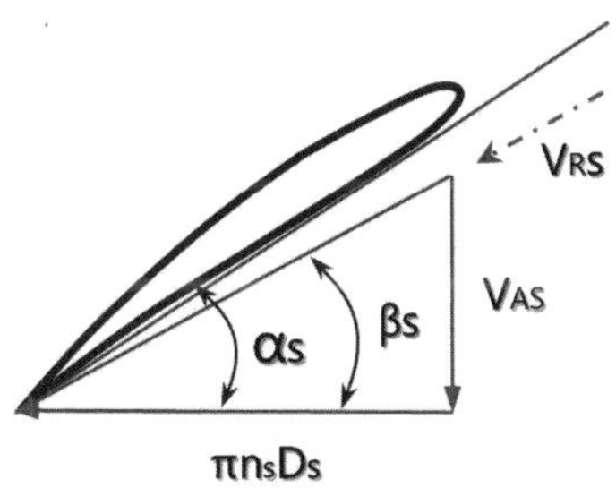

< 실선 >

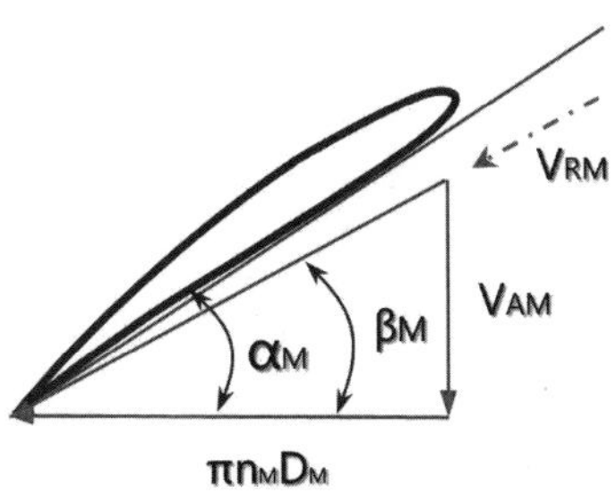

< 모형 >

► 받음각 동일: $\alpha_M = \alpha_S$

► 유체역학적 피차각 동일: $\beta_M = \beta_S$

$\rightarrow \tan^{-1}(\dfrac{V}{\pi nD})_M = \tan^{-1}(\dfrac{V}{\pi nD})_S$

* 편의상 V_A는 V로 표기

► 프로펠러의 운동학적 상사성을 의미하는 무차원수: 전진계수(J)

$$J = \frac{V}{nD}$$

$$J_M = J_S,\ (\frac{V}{nD})_M = (\frac{V}{nD})_S$$

③ **(역학적 상사)** 실선과 모형간 프로펠러에 대한 프루드수(Fn)와 선체에 대한 Fn으로부터 전진계수가 동일한 경우 역학적 상사를 이룸

* (프로펠러) $(F_n)_M = (F_n)_S \rightarrow \dfrac{\pi n_M D_M}{\sqrt{gD_M}} = \dfrac{\pi n_S D_S}{\sqrt{gD_S}} \rightarrow n_M = n_S\sqrt{\dfrac{D_S}{D_M}} = n_S\sqrt{\lambda}$ --- ❶

(선체) $(F_n)_M = (F_n)_S \rightarrow \dfrac{V_M}{\sqrt{gL_M}} = \dfrac{V_S}{\sqrt{gL_S}} \rightarrow V_M = \dfrac{V_S}{\sqrt{\lambda}}$ --- ❷

⇒ ❶,❷로부터 $\dfrac{V_M}{n_M D_M} = \dfrac{V_S}{\sqrt{\lambda}}\dfrac{1}{n_S\sqrt{\lambda}}\dfrac{1}{D_S/\lambda} = \dfrac{V_S}{n_S D_S}$, 즉, $J_M = J_S$임

** 레이놀드수(Rn)은 $R_n = \dfrac{V_R \times l_{0.7R}}{\nu}$ 로 실험결과와 계산값이 불일치하여 만족 불가

($\because l_{0.7R}$: 프로펠러 대표단면 0.7R로 반경의 70%, V_R은 Kutta-Joukowski 식 참조)

< 프로펠러의 운동학적 상사에 관한 Fn 과 Rn 동시 만족 불가 증명 >

► (프루드 수) $F_n = \dfrac{n^2 D}{g}$, $(n^2D)_M = (n^2D)_S \rightarrow n_M = n_S\sqrt{\lambda}$

► (레이놀드 수) $R_n = \dfrac{VD}{\nu}$, $(VD)_M = (VD)_S \rightarrow V_M = V_S\lambda$ // $J = \dfrac{V}{nD}$, $\dfrac{V_M}{(nD)_M} = \dfrac{V_S}{(nD)_S}$

$\rightarrow n_M = n_S\dfrac{D_S}{D_M}\dfrac{V_M}{V_S} \rightarrow n_M = n_S\lambda\dfrac{V_M}{V_S} \rightarrow n_M = n_S\lambda^2$ ⇒ Fn과 Rn의 동시만족 불가능

□ 모형시험

○ 모형시험은 저항시험, 프로펠러 단독시험 및 자항시험으로 구분된다.

① **(저항시험)** 모형선에 추진기를 부착하지 않고, 예인하여 순수한 선체만의 저항인 나선저항을 측정하는 시험으로 Rn를 만족하지 않아 역학적 상사 불만족*

* $R_n = \dfrac{VL}{\nu}$, 모형의 크기가 작아질수록 선속이 커져야 하나, 모형선의 축적비를 감안할 때 만족이 어렵고 이를 보상하기 위한 적절한 ν를 갖춘 유체는 미발견

② **(자항시험)** 선체와 프로펠러간 상호작용에 의한 각종 추진계수 및 주기관의 소요마력을 추정하기 위한 자항상태*에서의 모형시험

* 자항상태: 모형선에 프로펠러를 설치하여, 저항시험에 따라 도출된 나선저항의 크기로 추진시키고, 저항시험에서 언급한 Rn 불만족에 따른 실선과 모형선의 점성저항 차이를 보정하기 위해 예인전차로 모형선을 끌어(예인력으로 보정) 역학적 상사를 이룬 상태

③ **(프로펠러 단독시험)** 선체의 영향이 없는 일정한 유동장에서 프로펠러의 특성을 파악하기 위한 모형시험으로 전전계수(J)를 변화* 시키며, 추력(T)과 토크(Q)를 측정하는 시험 → T, Q는 프로펠러 설계의 핵심

* 전전계수의 변화는 주로 프로펠러 회전수 n을 고정하고 예인속도 V를 변화시킴

2-3-8 프로펠러 기하학 (01-II-5)

□ 개념

○ 프로펠러는 허브로부터 Hyd. Foil형태의 단면을 분포시킨 형태로 기하학적 특성과 용어를 이해할 필요가 있다.

□ 프로펠러 날개 단면의 각부 명칭

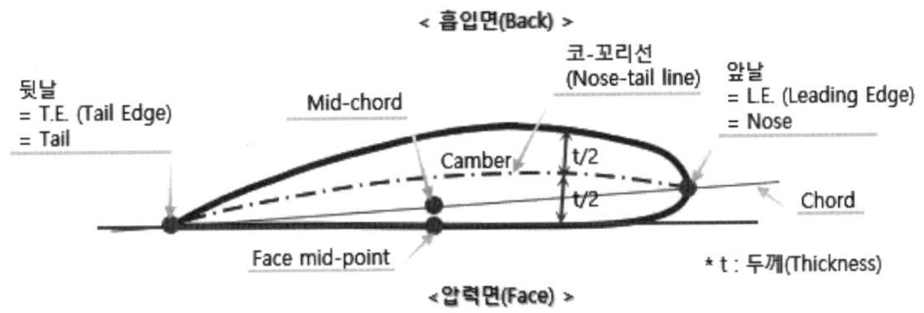

□ 프로펠러 기본용어

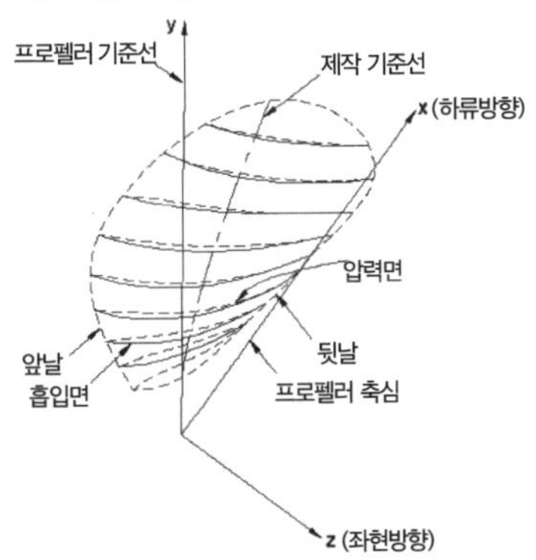	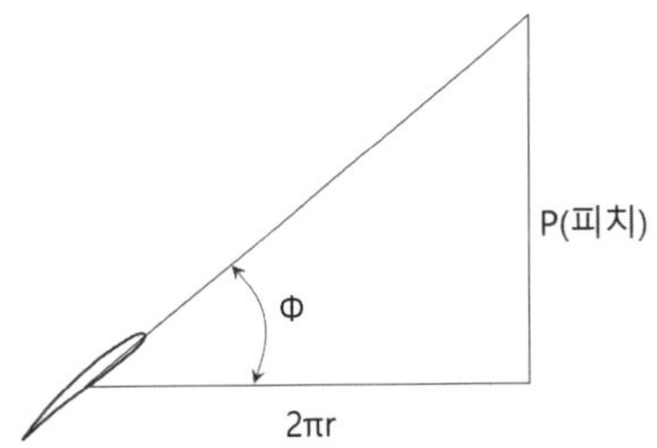
► 프로펠러면(propeller plane, datum plane) ► 프로펠러기준선(propeller reference line) ► 제작기준선(generator line, generatrix) ► 직경(diameter, D) ※ 선미에서 선수를 바라볼 때 보이는 프로펠러면을 Face(Pressure side)라 하고, 선수에서 선미를 바라볼 때 보이는 면이 Back(Suction side)임	► 피치(pitch, P): $P = 2\pi r tan\varnothing$ * r: Propeller의 임의 반경 ※ (피치) 프로펠러가 한바퀴 회전할 때 나아간 거리를 의미. 기하학적 특징 이해 필요

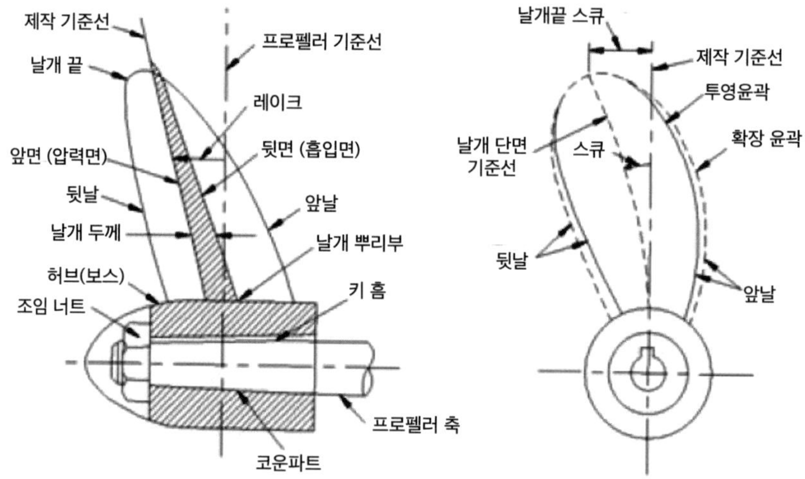

- ► 피치(pitch, P): $P = 2\pi r tan\varnothing$
- ► 피치각(pitch angle,): $\varnothing = \tan^{-1}\frac{P}{2\pi r}$
- ► 레이크(rake)
- ► 스큐(skew)
- ► 날개두께(blade thickness)
- ► 허브(hub, boss)

[참조: 이창섭&서정천&현범수&김문찬&서성부&문일성 「선박추진과 프로펠러설계(제2판)」, 문운당, 2008, 8쪽]

2-3-9 프로펠러의 설계 (01-11-5)

□ 설계 제약조건

○ 프로펠러 설계 시 프로펠러 효율, 선체와 조화 및 제작 가능성 등 다양한 제약조건의 고려가 필요하다.

* ①고효율, ②공동현상 방지, ③공진회피, ④구조강도, ⑤제작비 최소화, ⑥제작의 편의성

□ 주요 설계변수별 고려사항

○ **(날개수, Z)** 선체 및 축계와의 조화를 고려하여 공진회피 및 최소 기진력이 발생하도록 날개 수를 선택한다.

○ **(직경, D)** 최적의 추력계수 만족, 수면 밖 돌출 회피*, 선체와 프로펠러 날개 끝 간극** 및 비정상적 기진력 최소화***에 대해 검토한다.

* 레이싱 현상: 프로펠러가 수면 밖으로 돌출된 상태에서 운항되는 것으로 급격한 효율 저하 발생

** 선체-날개끝 간극에 따라 공동현상 발생

*** 진동측면에서 n차 기진력에서의 비정상적인 기진력 최소화

○ **(피치, P)** 프로펠러의 추력 및 효율을 결정하는 주요변수이며, 프로펠러에 발생하는 하중의 크기 및 케비테이션 발생 방지 등을 검토한다.

○ **(레이크)** 선체하부 및 러더와의 간극을 고려하여야 하며, 프로펠러 날개에 발생하는 하중을 분산시키는 기능이 있다(후류방향이 + 임).

○ **(스큐)** 프로펠러 날개에 발생하는 하중을 분산시키는 기능으로, 공동발생 지연, 변동압력 감소 및 기진력 감소를 위한 검토가 필요하다.

* 스큐값이 큰 경우, 양의 레이크를 적용한 것과 같은 효과발생

○ **(확장면적비)** 전개면적은 스큐에 영향을 받으며, 공동현상 발생지연을 위해서는 고스큐의 적용이 필요하나, 점성저항 증가에 따른 요구 토크의 증대로 프로펠러 효율이 감소하여 최적값에 대한 검토가 필요하다.

* 전개면적비(AE) = 프로펠러 전개면적 / 프로펠러의 Disk area

** 투영면적비(AP) = 프로펠러 투영면적 / 프로펠러의 Disk area

□ 설계 주요내용

○ 프로펠러 특성분석을 위한 프로펠러 단독성능 시험(POW)과 주요 원리는 다음과 같다(실제 설계는 $B_p - \delta$ chart를 활용한 방법 등이 사용).

① (POW) 모형프로펠러의 형상을[직경(D), 피치(P), 전개면적비(A_E/A_o) 및 날개수(Z)] 선정하고, 작동조건[전진속력(V_A)* 및 회전수(n)]에 따라 POW를 실시하여 그때의 토크(Q), 추력(T)을 계측 후 무차원 계수로 도표화

* 실제 프로펠러의 설계에서 언급되는 속도는 전진속도(혹은 유입속도)이며 V_A로 표현되나, 앞선 절에서는 손쉬운 이해를 위해 아랫첨자 A를 표현하지 않음

- 이 도표를 '프로펠러 단독성능 곡선(POW-Curve)'라 하며, 기하학적 상사를 이룬 모형프로펠러의 무차원화 된 추력계수(K_T), 토크계수(K_Q) 및 전진계수(J)를 활용하여 실선 프로펠러의 성능을 추정 가능

< 주요 무차원 계수 >

$K_T = \dfrac{T}{\rho n^2 D^4}$: 추력계수	$\eta_0 = \dfrac{J}{2\pi} \times \dfrac{K_T}{K_Q}$: 프로펠러 전진비
$K_Q = \dfrac{Q}{\rho n^2 D^5}$: 토크계수	$J = \dfrac{V_A}{nD}$: 전진계수 / $V_A = V(1-w)$
T: 추력[KN], Q: 토크[KN-m], V_A: 프로펠러 유입속도(전진속도)[m/s] ρ: 유체밀도[kg/m3], n: 회전수[1/s], D: 프로펠러 직경[m], V: 선속[m/s], ω: 반류계수	

< 프로펠러 단독성능 곡선(POW-Curve) >

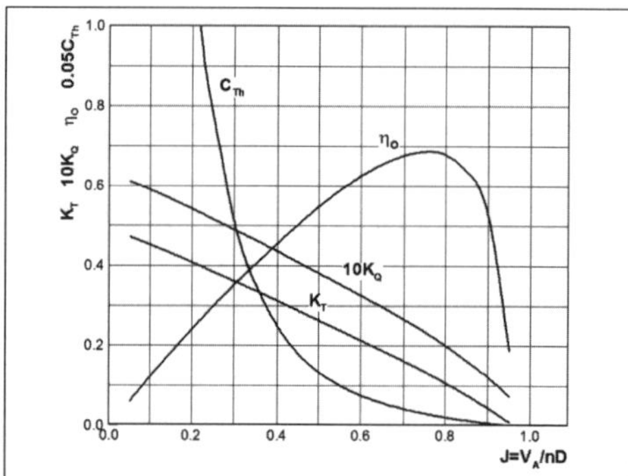

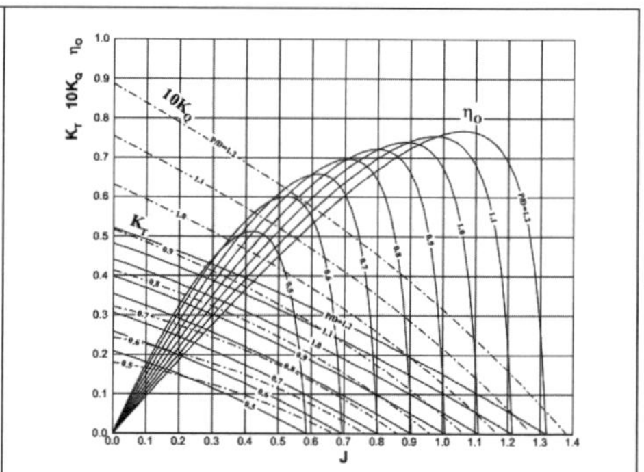

► x축에 J를 표기하고 이에 대응하는 K_T, K_Q 및 η_0를 y값으로 하여 도표화 ► K_Q는 스케일을 맞추기 위해 10을 곱함	► P/D (피치/직경)을 체계적으로 변화시킨 POW-Curve를 작성하여 활용

[그림출처: 이창섭&서정천&현범수&김문찬&서성부&문일성 「선박추진과 프로펠러설계(제2판)」, 문운당, 2008, 168, 169쪽]

② **(주요원리)** 프로펠러 설계는 주어진 값(Known)과 지배방정식을 활용하여 주요 변수(Unknown)을 찾는 최적설계로 접근할 수 있음

- **(Known)** 프로펠러 설계(또는 선정) 이전에 선체저항, 주기관 마력 및 회전수 정보가 확정됨에 따라 알고 있는 정보임

❶ R_T :선박의 선속에 따른 저항(N)

❷ P: 주기관이 프로펠러에 전달하는 마력(KW), $P = DHP \times \eta_R$

❸ n: 프로펠러 회전수(1/s)

- **(지배방정식)** 주기관으로 부터 전달 받은 토크를 프로펠러가 이어 받아 선박의 요구 추력을 발생시키며, 캐비테이션은 발생하지 않을 것

❶ 토크일치: 주기관이 전달한 토크(Q_E)와 프로펠러가 받는 토크(Q_P)는 같음

$Q_E = Q_P$ $P_D = 2\pi Qn$ $K_Q = \dfrac{Q}{\rho n^2 D^5}$	► $\dfrac{P_D}{2\pi n} = \rho n^2 D^5 K_Q$ --- (1)

❷ 추력일치: 선박의 요구 선속을 발생시키는 추력(T_S)과 프로펠러가 발생시키는 추력(T_P)는 같음

$T_S = T_P$ $R_T = T(1-t)$ $K_T = \dfrac{T}{\rho n^2 D^4}$	► $\dfrac{R_T}{(1-t)} = \rho n^2 D^4 K_T$ --- (2)

❸ 공동방지: 캐비테이션이 발생하지 않도록 하는 최소날개전개면적비 적용(차트를 활용한 Burrill법과 Keller의 경험식이 대표적이며, Keller의 경험식을 설명)

A_E: 프로펠러 전개면적 A_o: 프로펠러 디스크 면적($A_o = \pi D^2/4$) K: 쌍추진기선(0~0.1), 단추진기선(0.2) Z: 프로펠러 날개수 T: 프로펠러 추력 D: 프로펠러 직경 P_o: 프로펠러 축이 위치한 곳의 유체력(정압) ρgh: 프로펠러 축이 위치한 곳의 유체력(수압), h는 축심까지의 수두 P_v: 공동발생시 증기압	► $\dfrac{A_E}{A_o} \geq K + \dfrac{(1.3+0.3Z)\times T}{D^2 \times (P_0 + \rho gh - P_v)}$ --- (3)

❹ 목적함수: 프로펠러 전진비를 최대로 하여야 함

► $\eta_0 = \dfrac{J}{2\pi} \times \dfrac{K_T}{K_Q} \Rightarrow$ 최대화 --- (4)

- **(Unknown)** 프로펠러의 특성을 결정하는 직경(D), 피치(P_i), 전개면적비(A_E/A_O) 및 선속(V)을 구하여야 함(미지수 4개)
- **(요약)** 결국 미지수 4개에 지배방적식 3개(등식2, 부등식1)로 목적함수 η_0를 최대화 하는 것이며, 통상 계산은 전개면적비(A_E/A_O) 및 직경(D)을 가정하고, 피치(P_i)와 선속(V)을 구함

□ 프로펠러 성능 조절

○ 선박이 건조된 후 요구선속을 만족하지 못한다거나 추진계통에 문제가 있는 경우, 가장 효율적인 개선책 중 하나는 프로펠러의 성능을 조절하는 것이라 할 수 있다(최소한의 변경으로 성능조절 가능).

○ 프로펠러의 성능을 조절하는 방법은 대표적으로 프로펠러 커팅이 있으며, 프로펠러 커팅효과의 핵심은 피치의 변경이다.

< 프로펠러 성능조절 방법 >

구 분	피치 증가	피치 감소
적용판단	계측 회전수 > 설계 회전수 프로펠러가 가볍게 설계 됨	계측 회전수 < 설계 회전수 프로펠러가 무겁게 설계 됨
커팅방법	프로펠러 뒷날의 흡입면 커팅 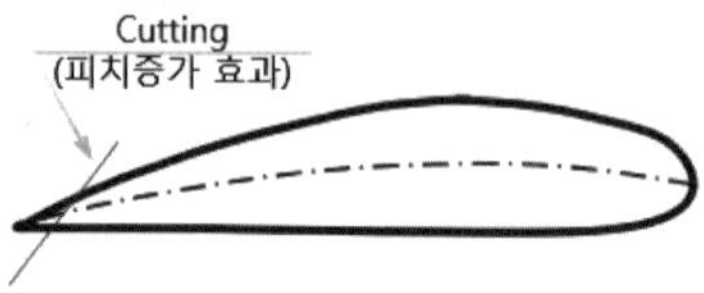	프로펠러 뒷날의 압력면 커팅 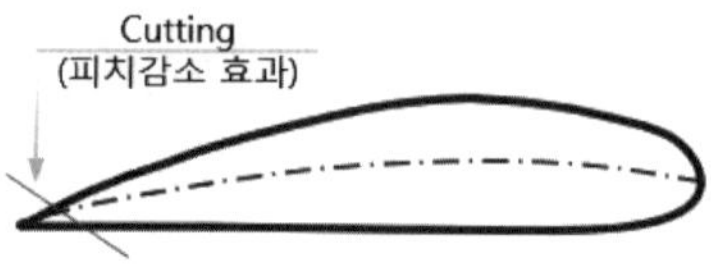

※ 프로펠러의 회전은 주기적인 운동임에 따라 공진현상이 발생할 수 있고 대표적인 예가 명음현상*(Singing)이다.

* 프로펠러가 특정 주파수에서 큰 진폭의 소음을 발생시키는 것으로, 반복적인 소음이 발생하는 것이 마치 노래하는 것과 같다하여 Singing 현상이라고도 함

- **(원리)** 프로펠러 회전 시 Karman Vortex에 의한 기진력의 주파수와 프로펠러 고유모드의 주파수가 일치할 때 발생
- **(해결책)** Karman Vortex를 억제하기 위해 프로펠러 뒷날을 절삭하여 뒷날의 상하면이 비대칭이 되도록 함

2-3-10 반류계수 및 추력감소계수 〔01-II-5〕

□ 개념

○ 선박이 유체 속에서 이동할 때, 선박의 이동방향으로 같이 이동하는 유동(반류, Wake)을 생성한다.

○ 프로펠러 전단의 흡입*으로 인해 흡입면에 압력이 감소하고 압력면에는 압력이 증가하여 부가저항이 발생(추력감소**)한다.

* 프로펠러 전류에서는 프로펠러 회전에 의해 약간의 흡입이 발생하고, 이 성분은 프로펠러 후류의 가속된 유속측면에서는 상대적 손실(가속의 크기 저하)임

** 과거에는 이를 추력의 감소로 인식하여 추력감소계수로 불리움

⇒ 동력 및 효율에 관한 절에서 살펴본 바와 같이 반류계수와 추력감소계소는 선각효율에 영향을 미침에 따라 주요한 요소가 된다.

□ 반류계수

○ **(개념)** 반류란 선박의 이동에 따라 선박 주위의 유체가 선박의 진행방향으로 함께 이동하는 하는 유동을 말한다.

- 추진기의 관점에서 보면 선박의 이동속도와 동일한 유속으로 프로펠러에 유입되는 것이 아니라, 반류속도 만큼 유입속도의 감소 발생

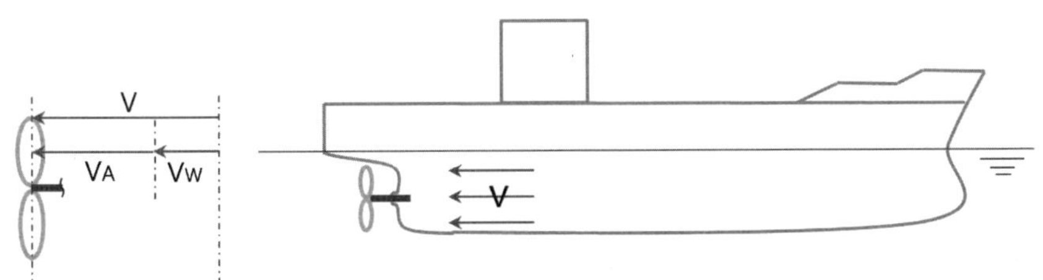

► $V_W = V - V_A,\ V_A = V - V_W,\quad w = \dfrac{V_A}{V} = \dfrac{V - V_w}{V},\ V_w = V(1-w)$

V : 선박의 이동속도, V_ω : 반류속도, V_A : 프로펠러 유입속도

○ **(원리)** 반류는 경계층 영향으로 인하여 발생하며, 선박의 이동으로 경계층이 발달하면서 선체표면을 중심으로 반류가 생성된다.

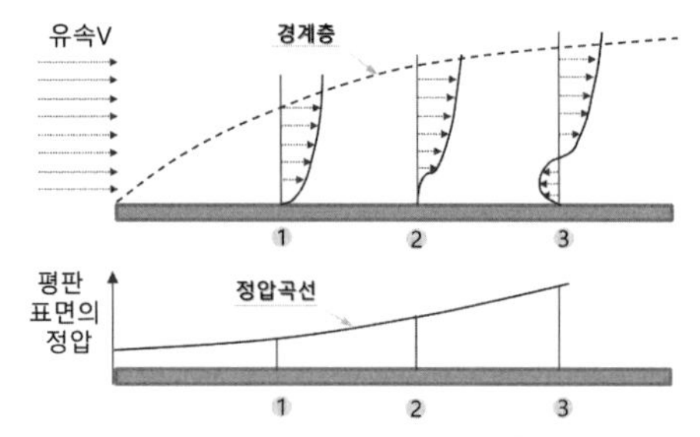

► 선미 형상을 이상화하여 살펴보면, 1→3으로 갈수록 경계층이 발달하여 반류 발생

► 선체 표면을 중심으로 유속이 느려짐에 따라 정압이 상승

○ **(종류)** 반류는 크게 프로펠러가 부착되지 않은 상태의 공칭반류와 프로펠러의 작동상태를 고려한 유효반류가 있고 각각은 다음과 같이 세분화된다.

- **(공칭반류)** $W_N = W_F + W_P + W_W$ (W_F: 마찰반류, W_P: 포텐셜반류, W_W : 파도반류)

- **(유효반류)** $W_N = W_F + W_P + W_W + W_{cor}$ (W_{cor} : 수정반류)

❶ 마찰반류(W_F): 유체의 점성에 의해 발생하는 반류로, 반류의 가장 큰 부분을 차지

❷ 포텐셜반류(W_P): 점성이나 파도가 없는 경우에도 반류는 발생하며, 이때의 반류를 의미

❸ 파도반류(W_P): 파도발생에 따른 반류. 파도는 유체입자의 이동이 아닌 변형의 전달이나, 그 변형의 내부에서는 입자의 이동이 있음으로 인하여 반류를 생성

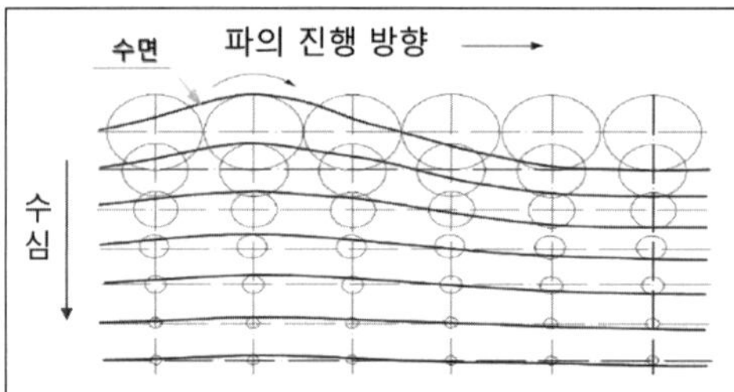

► 파도는 유체입자의 이동이 아닌 변형의 전달이며, 그 변형은 수면에서 원운동하고, 수심이 깊어질수록 그 반경이 작아지는 형태로 변형

❹ 수정반류(Wcor): 프로펠러 작동시, 프로펠러에 의한 유기속도를 제거하기 위한 보정값

□ 추력감소계수

○ **(개념)** 전체추력에서 추력감소가 차지하는 비율을 의미한다.

○ **(원리)** 선미에서 프로펠러가 작동하면 프로펠러 흡입면에서 가속이 발생하고, 이는 동압의 상승과 정압의 감소로 추력감소 효과가 발생된다.

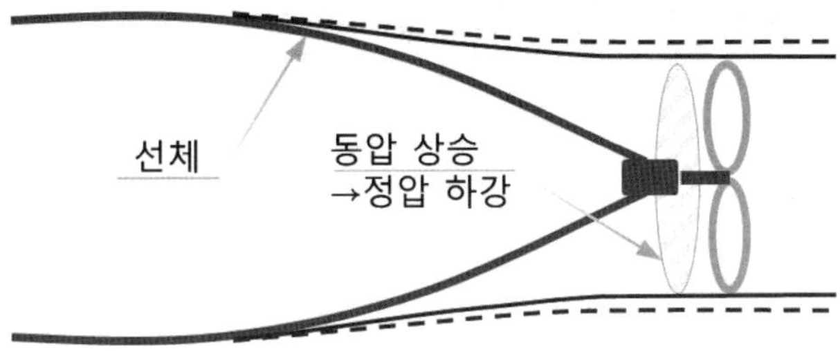

▸ 프로펠러가 없는 선미 유동은 점선과 같으나, 프로펠러에 의해 유동 가속시 실선과 같이 변화

▸ 프로펠러가 없는 경우 대비, 프로펠러에 의해 유동이 가속될 때에는 프로펠러 흡입면에 동압상승이 발생하고 정압하강으로 이어져 추력감소를 발생

$T = R_T + \triangle R,\ \triangle R = T - R_T$

$t = \dfrac{\triangle R}{T} = \dfrac{T - R_T}{T},\ R_T = T(1-t)$

t: 추력감소계수, $\triangle R$: 감소된 추력, T: 추력, R_T: 전 저항

○ **(종류)** 추력감소계수의 성분은 '포텐셜 추력감소계수', '마찰 추력감소계수' 및 '파도 추력감소계수'로 구분할 수 있다.

- **(추력감소계수)** $t = t_p + t_F + t_w$

t_p: 포텐셜 추력감소계수, t_F: 마찰 추력감소계수, t_w : 파도 추력감소계수

○ **(경험식)** 반류계수 및 추력감소계수는 자항시험을 통해서 추정하나, 추력감소계수는 자료가 없는 경우 경험식에 의해 추정하기도 한다.

* (Holtrop 1988 단추진기선 추정법)

$$t = \frac{0.25014(B/L)^{0.28956}(\sqrt{BT}/D)^{0.2624}}{(1 - C_P + 0.0255\,LCB)^{0.01762}} + 0.0015\,C_{stern}$$

B: 선폭, L: 배길이, T: 흘수, D: 깊이, C_p: 주형계수, LCB: 종방향 부력중심, C_{stern}: 선미 형상계수

구 분	Cstern
Pram with gondola	-25
V-shaped sections	-10
Nomal section shape	0
U-shaped sections with Hogner stern	10

** (Holtrop/Mennen 1982 쌍추진기선 추정법) $t = 0.325\,C_B - 0.1885\,D/\sqrt{BT}$

2-3-11 캐비테이션(Cavitaion) 현상 (이-II-5)

□ 개념

○ 캐비테이션이란 상온에서 물이 끓는(비등) 현상이며, 일반적으로 대기압에서는 100℃에서 물이 끓지만, 대기압 이하로 낮아지면 상온에서도 물이 끓게 된다.

○ 특히, 물속에서 캐비테이션이 생기면 공기와 물의 큰 밀도* 차이에 의해서 빈 공간(공동)이 발생하며, 이를 공동현상이라 한다.

* 공기밀도: 1.24kg/m³, 해수밀도: 1,025kg/m³ ⇒ 약 1,000배 차이

□ 발생원리 및 추진기 설계에서의 중요성

○ **(원리)** 프로펠러 회전에 의한 정압이 비등압력 보다 낮을 때 발생*된다.

* 프로펠러의 회전에 의해 동압이 급격히 상승하고, 이로 인해 정압의 감소로 물이 비등하여 공동 발생

► 프로펠러 회전시 프로펠러 표면의 정압이 비등압력 보다 낮을 때 발생

$P < P_v$ (P: 프로펠러 표면 정압, P_v: 비등압력)

$P + \frac{1}{2}\rho V^2 = P_\infty + \frac{1}{2}\rho V_\infty^2$ (첨자 ∞: 프로펠러 후류의 일반적인 유동장 조건)

$(P_\infty - P) = \frac{1}{2}\rho(V^2 - V_\infty^2)$

$C_P = \frac{P - P_\infty}{0.5\rho V_\infty^2}$ 로 압력계수를 정의

$P_\infty - P > P_\infty - P_v$

$-C_P = \frac{P_\infty - P}{0.5\rho V_\infty^2} > \frac{P_\infty - P_v}{0.5\rho V_\infty^2} \equiv \sigma_v$ (캐비테이션 수, Cavitation No.)

즉, $-C_P > \sigma_v$ 이상일 때, 공동현상 발생

○ **(중요성)** 프로펠러 후류로 갈수록 유동장의 정압은 다시 상승하여 공동은 파괴되며, 이때 충격파의 발생으로 선박에 침식, 소음 및 진동을 발생시킨다.

□ 종류

○ 공동(캐비티)은 발생위치, 크기 및 그 형상에 따라 종류를 구분한다.

- **(발생위치)** 프로펠러를 기준으로 발생위치에 따라 공동을 구분

  * ①앞날, ②뒷날, ③Mid-chord, ④흡입면, ⑤압력면, ⑥프로펠러와 선체 사이

- **(크기)** 날개면적과 비교하여 %로 표기하고, 부분동공, 초월공동 등으로 구분함

- **(형상)** 공동의 형상에 따라 구분되며, 공동현상을 피할 수 없는 경우 가급적이면 '얇은층 공동'형태의 발생이 이상적이며, '구름꼴 공동' 또는 '기포성 공동'은 발생하지 않도록 하여야 함

  * ①얇은층 공동(Sheet cavity), ②구름꼴 공동(Cloud cavity), ③기포성 공동(Bubble cavity), ④볼텍스 공동(Vortex cavity)

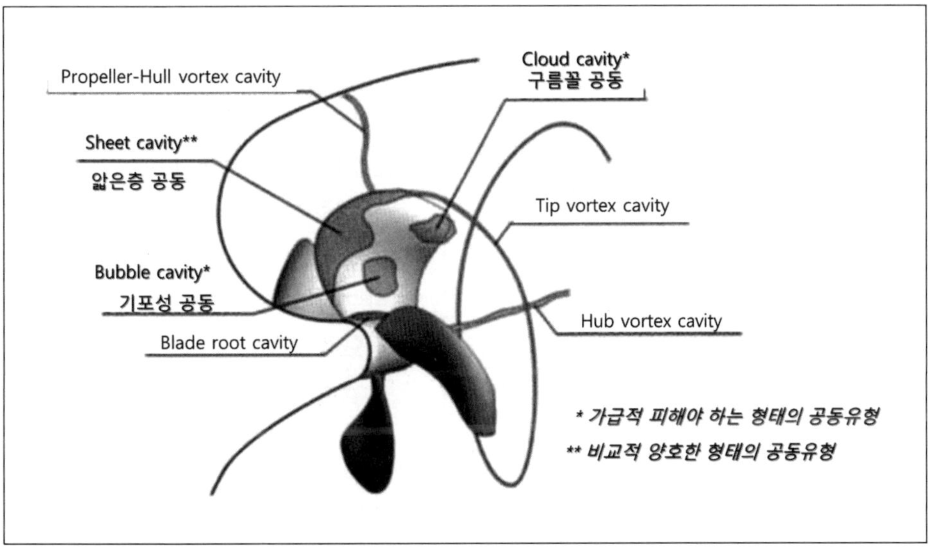

2-3-12 추진기의 종류 [01-Ⅱ-5]

□ 개념

○ 프로펠러 효율을 개선하기 위해 다양한 기술들이 개발되어 왔으며, 주요기술들은 다음과 같다.

* 단추진 프로펠러의 효율은 최대 70%정도의 수준으로 30%의 손실은 ①프로펠러 후류 축방향 운동량으로 손실, ②프로펠러 후류 회전운동에 의한 손실, ③마찰손실임

** 프로펠러 후류의 축방향 운동량 및 회전운동은 추력을 발생시키지는 못하기 때문에 주기관으로부터 전달받은 동력의 측면에서는 손실임

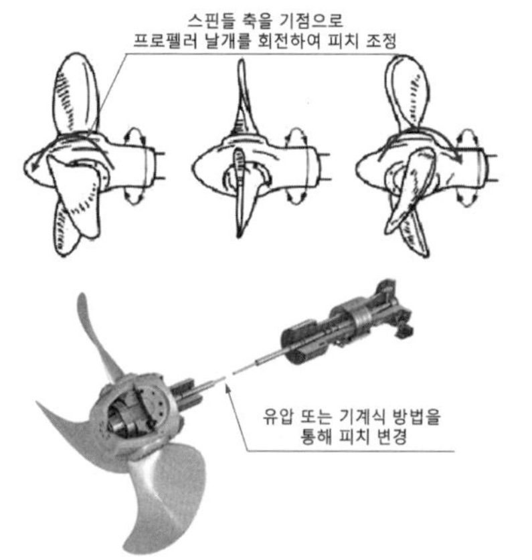 [그림출처] https://global.kawasaki.com/en/mobility/marine/machinery/propeller.html	<가변피치 프로펠러, CPP> CPP: Controllable Pitch Propeller FPP: Fixed Pitch Propeller ► (개념) 프로펠러 피치 조정이 가능한 프로펠러 ► (원리) 프로펠러 각 날개는 스핀들 축을 기점으로 회전가능하며 유압 또는 기계적 방법을 통해 프로펠러 날개의 피치각을 변경 ► (장점) 각 운항점에서 최적의 피치-회전수 조합으로 경제적인 운항이 가능하고, 피치 조정으로 역추진*, 가속 및 감속이 가능 * FPP는 클러치를 이용하여 역추진이 되도록 수정 필요 ► (단점) 초기 비용 및 유지관리비가 비싸고, 시스템이 복잡하여 고장시 수리가 어려움
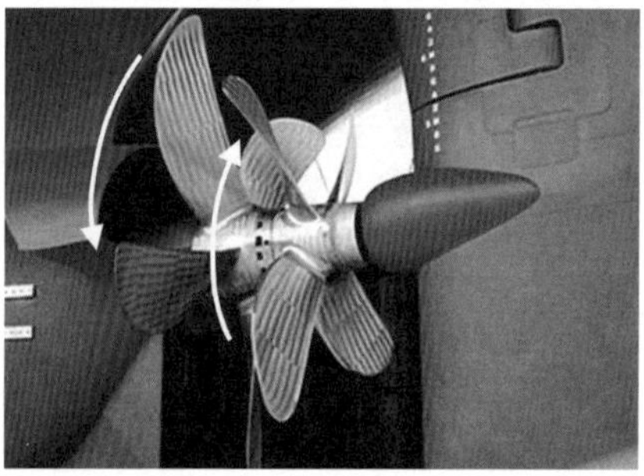 [그림출처] https://www.jmuc.co.jp/en/rd/development/hydrodynamics/energy-saving/	<CRP: Contra Rotating Propeller> ► (개념) 2개의 프로펠러를 나란히 배치하고 상반되게 회전하도록 하여, 회전력에 의한 손실 저감 ► (장점) 최대 12~20%정도의 효율증가가 가능하고, 진동소음 측면에서 유리 ► (단점) 초기 비용 및 유지관리비가 비싸고, 축계시스템이 복잡하여 고장시 수리가 어려움

 [그림출처] https://siemshipmanagement.pl/content_news/unique-grims-vane-wheel-system-the-siem-curie/	<Vane Wheel> ► (개념) CRP와 유사한 개념이나, 후류의 프로펠러는 별도의 동력 전달 없이 자유롭게 회전하도록 하는 형태(회전반향은 반대임) ► (장점) 최대 6~8% 정도의 효율증가가 가능하고, CRP 대비 축계가 간단하여 저렴 ► (단점) 고장이 잦음
 [그림출처] https://www.semanticscholar.org/paper/Status-and-Analysis-of-the-Ship-Hydrodynamic-Xu-He/d48d7bfb4f039a8af46153daf96671cadcea9c5f	<전류고정날개, Preswirl Stator> ► (개념) 회전력에 의한 손실을 줄이기 위해 프로펠러 전단에서 고정된 날개를 통해 프로펠러 반대 방향으로 유체를 회전시킴 * 비대칭으로 한쪽에만 설치하여도 효과 발생 ► (장점) 간단한 설치 및 높은 내구성에도 불구하고, 효율개선이 가능함에 따라 실선에 활발히 적용
 [그림출처] Wikipedia-Ducted propeller	<덕트 프로펠러> ► (개념) 프로펠러 주위에 덕트를 설치하고, 필요에 따라 덕트의 종류를 달리하여 효율 개선 ► (종류) 가속덕트와 감속덕트로 구분 - (가속덕트) 높은 추력이 요구될 때 사용되며, 단 추진기 적용대비 약 15% 효율이 향상. 단, 날개끝과 덕트사이(Tip clearance)의 하중 증가로 공동발생 위험 증가 - (감속덕트) 공동소음 감소가 필요한 경우에 사용되며(잠수함 등), 공동발생 가능성은 감소하나, 추진효율도 함께 감소

<table>
<tr><td colspan="2">

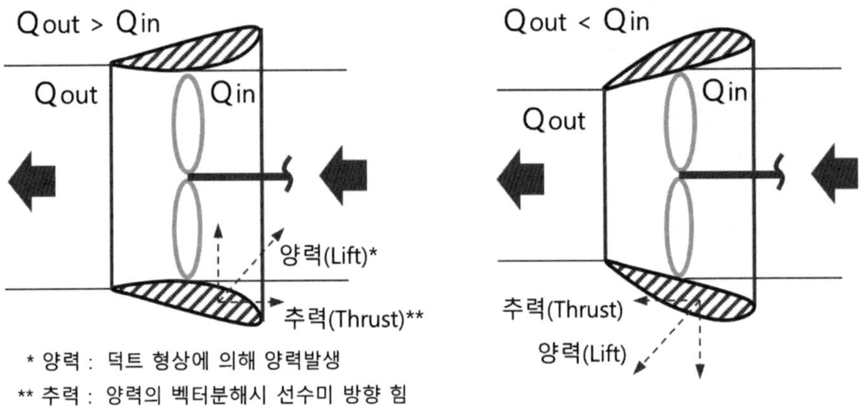

</td></tr>
<tr><td>

[그림출처] https://www.wartsila.com/encyclopedia/term/azipod-(azimuthing-podded-drive)

</td><td>

<Pod Propeller>

► (개념) 전기추진 방식으로 선체 밖에 돌출된 모터에 전력을 공급하여 추진하는 방식. 통상 360도 회전이 가능

► (장점) 조종성능이 매우 우수하며(쇄빙선 등에 활용), 축계가 필요 없기 때문에 기관실 배치가 간단하며, 진동소음 측면에서 우수

► (단점) 비용이 고가이며, 고장시 수리가 어렵고 전기에너지로 변환이 요구되어 효율이 감소

* 현재의 기술은 에너지 변환시 손실이 발생하여 에너지 전환이 거듭될수록 효율이 감소되는 구조

</td></tr>
<tr><td>

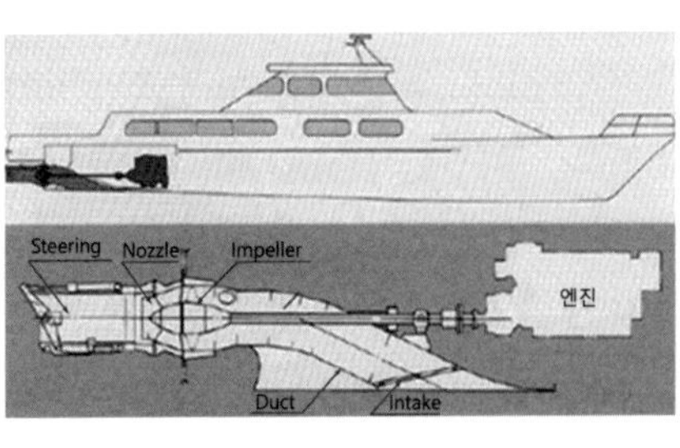

</td><td>

<Water Jet system>

► (개념) 물을 분사하여 추진하는 방식으로 선체 내부의 덕트와 임펠러를 거쳐 조향장치를 통해 분사되는 구조

► (장점) 프로펠러 후류의 공동현상에 대한 우려가 낮아 진동 소음 측면에서 유리하고, 조종성이 우수

► (단점) 프로펠러 대비 효율이 낮고, 덕트 설치로 인해 기관실 구조설계가 어려움

</td></tr>
</table>

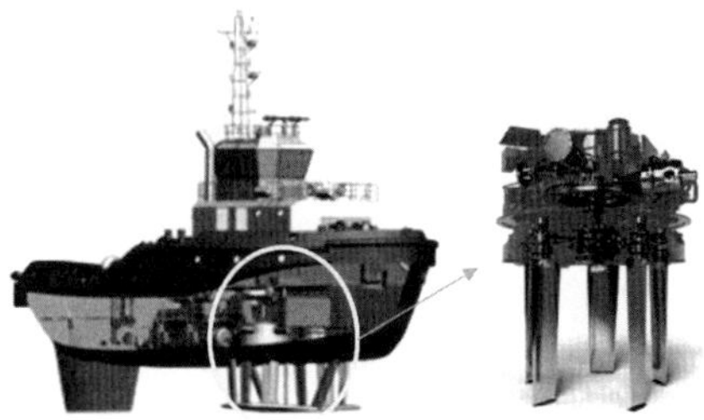 [그림출처] https://voith.com/corp-en/service-products/power-transmission/applications/special-ships.html 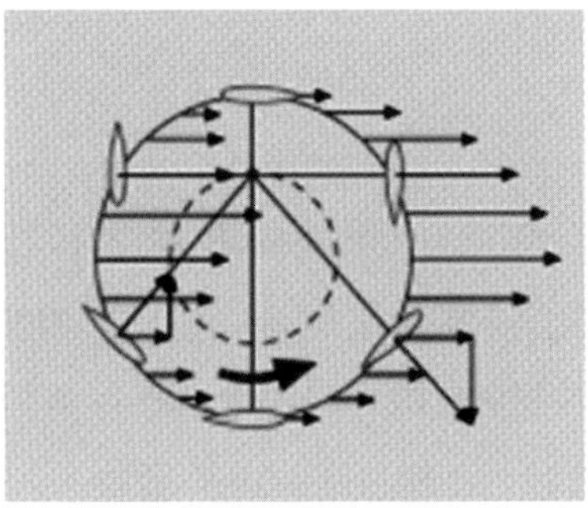 [그림출처] Wikipedia-Voith-Schneider propeller	<보이슈나이더 프로펠러, Voith-Schneider> ► (개념) 선저에 원형으로 수직 Hyd. Foil를 설치하고, 원형 전체를 회전하면서 Hyd. Foil의 각도를 조절하여 이때 발생한 양력을 통해 추진 ► (장점) 조종성이 매우 우수하며, 선박의 횡이동과 정숙한 운항이 가능 ► (단점) 프로펠러 대비 효율이 낮음
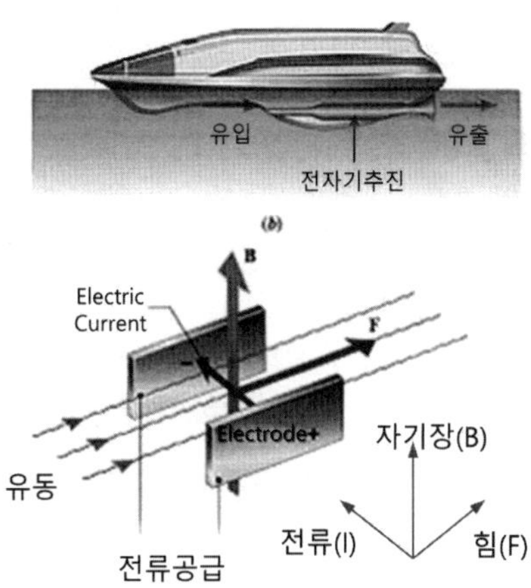 	<전자기 추진> ► (개념) 플래밍의 왼손법칙에 따라 자기장과 전류에 수직한 방향으로 추진력이 발생하는 원리 ► (장점) 진동 및 소음이 없고, 이론상으로 고속추진이 가능 ► (단점) 자기장 및 전류 발생 등을 위해 큰 에너지 원이 요구되며, 실제 건조시 매우 낮은 효율을 보임(실제 활용되지 않으나 조선기술사 등 각종 시험에 출제) * 일본 미쯔비시에서 1991년에 건조된 바 있으나, 8knots 수준

제4장 의장

제1절 기계 및 철의장

1. 의장수(이-Ⅲ-1)

: 앞서 살펴본 내용은 주기관인 엔진을 제외하고는 선박자체에 대해서 집중했다. 지금부터는 엔진 이외에 선박을 조종하고, 운용하기 위해 필요한 기계설비를 소개한다. 편의상 철의장, 배관 및 전기로 구분했으나, 사실 각 요소는 유기적으로 묶여서 작동하며 각 기능묶음 단위는 독립적인 시스템으로 보아도 좋다.

선박에서만 사용되어 특색이 강한 계류·계선 관련 설비 시작으로 의장분야를 알아본다. 계류·계선설비는 다른 설비와 달리 선박과 연결고리인 의장수를 이해해야만 한다. 의장수는 일정한 풍속과 조류 하에서 선박에 발생하는 저항을 의미하며, 해당선박의 풍압면적 및 침수표면적을 특정계수와 곱하여 계산한다. 이와 같이 계산된 의장수를 기준으로 해당 선박이 기준 풍속 및 조류 조건에서 계선 및 계류를 할 수 있는 설비를 갖추도록 규정하고 있다.

2. 계선 및 계류장치(이-Ⅲ-1)

: 선박의 이동성(조종성능)과 관련된 설비로 선박이 해상에서 정박하거나, 긴급 정지 및 선회시 사용하는 계선장치와 항포구(Berth, 선석) 또는 LNG터미널(Jetty)에 선박을 묶어 두기 위한 계류장치가 있다.

3. 조타장치(이-Ⅲ-1)

: 선박의 이동성(조종성능)을 발현하기 위한 핵심적인 설비이다. 선박의 진행 방향은

통상 프로펠러 후단의 타(Rudder)를 조작하여 조종한다. 실제 타를 회전시키고 제어하는 조타기(Steering gear)와 선박을 조종하는 타력을 발생시키는 타(Rudder)로 구성된다. 넓은 의미에서는 항내에서 접안 시 효율을 높이기 위한(횡방향 이동을 위한) Thruster도 포함될 수 있다.

4. 항해·통신설비(이-Ⅲ-3)

: 선박의 이동성(조종성능)에 관련된 설비이다. 선박의 원활한 항해를 위해 위치, 방향, 속력 및 해상상태 등의 정보를 파악하고, 다른 선박 또는 육상과 정보를 교환하기 위한 설비라 할 수 있다. 세계해상조난 및 안전제도인 GMDSS체계에 따라 설치 및 운용된다.

< 선박의 필수기능에 관한 기능구조분석도 >

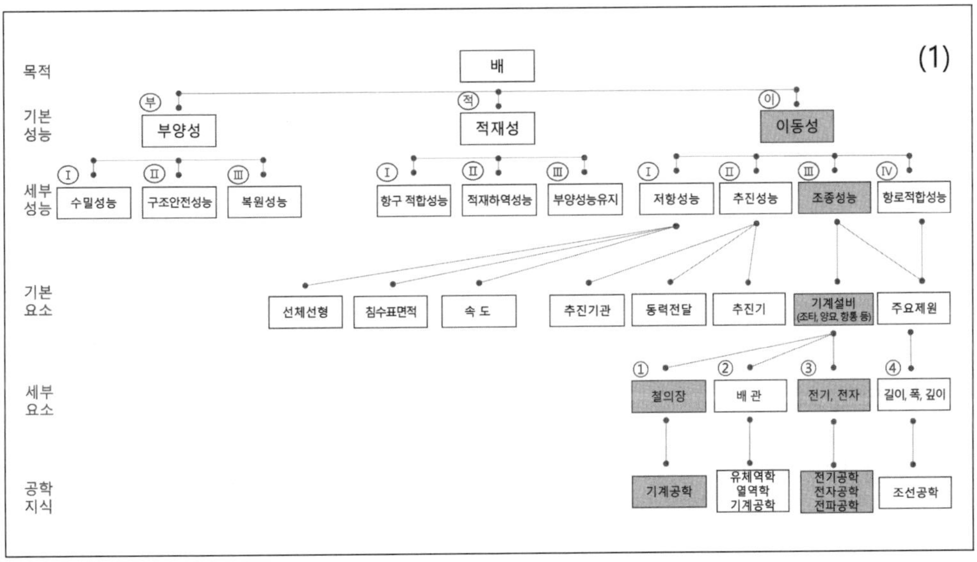

2-4-1 의장수(Equipment Number) (OI-III-1)

□ 개념

○ 계선 및 양묘설비의 사양을 결정하는 지표로서, 물리적으로 일정 풍속과 조류 조건에서의 선체 저항을 의미한다.

□ 계산

○ 의장수 계산식과 계산방법은 아래와 같다.

$$EN = \Delta^{\frac{2}{3}} + 2.0B \cdot h + 0.1A$$

Δ: 하기만재흘수선에 대한 형배수량, B: 선폭

► $h = f + h'$: 만재상태에서 정면도 풍압면적을 고려하기 위한 높이
(f: 선체 중앙 선측을 기준으로 만재흘수선으로부터 최상층 전통갑판보 상면까지의 높이,
h': 최상층 전통갑판(상면)으로부터 B/4를 넘는 선루 또는 갑판실의 최고점 까지 높이)

► $A = f \cdot L + \Sigma h'' \cdot l$: 만재상태에서 측면도 풍압면적
(L: 선박의 길이, $\Sigma h'' \cdot l$: 최상층 전통갑판 상부에 있고 넓이가 B/4, 높이가 1.5m 이상인 선루의 높이와 길이의 곱(면적). 단, 높이 1.5m 이상의 불워크 등도 포함)

□ 기하학적 의미

○ **(개념)** 선박이 해수(조류)와 바람으로부터 압력을 받는 면적을 의미한다.

* 적용기준: 조류(Current) 2.5m/s, 풍속(Wind) 25m/s

① ($\Delta^{\frac{2}{3}}$) 조류로부터 압력을 받는 면적, Wetted surface를 의미하며, 하기만재흘수선 아래의 형배수량(Δ)에 대해 $\frac{2}{3}$승을 취함으로써, 부피를 면적차원으로 전환한 값임

② **($2.0B \cdot h$)** 수면상부에 드러난 면적 중 정면에서 바라 본 면적으로 정면의 풍압면적을 의미

③ **($0.1A$)** 수면상부에 드러난 면적 중 측면에서 바라 본 면적으로, 측면의 풍압면적을 의미

□ 공학적 의미

○ **(개념)** 기준 조류 및 풍속 조건 하에서 선박이 받는 유체력을 의미한다. 유체력 계산식을 활용하여 비교해 보면 공학적 의미를 유추 할 수 있다.

$$\text{유체력} = \frac{1}{2}\rho v^2 C_D S$$

ρ: 유체밀도 / v: 유체속도 / C_D: 항력계수 / S: 유체력을 받는 면적

► 해수의 밀도 1,025kg/m^3, 공기의 밀도 1.2kg/m^{3}와 의장수 계산시 기준 조류속도 2.5m/s, 및 풍속 25m/s를 확정하고 나면, 항력계수와 면적만 남음

► 정리하면, 특정 조류 및 풍속조건 하에서 선박의 저항을 고려하여 계류하거나 정박 시 사용되는 장비의 사양을 손쉽게 결정하기 위해, 선박의 형상정보(면적 등)를 계산하면 손쉽게 총 저항을 계산할 수 있도록 한 것이 의장수임

► 실제 설계시 사용되는 각 선급 Rule 등에서는 저항이라는 개념이나 용어는 언급되지 않고, 계산된 의장수를 기준으로 요구되는 Anchor, Anchor chain 및 Mooring rope의 Spec만 규정하고 있음

► 또한, Anchor chain 및 Mooring rope의 허용하중 등을 기준을 Windlass 및 Winch의 사양을 결정함으로서 계선 및 계류설비의 모든 사양이 확정되는 개념임

① **($1 \cdot \Delta^{2/3} - 0.1A$ 비교)** 측면방향을 기준으로, 유체력 계산식을 통해 의장수 계산식의 2개 항을 비교하여 공학적 의미를 유추

$$(1)\Delta^{\frac{2}{3}} \Leftrightarrow \frac{1}{2} \times 1025 \times 2.5^2 \times C_D \times S = (3203.125)\, C_D \cdot S$$

$$(0.1)A \Leftrightarrow \frac{1}{2} \times 1.222 \times 25^2 \times C_D \times S = (381.875)\, C_D \cdot S$$

► 3203.125 : 381.875 ⇒ 1 : 0.199 ⇒ 약 1 : 0.1

② **($1 \cdot \Delta^{2/3} - 2.0B \cdot h$ 비교)** 정면방향의 경우, 선체(유선형) 및 선루(비유선형)의 항력계수가 달라 ρ, v, C_D를 함께 고려하여 비교

► 가정1. (a) 선체를 Stream line으로 가정하면 항력계수는 0.04,
(b) 상갑판 상부구조물(선루 등)을 직사각형으로 가정하면 항력계수 1.05

► 가정2. 만재흘수선 상부의 풍압면적은 유선형(a)와 비유선형(b)이 혼재되어 있어, 적절한 추정이 필요하며 실적선을 바탕으로 다음과 같이 추정

풍압에 영향을 많이 받는 컨테이너선(6,000TEU 급)을 기준으로 $f : h'$의 비율을 비교하면, 대략 $f : h'$ = 9.7(m): 27.0(m) 임 → 선박에 따라 차이가 발생할 수 있고 경향을 보기 위한 가정임

만재흘수선 상부 정면의 항력계수 = $\frac{9.7 \times 0.04 + 27.0 \times 1.05}{9.7 + 27.0} = 0.783$

$$(1)\Delta^{\frac{2}{3}} \Leftrightarrow \frac{1}{2} \times 1025 \times 2.5^2 \times 0.04 \times S = (128.125) \cdot S$$

$$(2.0)B \cdot h \Leftrightarrow \frac{1}{2} \times 1.222 \times 25^2 \times 0.783 \times S = (299.008) \cdot S$$

► 128.125 : 299.008 ⇒ 1 : 2.33 ⇒ 약 1 : 2.0과 유사

□ 경향 및 주의사항

○ **(경향)** 의장수는 선종과 무관하게 흘수가 감소함에 따라 의장수가 함께 감소하는 경향을 보인다(⇒ 만재상태가 가장 Severe한 조건임).

○ **(주의사항)** 컨테이너선은 선박의 운항조건*에 따라 의장수가 극단적으로 변경되는 선종으로 계선-계류장치의 의장수를 달리 적용한다.

* 컨테이너 적재에 따라 흘수선 상승 및 풍압면적이 극단적으로 변화

- 따라서, Anchor & Anchor chain은 기존 의장수 계산방법에 따라 적용하고, Mooring rope & Tow line은 상갑판 상부 Cargo(컨테이너) 면적이 고려된 의장수를 반영하여 계산한 값을 적용함(IACS UR A1 참조)

□ 설계프로세스

○ 의장수에 따라 계선 및 계류장비의 사양이 결정되는 흐름은 다음과 같다.

의장수 →	❶ Bow Anchor : 수량 및 중량	❶ Bow Anchor 수량 및 중량 : 계선시 파지력 결정
	❷ Anchor Chain : 길이, Dia. Grade(1~3종)	❷ Anchor Chain Dia. Grade : Windlass & chain compressor(chain stopper) 사양 결정
		❷ Anchor Chain 길이, Dia : 계선시 파지력 결정
	❸ Mooring Rope : 길이, 절단하중	❸ Mooring Rope 길이 및 절단하중 : Winch & Mooring fittings 사양결정
	❹ Tow Line : 길이, 절단하중	❹ Tow Line 절단하중 : Towing fitting 사양결정

* 상기 흐름에 따라 Windlass, Winch, Chain compressor 및 각종 Fitting의 하중(Foot print force)이 결정되면 그에 적절한 구조를 형성하기 위해 하부구조보강 실시

○ 의장수 관련 Anchoring & Mooring 장비의 구성 예시는 다음과 같다.

Anchoring system 구성	Mooring system(FWD) 구성
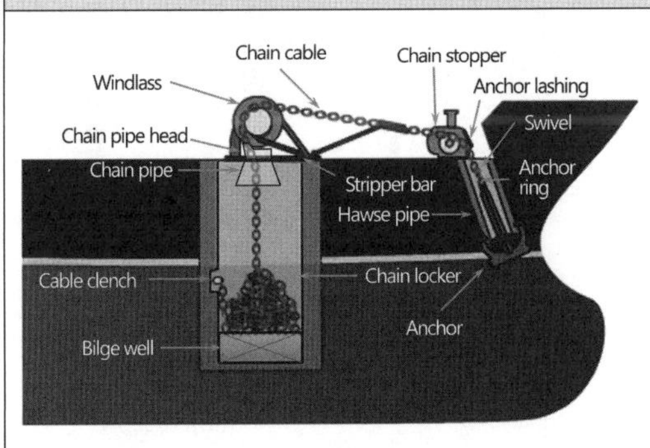	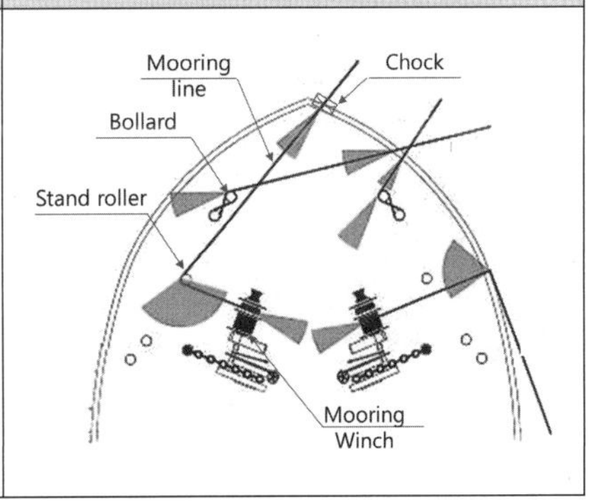

2-4-2 계선 및 계류장치 [01-III-1]

□ 개념

○ **(Anchoring)** 계선 Anchor & Anchoring Chain을 이용하여 정박, 긴급정지 및 긴급선회 등을 위한 일련의 설비이다.

○ **(Mooring)** 계류 안벽, 선석, LNG Terminal(Jetty) 등에 선박을 묶어두기 위한 것으로 Mooring rope와 이를 운용하기 위한 일련의 설비이다.

□ 종류

○ **(Anchor)** 해저에 파지력을 발생시켜 선박을 제어하기 위한 장치로 파지력 생성원리 및 작동특성 등에 따라 구분한다.

< Anchor 종류 >

Stock Anchor	Stockless Anchor	High Holding Power (HHP)	Fully Balanced Type (Pool type anchor)

무게를 통한 파지력 생성		Fluke를 해저에 박히도록 하여 적은 중량으로 높은 파지력 생성 (중량 75%까지 경감)	HHP 특성 + Crown 하부에 무게중심을 두어 Fluke가 오뚝이처럼 작동하도록 하여 Anchor 격납시 효율적

[그림출처] tufmarine.com, www.ysmarines.com

< Anchor 각부 명칭 >

Stock anchor	Stockless anchor
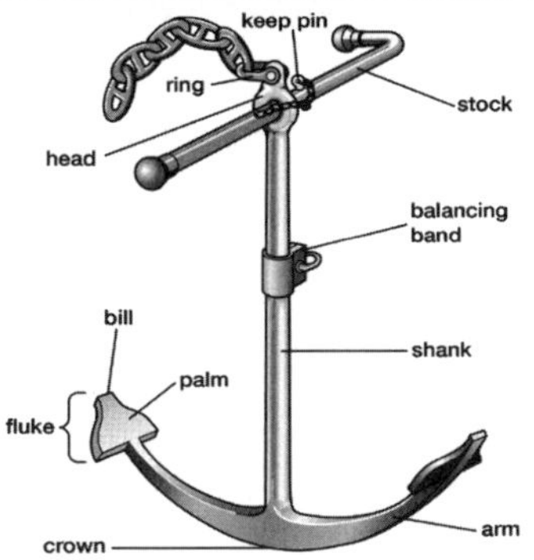	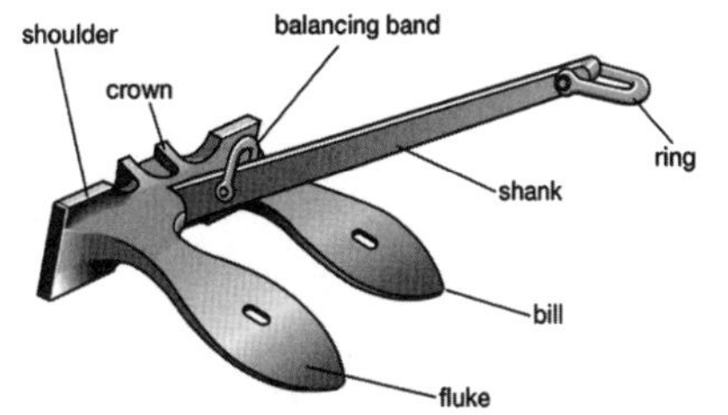

[그림출처] https://dieselship.com/marine-technical-articles/ship-safety-and-naval-architecture/ship-anchor-complete-information/

○ **(Anchor Chain)** 해저에 파지력을 발생시키고, Anchor를 Handling 하기 위한 장치로 Common link, Kenter shackle, Enlareged link, Swivel, End link 등으로 구성되며 다양한 형태로 조합한다.

< Anchor chain 각부 명칭 >

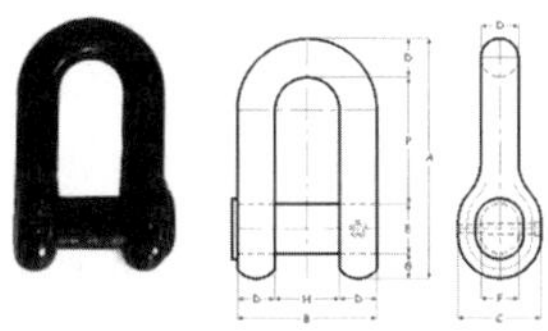 [그림출처] https://www.alibaba.com/product-detail/HDG-D-Type-Anchor-Shackle-and_60798925622.html	► Anchor Shackle *(A.S)* : Anchor와 결합하기 위한 것으로 Anchor ring과 연결되며 Anchor shackle 내의 Pin으로 연결 해체함
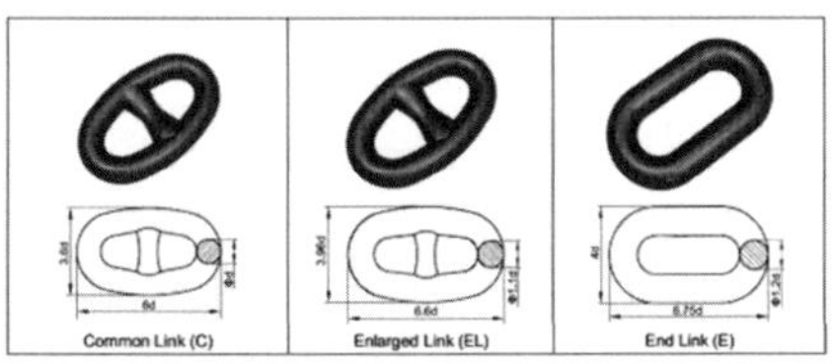 [그림출처] http://korean.marine-anchorchains.com/sale-14300459-in-stock-76mm-grade-u3-boat-chain-with-certificate-black-painted.html	► Common link(좌) *(C)* : 일반적인 형태의 Link로 Anchor chain의 대부분을 구성하며, Anchor chain에 발생하는 장력을 견디기 위해 중간에 Stud 구조를 가지며, Stud는 한쪽만 용접함 ► Enlarged Link(중) *(E.L)* : 통상 Swivel 전후에 사용되는 Link로 Common link 보다 약간 큼 ► End Link(우) *(E)* : Anchor chain 끝단에 사용되는 Link로 Anchor shackle과 연결되기 때문에 중간에 Stud가 없음

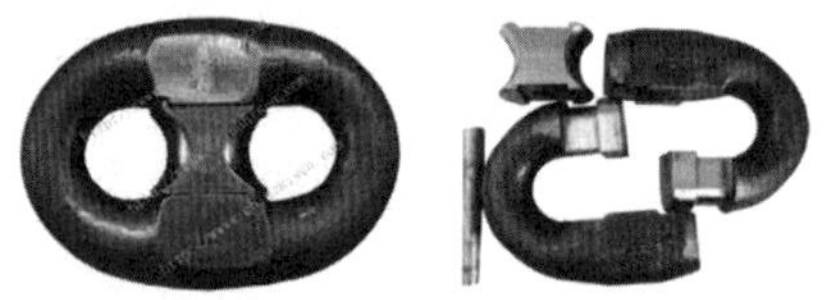

[그림출처] http://www.chinahisea.com/kenter_joining_shackle_2631.html / https://pilotfits.com/products/kenter-shackle/

► Kenter Shackle *(K.S)*

: "Kenter shackle + Common link x n개"로 구성된 27.5m 단위묶음을 Shot라고 하며, Anchor chain은 다수의 Shot로 구성된 것임

Shot간 연결·분해가 필요하고, 이때 사용되는 것이 kenter shackle 임

* Tip. Kenter shackle은 조립시 연결봉을 체결하고, 납땜으로 연결봉 끝부분을 메공하는데, Kenter shackle이 Chain compressor durm에 수직으로 지나게 되면, 납땜부분이 파손되어 Kenter shackle 분리의 우려가 있어 수평으로 배치 필요

※ Kenter shackle 분해조립 흐름

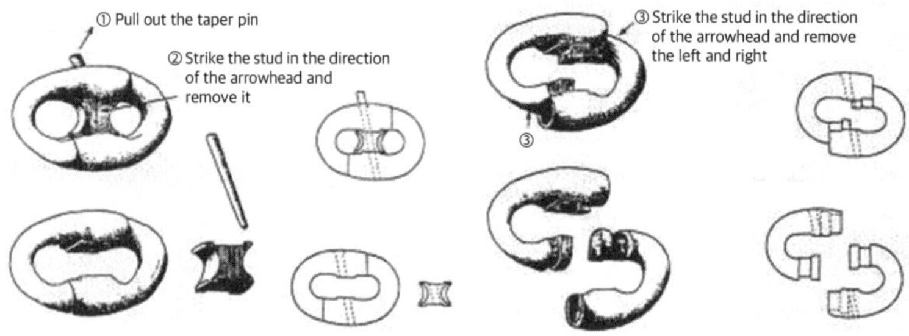

[그림출처] https://telegra.ph/Anchor-chain-06-04

[그림출처] http://www.cqhisea.com/Anchor-Chain-Swivel-83-766-1.html

► Swivel *(S.W)*

: 선체에 Anchor 격납시 Bellmouth에서 Anchor가 회전하면서 격납하게 되는데 이때 원활한 회전을 위해 적용

[그림출처] http://www.hiseamarine.com/anchor-swivel-shackle-4865.html

► Anchor Shackle With Swivel *(A.S.W.S)*

: Anchor shackle과 Swivel 역할을 동시에 하는 것으로 Anchor chain 마지막 Shot의 길이를 짧게 할 수 있는 장점*이 있으나 가격이 고가임

* Tip. Anchor 격납시 선체 내에 인입되는 Pocket type**인 경우, Anchor ring에서 부터 Chain compressor drum까지 거리가 짧아 배치가 어려운 경우 사용

** Bellmouth type: Anchor의 원활한 격납(공간확보+Anchor turning)을 위해 원형 주물을 선측에 돌출시켜 설치시킨 형태

< Anchor chain 조합유형 예 >

Anchor 측 연결부	Cable clench(chain locker) 측 연결부
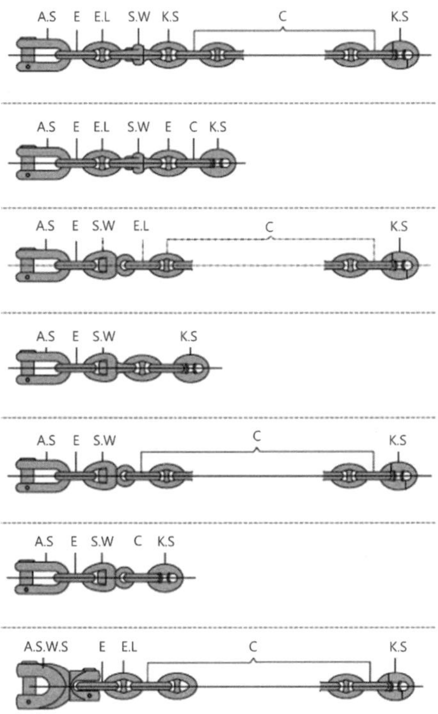	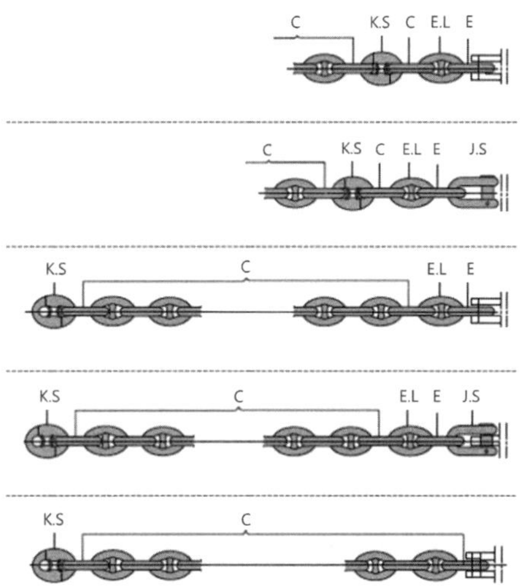

► 상기 약어는 <Anchor chain 각부 명칭>을 참조하고, J.S는 Joining Shackle로서 Anchor Shackle과 유사한 기능이나 Anchor가 아닌 대상과 연결한다는 점이 다름

< Anchor chain - Cable clench 연결 예 >

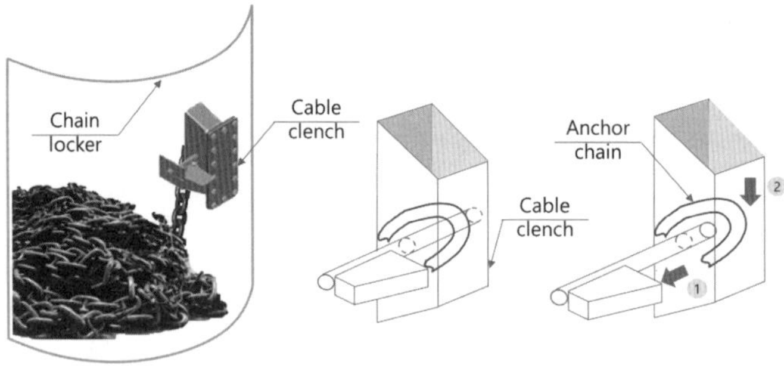

* Chain locker: Anchor chain 격납을 위한 원통(또는 사각형) 모양의 선체구조

- End link와 연결된 Cable clench는 위급시 ❶번과 같이 Hammer를 통해 pin을 이탈하여 ❷번과 같이 Anchor chain을 선체와 분리하여 선체보호
- Cable clench pin는 Anchor chain MBL의 약 30% 이하로 설계되어 Pin을 분리하지 못하더라도 Pin만 파손되고 선체는 보호되도록 설계

※ **(파지력)** 파지력은 Anchor 및 Anchor chain의 중량과 파지력계수에 의해 결정되기 때문에 Rule & Reg.에서는 의장수에 따라 Anchor & Anchor chain의 중량을 규정한다.

파지력(F) = Ka x Wa + Kc x Wc x L

Ka: Anchor의 파지력 계수, Kc: Anchor chain의 파지력 계수
Wa: Anchor의 해수 중 중량 (Anchor의 공기중 중량 × 0.869)
Wc: Anchor chain의 해수 중 중량 (Anchor chain의 공기중 중량 × 0.869)
L: Anchor chain의 해수 중 길이

구분	진흙	굳은흙	모래흙	모래	돌모래
Ka	2	2	2	3~4	3~4
Kc	0.6	0.6	-	0.75	0.75

※ 파지력 계수: 한국선급의 부유식 해상구조물 기준 제4장 참고

○ **(Windlass)** 양묘기라고도 하며, Anchor & Anchor chain을 해상에 내리거나 감아 올리기 위한 장비로 Windlass body, 동력계통 및 제어계통으로 구성되며, 구동방식에 따라 세부적으로 구분된다.

○ **(Winch)** 계선기라고도 하며, Mooring rope를 풀거나 감기 위한 장비로 통상 Windlass와 함께 제작되어 하나의 System으로 운용된다.

< Windlass 각부명칭 및 기능 >

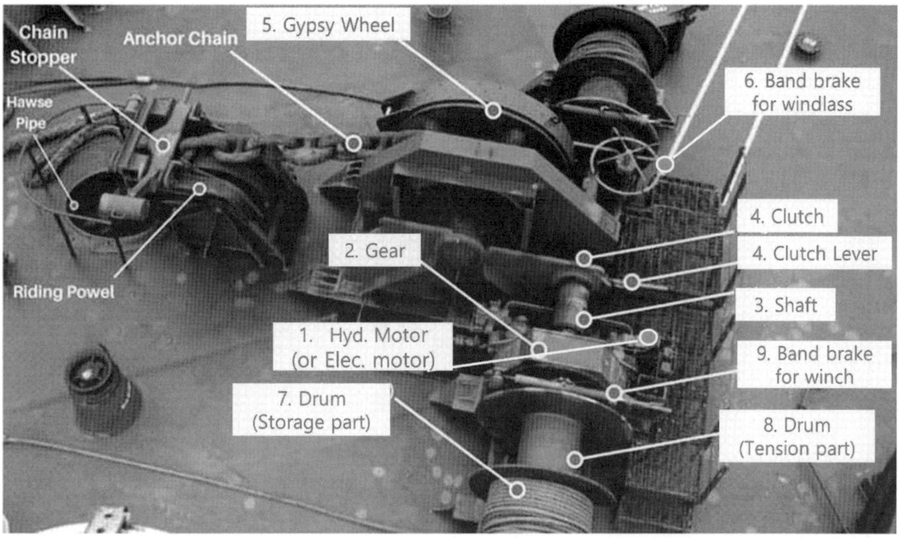

[그림출처] https://www.marineinsight.com/naval-architecture/anchor-windlass-understanding-design-and-operation/?nowprocket=1

1. Hyd Motor 또는 Elec motor: 유압 또는 전력을 공급받아 회전력 발생(사진은 유압모터임)
2. Gear: Motor의 회전력을 Shaft로 전달
3. Shaft: Windlass 및 Winch에 회전력 전달(통상 고가인 Motor 수량을 줄이기 위해 Windlass는 Winch와 결합된 Combined type을 적용)
4. Clutch: Shaft의 회전력을 Gypsy wheel 및 Winch drum에 연결 또는 해체하는 기능
5. Gypsy wheel: Anchor chain과 맞물려 Anchor & Anchor chain을 Handling하고, 주물로 생산되며 동력전달은 Shaft gear(크기↓)를 통해 Spur gear(크기↑)로 힘을 증폭 시키는 구조
6. Band brake: Windlass는 Band에 Tension을 가하여 마찰을 통한 제동을 실시하며, 가장 일반적인 Manual type에서부터 Fail safe 기능(유압 등을 활용)을 통해 자동으로 제어 하기도 함

7~9. Winch 각부명칭 및 기능에서 설명

< Winch 각부명칭 및 기능 >

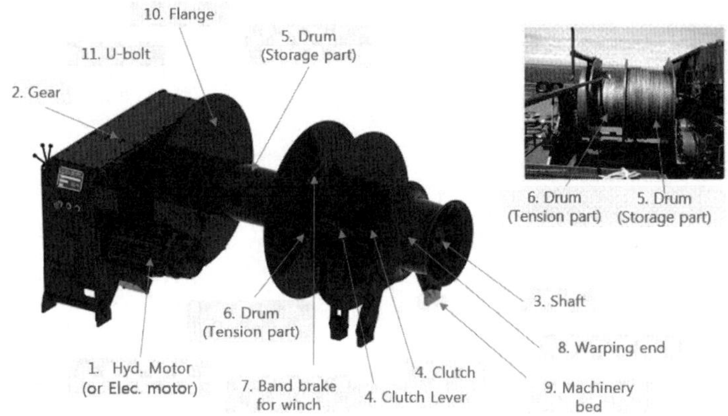

[그림출처] http://thrmarine.com/specification/mooring-winch-120kn/ &
http://www.sinmacorp.com/ship-winch/index.html

1~4. Windlass 각부명칭 및 기능과 동일(단, 사진은 전기모터 임)

5~6. Drum: Drum에 여러 Layer의 Mooring Rope가 감긴 상태에서 장력을 받으면, Mooring rope가 아래 Layer로 파고 들게 되어 통상 Drum을 분리한 Split type을 적용하며, 계류시 잔여 Mooring rope을 Storage part에 대부분 감고, 마지막에 Tention part에 2~3 turn을 감아(1-layer) 사용

7. Band brake: Winch는 Band에 Tension을 가하여 마찰을 통한 제동을 실시하며, 통상 Manual type을 적용하나, Container선은 하역속도가 빨라 Auto tension 기능을 통해 자동으로 장력을 조절

8. Warping end: Warping Head라고도 불리며, Mooring rope 등을 2~3 turn감아 끌어올릴 때 사용하며, shaft와 일체형으로 제작되어 Clutch 기능이 없음

9. Machinery bed: 본선 설치 시 가장 중요한 부분 중 하나로 Type에 따라 조선소에서 Foundation을 만들어서 설치하기도 하지만 최근에는 Foundation 없이 설치되는 방식으로 제작됨. 단, Windlass는 Rule에 따라 반드시 Foundation이 요구됨(사진은 Foundation이 필요 없는 방식임)

10. Flange: 운항 중 Mooring rope을 Winch에 감아 사용하기 위한 것으로 Mooring rope 보관시 충분한 크기가 필요하나, 과도할 경우 Winch의 높이가 높아져 계류시 Moment가 증가됨. 이는 Deck에 전달되는 하중의 증대로 이어져 Deck 하부 보강문제를 발생시킬 수 있음

11. U-bolt: Flange에 Mooring rope 끝단을 연결하기 위한 것

< Windlass & Winch 세부유형 >

<table>
<tr><th>구분</th><th>Machinery part</th><th>HPU
(Hyd. Powerpack unit)</th><th>Control panel &
Control stand</th></tr>
<tr><td>Hydraulic type</td><td>
유압모터 적용
Control lever</td><td>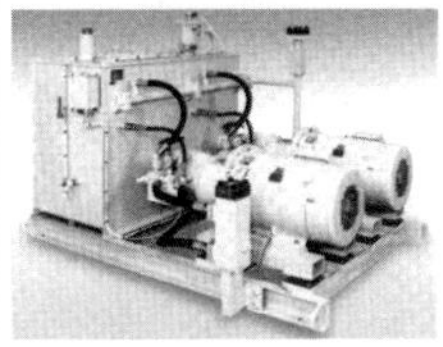</td><td>
Control stand 불필요</td></tr>
<tr><td colspan="4"><Low pressure type>
► 저압력(60bar 수준) 대유량의 유압을 통한 작동방식으로 작동까지의 응답속도는 느리지만 고장이 작고, 배관관경이 커 선상에서도 수리가 용이하며, 화재의 위험성이 낮아 유조선 등 액체화물선에 주로 사용</td></tr>
<tr><td colspan="4"><High pressure type>
► 고압력(200bar 이상 수준) 저유량의 유압을 통한 운영방식으로 작동까지의 응답속도는 빠르지만 고장이 비교적 잦고, 배관관경이 작아 선상에서 수리가 곤란하나, 화재의 위험성이 낮아 LPG, LNG 등 액체화물선에 주로 사용</td></tr>
<tr><td colspan="4">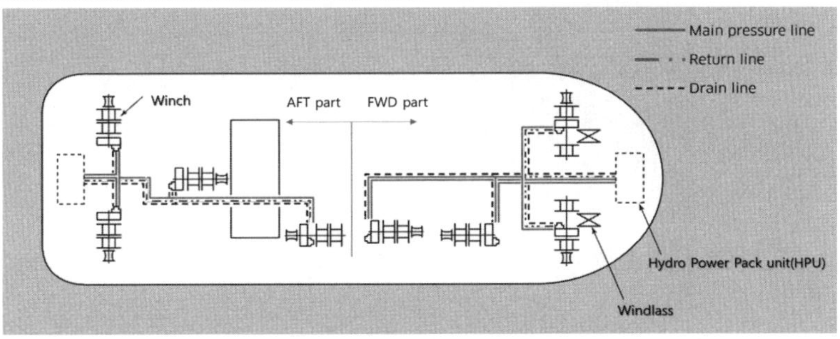

< Hydraulic type 배치 예시 >

※ FWD & AFT Common HPU를 두고 선수미 연결배관을 설치하거나, 선수미에 각각 HPU(Windlass로 인해 통상 선수 HPU용량이 큼)를 두고 선수미 연결배관을 설치하지 않는 경우로 구분 → 경제성에 따라 선택</td></tr>
<tr><td>Electric type</td><td>
전기모터 적용
Control lever 없음</td><td>불필요</td><td></td></tr>
<tr><td colspan="4">► 전기를 통한 운영방식으로, 전기 모터의 종류에 따라 보다 세부적인 구분이 가능. 특징으로는 응답속도가 가장 빠르고, 배관장치가 필요없어 설치가 용이함. 다만, 전기를 통한 제어로 화재폭발의 위험성이 있는 액체화물선에는 사용되지 않으며, 빠른 선적이 필요한 컨테이너선에 주로 사용</td></tr>
<tr><td colspan="4"><Self contained type>
► High pressure type과 구동방식은 유사하나 HPU가 장비 Body에 부착되어 조선소에서 별도의 배관장치를 설치할 필요가 없어 설치 및 유지보수가 용이한 타입</td></tr>
</table>

Chain Stopper

○ **(Chain Compressor)** Anchoring 상태(묘박) 및 Anchor 격납시 Stopper 역할을 하고, Anchor 회수시 Anchor chain의 가이드 역할을 위한 장비이다. 통상 Manual로 작동하며 조선소에서 의장품으로 제작**한다.

* 실제 Anchoring 시 파지력을 견뎌야 하기 때문에 Anchor chain braeaking load에 80%를 견딜 수 있도록 설계

** Tip. Dog를 유압으로 작동하거나, 특수한 형상의 Drum이 필요한 경우 등 Anchoring 특성에 따라 Windlass 제작업체에서 함께 공급하기도 함

< Cahin compressor 각부명칭 및 기능 >

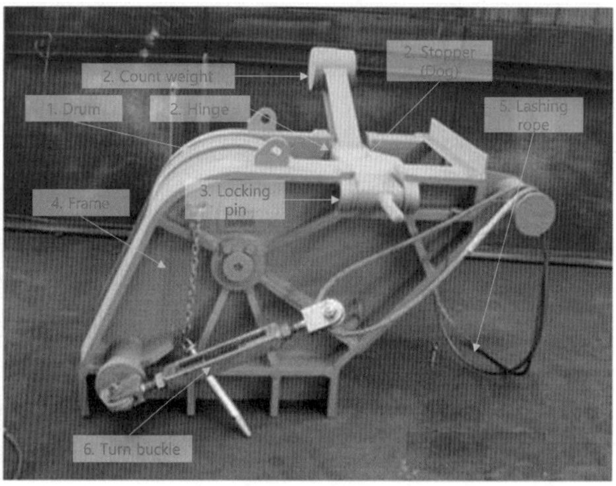

[그림출처] https://www.fountom.com/products/anchoring/chain-stopper

1. Drum: Anchor chain을 가이드 하는 역할
2. Stopper(Dog): 묘박 또는 격납시 실제 Anchor chain을 Holding하는 역할로써, 주물로 제작되어 Hinge 구조로 개폐되며 Manual로 작동하기 위해 Count weight를 부착. Anchor 격납시 Windlass로 최대한 당긴 후 Stopper 내렸을 때, Anchor chain과 간격이 10~20mm 내외여야 함(해당 간격만큼 Anchor가 격납된 후 느슨해지기 때문임)
3. Locking pin: Stopper를 닫았을 때 고정하기 위한 Pin
4. Frame: 사실상 하중을 지탱하는 부재로 Frame 하부의 Foot print는 높이에 따라 변경되지 않도록 해야 함. 2번에서 설명된 Anchor 격납시 유격을 맞추기 위해서 하부를 자르거나 육성하게 되는데 높이에 따라 Foot print 변경시 하부보강에 영향 발생
5. Lashing rope: Stopper 체결 이후 보조적인 고정수단으로 Anchor chain에 걸어서 사용하나, Anchor chain stud에 하중이 가해지지 않도록 주의해야 함
6. Turn buckle: Lashing rope 사용시 장력을 발생시켜 단단히 고정하기 위함

○ **(Mooring Rope)** 선박을 안벽, 선석 등에 묶어두기 위한 것으로 재질에 따라 Steel과 HMPE* 등으로 구분되며, 각각의 원사-소선-꼬임방식 등에 의해 세부적으로 구분된다.

* HMPE: Ultra-high-molecular-weight polyethylene

- Steel은 계류시 큰 하중이 요구되는 유조선 등에 사용되고, HMPE는 Steel에 비해 마모의 우려가 있으나 선체와 마찰시 불꽃 발생의 염려가 없고 비교적 사용이 편리하여 가스선 등에 사용
- 또한, 순간적인 조류 및 풍속의 변화를 스프링처럼 흡수하고 실제 Mooring fitting과 연결하여 마모가 많은 부분을 효율적으로 교체하기 위해 Mooring rope의 끝단에는 Tail Rope을 연결하여 사용

○ **(Fittings)** Mooring rope 및 Towing rope를 Handling 하거나 묶어서 사용하기 위한 갑판상의 여러 의장품으로 종류와 특징은 다음과 같다.

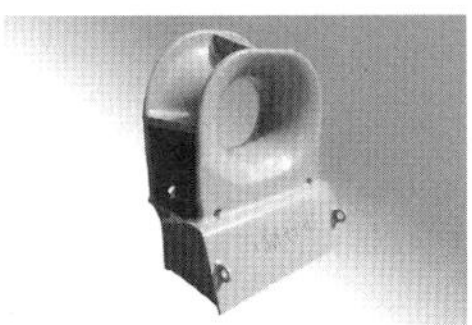 Chock	► Mooring rope 등을 Winch나 Warping end로 끌어 올리거나 내릴 때 선측에서 가이드 역할을 하고, Rope-선체간 쓸림을 방지하여 Rope 및 선체를 보호 ► Chock body는 주물로, 하부 Seat는 강판을 용접하여 제작하며, 주물은 Rope 손상을 방지하기 위해 표면 처리에 유의
[그림출처] http://klmt.co.kr/ko/fire-steel-doors/mooring-fittings/	
 Roller Fairlead	► Mooring rope 등을 Winch나 Warping end로 끌어 올리거나 내릴 때 선측에서 가이드 역할을 하고, Rope-선체간 쓸림을 방지하여 Rope 및 선체를 보호 ► 강판을 용접하여 Frame을 제작하고 수직 또는 수평 Roller*가 설치되어 회전함에 따라 Rope의 손상 정도가 Chock에 비해 적음 * Mooring 패턴에 따라 다양한 형태로 적용
[그림출처] https://www.sp-marineequipment.com/products/ships-mooring-and-towing-fittings-universal-fairleads-with-upper-roller/	

구분	설명
 Stand Roller	► Mooring(계류된 상태로 하중발생)시 Rope의 방향전환이 필요할 때 적용되며, Rope 가이드 및 손상방지 역할 ► 통상 Rope와 접촉하는 Roller 부분은 주물로, 그 하부는 강판을 용접하여 제작되며, Roller 부분은 Rope 손상을 방지하기 위해 표면처리에 유의
[그림출처] https://www.sp-marineequipment.com/products/ships-mooring-and-towing-fittings-pedestal-fairleads/	
 Bollard	► Mooring line을 묶을 수* 있는 의장품으로 Winch를 추가하지 않고, Mooring line의 개수**를 늘려 각 Mooring line의 부하를 줄일 수 있도록 함 * 통상 8자 걸이방식을 권장 ** OCIMF를 적용받는 경우, Winch의 Mooring line만 인정 ► 강판을 용접하여 제작하나, Bollard 기둥은 Rope 손상을 방지하기 위해 Seamless pipe를 적용함
[그림출처] https://www.sp-marineequipment.com/products/ships-mooring-and-towing-fittings-pedestal-fairleads/	
 Bitt  Recess Bitt	► Bitt는 Bollard와 동일한 목적이나, 기둥이 1개인 형태로 8자 걸이를 사용할 수 없어 사용하중 범위가 제한적임 ► Recess Bitt는 Tug boat를 활용한 Towing을 위해 선측에 설치*되며, 일반적으로 주물로 제작 * Tug boat의 운용 및 구조보강의 효율성을 고려하여 Tug push 위치와 Recess Bitt의 설치위치는 통상 동일한 Frame에 위치
[그림출처] https://korean.alibaba.com/product-detail/ccs-custom-ship-cross-mooring-bitt-single-bitt-bollard-60825306432.html & https://www.alibaba.com/product-detail/Recessed-Bitts_60817801706.html	

□ 배치시 주의사항

○ Mooring 배치는 선박의 조류와 풍압에 의한 저항을 효과적으로 분산하고 운영상의 문제점을 최소화하는 방향으로 진행되며 주요 내용은 다음과 같다.

< Mooring 개념도 및 배치시 주의사항 >

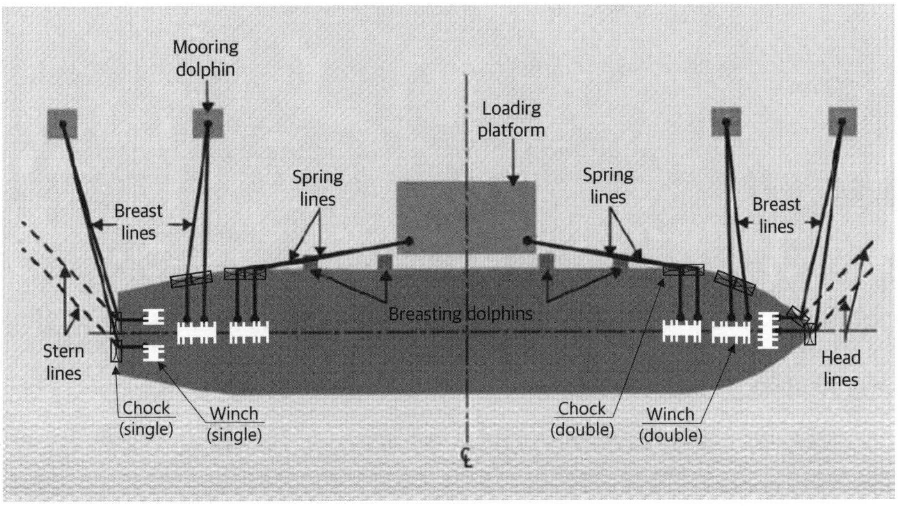

❶ Mooring line은 선수미 대칭, 좌우현 대칭으로 배치

❷ Breast line은 가능한 한 선수미 끝단에 배치

❸ Mooring line은 Inboard 내에서 가능한 한 동일한 길이가 될 수 있도록 배치

❹ Mooring line간의 교차는 없도록 할 것

❺ Chock 및 Fairlead 등은 Winch로부터 수평 및 수직 높이가 원만하게 배치하여 Mooring line의 변화가 최소화 될 수 있도록 할 것

❻ Stand Roller는 수평에서의 Mooring line의 급격한 각도 변화가 없도록 하고, 수직 배치에서는 Winch-Stand roller-Chock 등의 배치가 일직선이 되도록 할 것

❼ Mooring line의 Winding 시에 Winch Drum에서 유격*이 발생하고, Mooring 패턴에 따라서 Chock 등에서도 유격**이 발생할 수 있어 Mooring line이 지나갈 수 있는 모든 Case를 생각하여 타 설비와 간섭이 없도록 주의

* Mooring rope가 Winch에 감길 때, 끝단의 Flange 사이에 어느 위치에든 놓일 수 있음

** Chock 등은 타원의 형태로 해당 공간 내에서 Rope는 어느 위치에든 놓일 수 있음

2-4-3 조타장치 (이-III-1)

□ 개념

○ 조타장치란 선박의 진행방향을 유지 또는 변화 시킬 수 있는 장치이다. 포드, 워터젯과 같이 추진력 방향 자체를 바꾸는 경우도 있으나, 통상 추진력의 방향은 고정되고 조타장치를 통해 선박을 조종한다.

□ 종류

○ 추진력을 이용하여 선박이 선회하도록 타력을 발생시키는 Rudder와 이를 회전시키는 Steering gear가 있고, 횡이동을 위한 보조수단인 Thruster로 구분할 수 있다.

① **(Steering Gear)** Rudder의 회전력을 만들기 위해 유압실린더 등으로 작동되는 기계부분, 유압을 발생시키는 HPU, 제어 Panel과 각 부품 간 연결을 위한 배관 및 Cable로 구성

- Steering Gear Room에 설치되며 해당 Room과 Wheel house에서 작동할 수 있도록 Wheel house에도 Panel을 추가로 설치

< Steering Gear의 각부 명칭 >

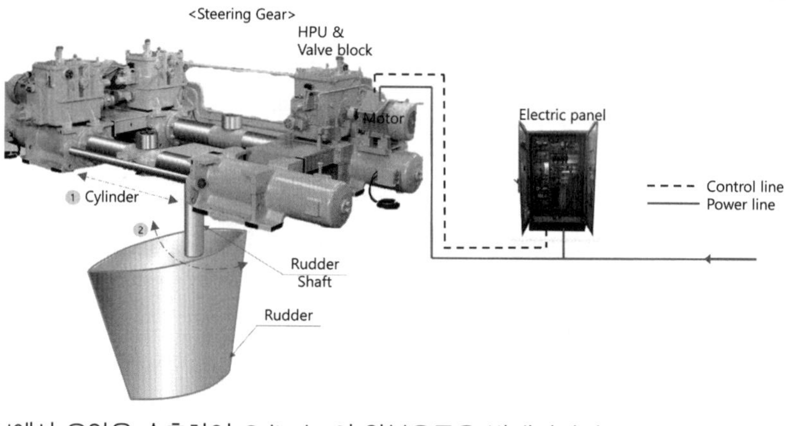

► HPU에서 유압을 송출하여 Cylinder의 왕복운동을 발생시키면, Rudder shaft가 회전함으로써 Rudder의 방향을 조절하게 됨

② (Rudder) 선박이 선회할 수 있도록 타력을 발생시키는 장치로 형상 등에 따라 세부적으로 구분됨

< 타의 구분 >

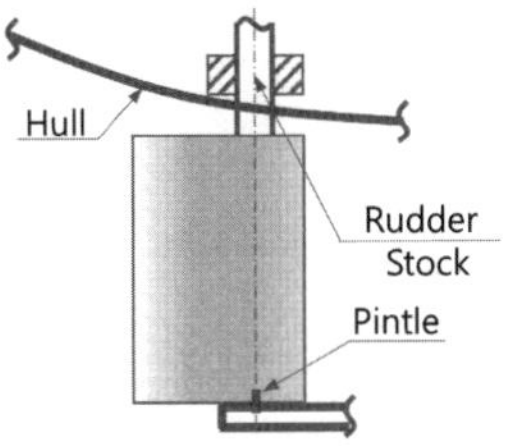 Balanced rudder (균형타)	► 타기둥(Rudder post)이 없고 타면의 일부가 회전축 앞에 있는 형태 ► 장점은 타 압력 중심과 회전중심이 가까워 소요 회전력이 작아서 조타기의 출력을 낮출 수 있으며, Rudder stock에 가해치는 굽힘모멘트가 작아짐
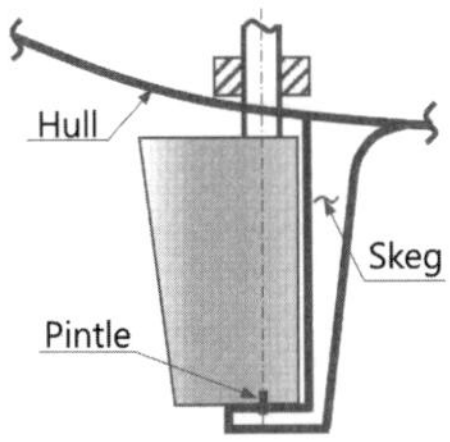 Unbalanced rudder (불균형 타)	► 타면이 완전히 타의 회전축으로부터 편심 된 형태 ► 장점은 높은 타력을 발생 시킬 수 있으나, 단점으로는 회전축에 발생하는 하중이 큼에 따라 조타기 용량 증가 및 구조강도 확보에 유의 필요
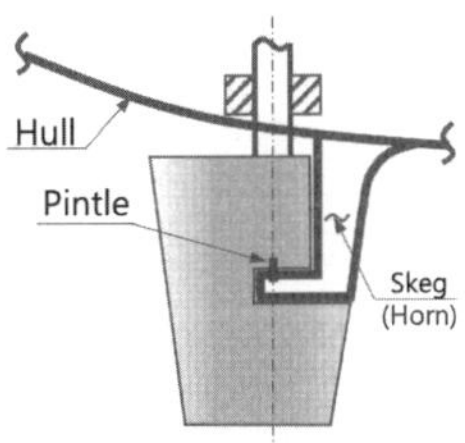 Semi - spade rudder (반 스페이드 타)	► Rudder horn이 있는 타로 상부는 불균형타, 하부는 균형타로 되어 있는 형태 ► 장점은 높은 유체하중을 견딜 수 있음. 대형선박에는 타력 확보를 위해 Semi-spade type보다는 Full spade를 적용함
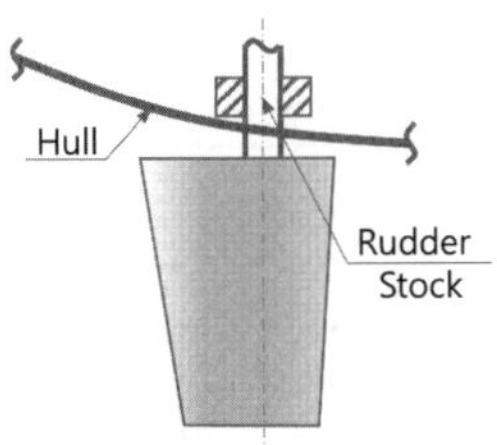 Spade rudder (스페이드 타)	► Rudder horn없이 전체가 Spade로 적용된 형태 ► 장점은 높은 타력으로 대형선에 적용가능 하다는 점이며, 단점으로는 Rudder Stock에 높은 하중이 발생함에 따라 구조강도 확보에 유의 필요

< 타의 단면형상에 따른 구분 >

NACA(상) Hollow(하)	Flat side(상하) Fish tail(하)	Twist	Flap
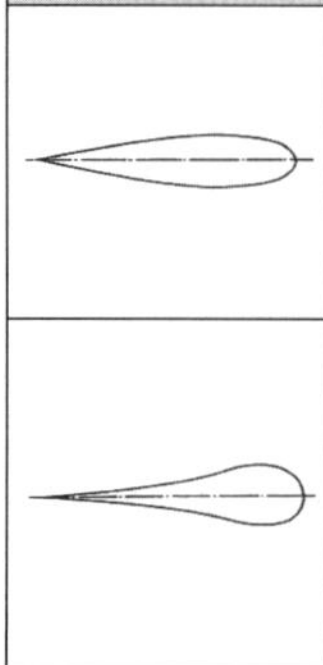	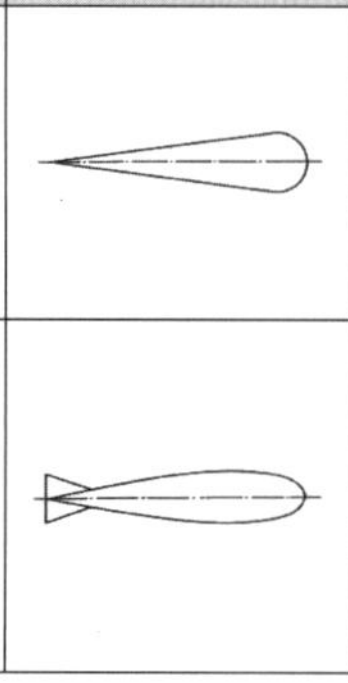	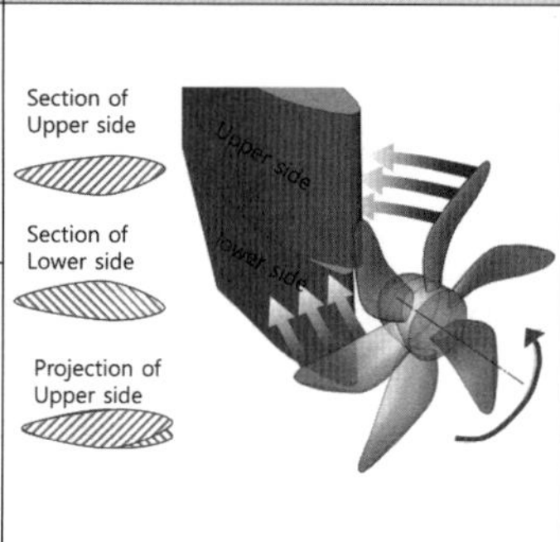	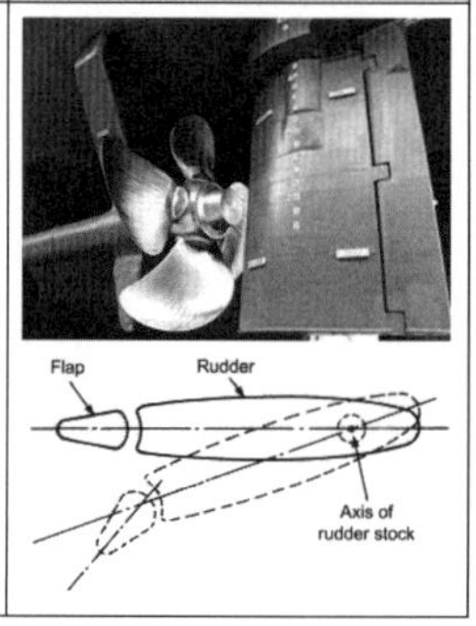

[그림출처] https://www.researchgate.net/figure/Principle-of-a-twisted-rudder-adjusted-to-the-propellers-upper—and-lower-inflow_fig2_323879358 &
https://www.jinbomarine.com/guide-bar-flap-rudder.html?ref=related

③ **(Thruster)** 공간이 제한된 항내에서는 Tug boat 등을 이용*하여 접안 하지만, 선미추력 및 조타장치 운용과 함께 선수의 Bow thruster을 사용할 경우 손쉬운 횡이동이 가능

* Tip. Tug는 Push & Pull방식(Pull은 Tug bitt와 rope를 이용)으로 해당 위치의 선측내부에는 적절한 구조보강이 되어야 하고, 통상 Push & Pull 위치는 동일 Frame에 적용하여 구조보강을 최소화함

- 필요에 따라, Stern thruster를 설치하기도 하며, 작동 방식에 따라 유압식과 전기식으로 구분
- 짧은시간 사용되는 운용특성을 고려하여 Elec type이 많이 사용되며, Propeller, Motor 그리고 제어 Panel(Wheel house panel* 포함)로 구성

* Wheel house에서 Thruster의 운용 및 모니터링이 가능해야 함에 따라 Wheel house에 별도의 제어 Panel을 설치

< Thruster의 배치 및 각부 명칭 >

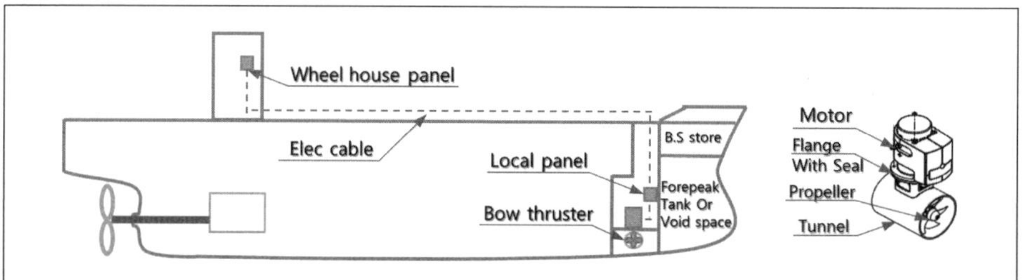

□ 설계시 고려사항

○ 선박에 적합한 타력확보를 위해 적절한 타의 면적을 적용하고, 이를 운용할 수 있도록 타에 맞는 조타장치 및 구조보강이 필요하다. 일반적인 고려사항은 다음과 같다.

< 조타장치 설계시 고려사항 >

❶ 타의 면적: 선급규정을 만족하되 충분한 타력은 항시 확보 되어야 함
❷ Rudder stock: 조타기의 회전력을 타로 전달하는 축 역할임에 따라, 비틀림 하중을 견딜 수 있는 충분한 강성이 요구
❸ 조타장치의 수: 1조의 주조타장치, 1조의 보조조타장치로 구성하며, 장비손상 시 다른 하나의 조타장치가 사용될 수 있도록 해야 함
❹ 주조타장치의 사양: 만재흘수에서 설계속도로 전진 중 한쪽 현 35°에서 다른 현 30°까지 28초 이내에 회전시킬 수 있어야 함
❺ 보조조타장치의 사양: 만재흘수에서 1/2의 설계속도(또는 7knots중 큰 값)에서 60초 이내에 한쪽 현 15°에서 다른 현 15°까지 회전시킬 수 있어야 함

2-4-4 항해·통신설비 (01-III-3)

□ 개념

○ 선박의 위치, 방향, 속도 및 해역정보 등을 이용하여 목적지에 원하는 경로로 안전하게 이동하기 위한 설비이다.

○ SOLAS 등에서 관련 내용을 규정*하고 있으나, 기능적 분류에 따라 주요장비를 중심으로 새롭게 정의한다.

* SOLAS Chapter IV. Radiocommunication & Chapter V. Safety of navigation

□ 기능상 분류

○ ①해역 등 선박 외부 정보인식, ②선박 운항정보 인식, ③선박상태 표출 및 ④육상 또는 타 선박과 정보교환의 4가지 유형으로 분류한다.

* ①에 해당하는 지도와 ②에 해당하는 나침반을 가지고, 안전한 이동을 위해 ③과 같이 자신의 상태를 주변에 알리며, ④과 같이 위급한 경우 또는 필요시 주변과 연락을 취하도록 하는 것에 비유

① **(외부 정보인식)** 해역 등의 외부정보를 인식하는 수단은 항해용 해도(ECDIS), 항해용 레이더, 음향측심기(Eco-sounder), 위성항법장치(GPS) 등이 있음

❶ 항해용해도: 바다의 지도를 의미하며, 통상 전자해도(ECDIS: Electronic chart display and information system)를 사용하여, 하나에 플로터에 GPS 정보를 활용하여 해역 정보와 해당선박의 위치를 동시에 표출

❷ 항해용레이더: 주변의 선박이나 물체를 인식하기 위한 레이더

❸ 음향측심기(Echo-sounder): SONA system으로 선저에서 해저로 음향을 발사하고 반사되어 돌아오는 시간으로 수심을 계산. ECDIS가 있으나 보조적인 수단으로 수심을 파악하여 운항상 안전성 확보

❹ 위성항법장치(GPS): 위성을 이용하여 현재시점의 선박위치, 진행 중인 항로(방위 및 속도) 및 항적기록 등을 알 수 있도록 하는 장치이며, 현재에는 DGPS*를 도입하여 보다 정확한 위치 확인이 가능

* DGPS(보정위성항법장치): 위성을 통해 해당 선박 뿐만 아니라 기준이 되는 물체와 상대위치를 확인하여, 위치정보의 오차를 줄이는 방식

② **(운항정보 인식)** 자기컴퍼스, 자이로컴퍼스, 선속거리계, 타각지시기 및 선회율 지시기 등이 적용

> ❶ 자기컴퍼스: 나침반의 일종으로 지구의 자기장을 이용하여 배의 선수방향이 지구상에서 어느 방향인지 알 수 있도록 하는 장치
>
> ❷ 자이로컴퍼스: 선박의 전자장비 증가로 선박내 자기장의 영향에 따라 자기컴퍼스의 사용이 곤란한 경우 등을 대비하여, 자이로의 회전을 통한 관성으로 배의 선수방향을 알 수 있도록 하는 장치. 다만, 운항 전 자이로컴퍼스를 작동시키고 방위를 세팅*해 두어야 함
>
> * 자이로컴퍼스는 관성에 의해 특정 방향지시를 유지 할 뿐 자기컴퍼스와 같이 자동으로 방위를 찾지는 못함. 따라서 운항 전 반드시 세팅이 요구됨
>
> ❸ 선속거리계: 전자로그*, 도플러로그** 방식 등을 이용하여 해당 선박의 대수속력*** 및 대수거리를 측정할 수 있는 장비
>
> * 전자로그: 페러데이 전자 유도법칙을 활용한 방식(자계 중 운동하는 도체는 그 속력에 비례하는 기전력 발생)
>
> ** 도플러로그: 도플러효과를 활용한 방식(음파를 발사하고 반사되어 오는 음파에 대해 각각의 주파수를 비교하는데, 발사체인 선박의 상대속도가 존재하는 경우 발사된 음파의 주파수와 반사된 음파의 주파수가 다름을 이용)
>
> *** 대지속력(조류 등의 영향 미 고려)과 비교되는 개념으로 조류 등의 영향을 고려한 속력
>
> ❹ 타각지시기: 선박은 자동차 등과 달리 해상의 상태 등에 따라 조타한 만큼 선회하지 않을 수 있어, 실제 회두각 뿐만 아니라 조타각 역시 필요한 정보이며, 이러한 타각을 표시할 수 있는 장비가 타각지시기임
>
> ❺ 선회율지시기: 대형선은 매우 큰 선회반경을 가짐에 따라, 안전한 운항을 위해서 해당 선박의 설계된 선회반경과 실제 운항 중인 선박의 선회반경을 비교 할 수 있도록 선회율을 표시하는 장비

③ **(선박상태 표출)** 속구, 선등, 기적, 레이더반사기 및 자동식별장치(AIS) 등이 있음

> ❶ 속구: 쌍안경, 온도계, 국제신호기* 등의 소품 등을 말함.
>
> * Foremast 등에 국제신호 기준에 따른 신호기의 조합으로 해당 선박의 상태 표현
>
> ❷ 선등: Lighting을 이용하여 선박의 상태를 나타내는데 현등, 장등, 선미등 및 정박등 등이 선박의 규모에 따라 다양한 형태(설치위치, 설치간격 등)로 적용되며, 선등을 통해 야간항행시 선박의 운항상태를 파악
>
> * 예시: 현등중 좌현은 홍등, 우현은 녹등을 설치토록 하여, 야간에 선박이 다가오는지 멀어지는지를 알 수 있고, 정박등이 표기된 경우 움직일 수 없음을 인지
>
> ** Tip. 상세한 내용은 '선박설비기준', '어선설비기준' 및 '총톤수 10톤 미만 소형어선의 구조 및 설비' 기준 참조(어선은 어업등이 있어 약간의 차이 존재), www.law.go.kr 참조
>
> ❸ 기적: Horn 및 타종 등으로 음향신호를 통해서 선박의 정보를 표출

❹ 레이더반사기: 소형선은 강선일지라도 파고로 인해 파도 속에서 보이지 않게 되면 타 선박의 레이더에 표출되지 않아 충돌로 이어 질 수 있어, 소형선에 설치

❺ 자동식별장치(AIS): 선박간 충돌회피를 목적으로 도입되어 육상기지국, 타선박 및 항공기에 선박의 제원, 종류, 위치, 침로 등의 정보를 자동으로 제공하는 장비임. 선박의 위치발신장치로도 활용되고 있음

* 자동조타장치(Auto Pilot): 선박의 상태를 표출하는 장비는 아니지만, 자이로스코프 및 GPS 등으로부터 선박의 위치, 방위 및 속도 등의 정보를 받아 조타기를 자동으로 제어하는 장치(진행방향을 자동으로 유지시키거나, 설정된 경로를 따라 자동으로 조타)

④ **(정보교환 수단)** 해상통신설비 관련 내용으로 SOLAS 적용선박은 GMDSS를 적용받으며, GMDSS 설명에 앞서 SOLAS 비적용선박의 대표적인 예로서 국내어선에 적용되는 해상통신 관련 내용을 소개

< 국내어선의 무선설비 및 위치발신장치 >

► 「어선법」에 따라 어선의 안전운항을 위해 무선설비와 위치발신장치를 설치하도록 하고 있으며, 어선의 규모 및 어업허가에 따라 달리 적용됨. 어업허가는 국내어선에 독특한 분야로 「수산업법」을 참고하기로 하고 규모 중심으로 안내

구분	적용대상	통달거리	장비특성
VHF-DSC (초단파대 무선설비 및 디지털 선택호출장치)	2톤 이상	100~120km	- 전파특성으로 주파수가 높아 직진성이 좋으나, 통달거리가 짧음 - DSC(디지털선택호출)기능을 통해 어선위치 확인가능(해안국에서 선박국으로 Calling 하여 위치 확인 가능)
MF/HF-DSC (중단파대·단파대 무선설비 및 디지털선택 호출장치)	5톤 이상	1,500km 이상	- 전파특성으로 주파수가 낮아 직진성은 나쁘지만, 통달거리가 김 - DSC(디지털선택호출)기능을 통해 어선위치 확인가능(해안국에서 선박국으로 Calling 하여 위치 확인 가능)
AIS (자동식별장치)	10톤 이상	100km 이내	- 선박 충돌회피를 목적으로 해당 선박의 위치 등의 정보를 육상국 및 타 선박국에 발신하고, 타 선박의 위치를 확인 가능
D-MF/HF (디지털선택호출 장치를 포함한 중단파대 무선전화 및 단파대 디지털 송수신장치)	10톤 이상	100km 이상	- MF/HF의 무선설비적 특성을 가짐 - 별도의 통신망을 이용하여 Calling 없이 10분 단위로 어선위 위치정보 등을 확인 가능하고, UPS기능이 탑재되어 주전원 소실시에도 작동 가능

구분	적용대상	통달거리	장비특성
EPIRB (위성 비상위치 지시용 무선표지 설비)	24m 이상	전해역	- 세계해상조난안전제도(GMDSS)에 따른 의무조난구조장비임. 조난신호가 위성으로 발신되어, 모든 국가에서 동시 수신 - 선박 침수 또는 전복시 2~4m 수심에서 EPIRB가 선박에서 이탈되어 조난신호 발신

※ 상기 언급된 톤은 국내총톤수로 국제총톤수를 아님에 주의할 필요(국내총톤수는 국제총톤수를 활용 국내총톤수 산식에 기입하여 다시 계산하며, 동일 규모의 선박을 기준으로 국내총톤수 값이 국제총톤수 값보다 작음) /
'어선톤수 측정업무의 집행요령' 참조, 국가법령정보센터 확인 (www.law.go.kr)

□ GMDSS(세계해상조난 및 안전제도, Global Marine Distress and Safety System)

○ **(목적)** 해상사고시 주변 선박뿐만 아니라 육상의 수색·구조 기관에 신속한 조난통신이 가능하도록 하여 구조를 지원하기 위함이다.

○ **(활용)** 해사안전정보(MSI, 안전통신, 항해경보 및 기상정보 등)를 발송하며, 선박 운항관리에 관한 무선통신 및 선박간 통신에 활용된다.

□ GMDSS에 따른 항행구역

○ 해당 선박이 통신하는 해안국을 기점으로 항행거리와 무선설비의 통달거리를 감안하여 해역을 구분한다.

< GMDSS에 따른 항행구역 >

구분	해역 기준
A1 해역	주관청이 정의하는 바에 따라, DSC경보를 이용할 수 있는 하나 이상의 VHF 해안국 통신범위내의 해역
A2 해역	주관청이 정의하는 바에 따라, DSC경보를 이용할 수 있는 하나 이상의 MF 해안국 통신범위내의 해역(A1해역 제외)
A3 해역	계속적인 경보를 이용할 수 있는 INMARSAT 정지위성 통신범위 내의 해역(A1, A2해역 제외)
A4 해역	A1, A2 및 A3 이외의 해역

□ GMDSS 운용

○ **(기능)** 수색·구조 통신과 해상안전정보 방송으로 구분된다.

① **(수색·구조 통신)**

< 수색 및 구조 통신의 종류 >

❶ COSPAS / SARSAT: 조난선박의 EPIRB 조난신호를 지상의 구조기관에 발신 * COSPAS: COSMOS satellite for Programe of Air and Sea rescue SARSAT: Search And Rescue Satellite Aided Tracker EPIRB: Emergency Position Indicated Radio Beacon ❷ 중파·단파 통신 시스템 이용: DSC나 NBDP로 조난신호를 송수신하는 방식 * DSC(Digital Selective Calling): HF, MF 및 VHF 무선설비의 주파수를 이용하여 선박국 및 해안국을 호출하는 기능으로 선박으로부터 조난신호 송신, 해안국의 조난신호 수신확인 통보 등에 활용 ** NBDP(Narrow Band Direct Printing): 중파, 단파의 주파수를 이용해 조난통신을 목적으로 하는 송수신 장치 ❸ INMARSAT 조난 통신 시스템: 위성통신을 이용하여 조난신호를 송수신

② **(해상안전정보 방송)**

< 해상안전정보 방송종류 >

❶ NAVTEX: 연안 400마일 이내에서 선박에 항행, 기상정보 및 기타 해상안전정보를 Text 형태로 수신할 수 있도록 하는 시스템 ❷ INMARSAT EGC*방송: EGC를 이용하여 특정선박, 특정해역의 선박, 특정회사의 선박 등 특정 그룹을 Grouping하여 해상안전정보를 발송하는 시스템 * EGC(Enhanced Group Call): 고기능 그룹 호출

③ **(조난 시 GMDSS 운용)** 조난사고 발생시 GMDSS는 크게 4가지 단계로 운용되며 상세 내용은 다음과 같음

❶ 조난경보발신: EPIRB, DSC 및 INMARSAT 등을 이용하여 조난신호 발신. 기본적으로 조난신호 발신버튼을 눌러야 하나, EPIRB는 갑작스런 침몰 및 전복시를 감안, 수심 2~4m에서 자동으로 작동 ❷ 조난경보수신: EPIRB, COSPAS 및 SARSAT로 해안국 수신후 조난 판정. DSC 및 INMARSAT을 이용하여 조난통신을 통해 직접 통화 ❸ 조난현장 수색활동: 수색현장에서는 조난선박, 구명정 또는 구명뗏목에서 발신된 레이더 트랜스 폰더(SART: Search and Rescue Radar Transponder)의 레이더 전파 신호를 수신하여 조난자 위치를 확인 ❹ 조난자 구조: 쌍방향 무선전화장치(150Mhz대 portable FM 트랜시버)를 사용하여 부상자 유무, 상황 등을 확인하여 구조

제2절 배관

5. 배관일반(이-Ⅱ-2)

: 선체설계가 사람의 신체라면 배관설계는 혈관에 비유되며, 선박의 배관은 기능에 따라 시스템이 구분된다. 각 시스템을 살펴보기에 앞서 기본적인 배관종류(강, 스테인리스, 동관, 주철관, 합성수지 등), 이음종류(플랜지, 용접이음, 나사이음, 소켓, 신축이음 등), 부속품(가스켓&패킹, 스트레이너, 트랩, 보온재 등), 지지방식 등의 내용을 이해해야 한다.

6. 펌프 및 밸브의 종류(이-Ⅱ-2)

: 배관이 혈관이라고 하면, 펌프는 각 배관시스템에서의 심장과 같다. 펌프는 배관시스템에 있어서 유체의 유량 및 압력을 발생시키는 장치이다. 밸브는 유량, 유로 및 압력을 변경 또는 제어하는 장치이며, 다시 밸브는 기계적, 전기적 또는 유공압 방식에 따라 원격으로 제어된다.

7. F.O system (Fuel Oil system)(이-Ⅱ-2)

: 이동성(추진성능)과 연관된 시스템이다. 주기관 및 보기 등을 통해 동력을 생산하도록 연료를 공급하는 시스템이다.

8. L.O system (Lubrication Oil system)(이-Ⅱ-2)

: 이동성(추진성능)과 연관된 시스템이다. 주기관 및 보기 등을 통해 원활한 동력이 생산될 수 있도록 윤활유를 공급하는 시스템이다.

9. Cooling system (이-Ⅱ-2)

: 이동성(추진성능)과 연관된 시스템이다. 주기관 및 보기 등을 통해 원활한 동력이 생산될 수 있도록 냉각을 위한 해수 또는 청수를 공급하는 시스템이다.

10. Compressed air system & Control air system(이-Ⅱ-2)

: 이동성(추진성능)과 연관된 시스템이며, Valve Remote control system과 연결되어

사용되기도 한다. 주기 및 보기의 Starting을 위한 압축공기를 제공하며, 각종 밸브의 제어를 위한 공압을 송출한다.

11. Exhaust gas system(이-Ⅱ-2)

: Steam service system & Condensate system과 연관된 설비로 선박기능 전반에 연관된 설비이다. 주기관에서 발생되는 고온의 배기가스 폐열을 이용하여, 선박에 필요한 Steam을 생산하는데 활용하기 위한 설비이다.

12. Steam service system & Condensate system(이-Ⅱ-2)

: 선박기능 전반에 연관된 설비이며, 선박 내의 고온이 필요한 장소에 열원(Steam)을 제공하는 설비이다. 제공된 Steam은 저온부와 열교환 후 응축되며, 회수하여 다시 활용함으로서 지속적으로 Steam을 공급할 수 있도록 구성된다.

13. 기타 시스템(공통)

: 선내 청수 제공을 위해 해수를 담수화 하는 조수기 시스템과 복원성능을 보조하기 위한 횡요감쇄장치를 기타 시스템으로 소개한다. 실제 선박에는 목적에 따라 더욱 많은 설비가 설치된다.

< 선박의 필수기능에 관한 기능구조분석도 >

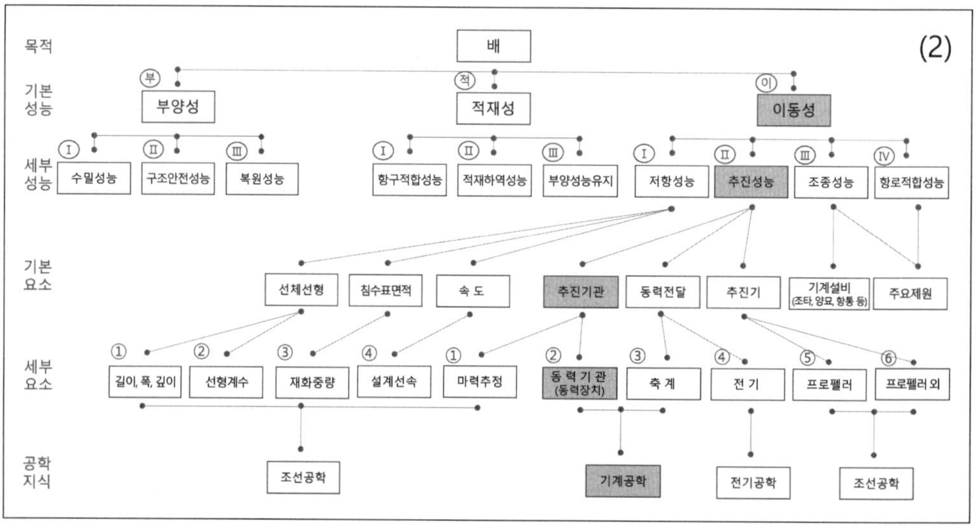

2-4-5 배관일반 (01-II-2)

□ 개념

○ 배관설계는 펌프와 밸브의 조작으로 원하는 Performance를 구현하며, 이때 기본이 되는 Pipe, Joint, Fitting and support와 선박건조시의 주요개념 대해서 소개한다.

* Tip. 재질 및 규격 등에 대한 상세한 정보 및 표준을 확인하는 방법으로 e-나라표준인증(standard.go.kr)을 참고하거나, 기계설계도표편람(도서)을 참고

□ 배관(Pipe)의 종류

○ 배관의 종류는 강관, 스테인리스강관, 동관, 주철관, 합성수지관 및 납관 등으로 구분된다.

① **(강관, Steel pipe)** 선박건조시 가장 많이 사용되는 재질이며, 인장강도 및 충격강도가 양호하고, 변형이 용이하며 용접성이 좋으나, 부식에 취약한 특성이 있음. 세부적인 종류는 다음과 같음

< 강관의 종류 >

► 배관용 탄소강관(SPP: Steel Pipe Piping)
→ JIS(일본산업표준)으로 SGP임(조선소에서 주로 JIS 표기법 적용, 이하공통)

► 압력배관용 탄소강관(SPPS: Steel Pipe Pressure Service)
→ JIS(일본산업표준)으로 STPG임

► 고압 배관용 탄소강관(SPPH: Steel Pipe Pressure High)
→ JIS(일본산업표준)으로 STS임

► 고온 배관용 탄소강관(SPHT: Steel Pipe High Temperature)
→ JIS(일본산업표준)으로 STPT임

► 배관용 합금강관(SPA: Steel Pipe Alloy)
→ JIS(일본산업표준)으로 STPA임

► 저온 배관용 탄소강관(SPLT: Steel Pipe Low Temperature)
→ JIS(일본산업표준)으로 STPL임

► 배관용 스텐인리스 강관(STS: Steel Tube Stainless)

► 보일러 열교환기용 탄소강관(STH: Steel Tube Heat)

► 저온 열교환기용 강관(STLT: Steel Tube Low Temperature)

② **(스테인리스강관)** 내식성이 우수하며 강관에 비해 기계적 성질이 우수하고 두께가 얇아, 가볍고 위생적임

* 배관용 스테인리스 강관(STS~) → JIS(일본산업표준)으로 SUS~ 임(조선소에서 주로 JIS 표기법 적용)

③ **(동관, Cupper pipe)** 연성·전성이 풍부하고, 열 전도성과 내식성이 우수하며, 프레온 냉매를 사용하는 시스템에 적용

* 인탈산 동관(DCuP) → JIS(일본산업표준)으로 SCuT 임 등

④ **(주철관, Cast iron pipe)** 강관에 비해 내식성, 내마모성, 내구성 및 압축강도가 좋으나, 인장강도가 낮고 충격에 약함

⑤ **(합성수지관, Plastic pipe)** 내식성, 내산성, 내 알칼리성 및 전기절연성이 크고, 가벼워 운송과 가공에 용이하나, 열에 취약하고 열팽창률이 큼

* Glass reinforced epoxy (GRE)pipe, Glass(fiber) Reinforced Plastic(GRP) pipe 적용

⑥ **(납관, Lead pipe)** 내식성 및 절연성이 크고, 가공성이 좋으나, 무겁고 강도가 약하며 가격이 비쌈

□ 배관의 규격

○ **(강관의 호칭법)** 지름의 단위를 mm로 나타내며(예: 100mm=100A로 표기) 스케줄 번호(Sch. No.)의 개념을 적용한다.

< 스케줄 번호 개념 >

$$Sch.No = \frac{P}{S} \times 10$$

P: 사용압력(kg/cm^2), S: 허용응력(kg/mm^2) (→ pipe 인장강도/안전율)

► 예시: 사용압력 35kg/cm^2, 배관 SPPS38(인장강도 38kg/mm^2), 안전율 4 적용 시

$Sch.No = \frac{35}{(38/4)} \times 10 = 36.8$ → Sch. No 40 적용

○ **(강관의 강도표기)** 실제 강관 표기는 재질 + 강도를 조합하여 표기하며, 재질 뒤의 숫자는 인장강도를 의미한다.

* 예시: STPG370 → 인장강도가 370N/mm^{2}임

ㅇ **(규격 표기)** 생산규격을 호칭경으로 부르고, 호칭경을 기준으로 외경(O.D, out dia.)은 일치하며, 사용압력에 따라 Sch을 달리하여 배관의 두께가 다르다. 즉, 내경(I.D, in dia.)이 변화됨을 의미한다.

< 배관의 규격 >

KS/JIS			ASTM		SCH5S		SCH10S		SCH20S		SCH40	SCH40S	SCH80	SCH80S
호칭경		OD	호칭	OD										
A	B	MM	INCH	MM	KS/JIS	ASTM	KS/JIS	ASTM	KS/JIS	ASTM	KS/JIS	ASTM	KS/JIS	ASTM
6	1/8	10.50	1/8	10.29	1.00	NA	1.20	1.24	1.50	NA	1.70	1.73	2.40	2.41
8	1/4	13.80	1/4	13.72	1.20	NA	1.65	1.65	2.00	NA	2.20	2.24	2.40	3.02
10	3/8	17.30	3/8	17.15	1.20	NA	1.65	1.65	2.00	NA	2.30	2.31	3.00	3.20
15	1/2	21.70	1/2	21.34	1.65	1.65	2.10	2.11	2.50	NA	2.80	2.77	3.20	3.73
20	3/4	27.20	3/4	26.67	1.65	1.65	2.10	2.11	2.50	NA	2.90	2.87	3.70	3.91
25	1	34.00	1	33.40	1.65	1.65	2.80	2.77	3.00	NA	3.40	3.38	3.90	4.55
32	1 1/4	42.70	1 1/4	42.16	1.65	1.65	2.80	2.77	3.00	NA	3.60	3.56	4.50	4.85
40	1 1/2	48.60	1 1/2	48.26	1.65	1.65	2.80	2.77	3.00	NA	3.70	3.68	4.90	5.08
50	2	60.50	2	60.33	2.10	2.11	2.80	2.77	3.50	NA	3.90	3.91	5.10	5.54
65	2 1/2	76.30	2 1/2	73.03	2.10	2.11	3.00	3.05	3.50	NA	5.20	5.16	5.50	7.01
80	3	89.10	3	88.90	2.10	2.11	3.00	3.05	4.00	NA	5.50	5.49	7.00	7.62
90	3 1/2	101.60	3 1/2	101.60	2.10	2.11	3.00	3.05	4.00	NA	5.70	5.74	7.60	8.08
100	4	114.30	4	114.30	2.10	2.11	3.00	3.05	4.00	NA	6.00	6.02	8.10	8.56
125	5	139.80	5	141.30	2.80	2.77	3.40	3.40	5.00	NA	6.60	6.55	8.60	9.52
150	6	165.20	6	168.28	2.80	2.77	3.40	3.40	5.00	NA	7.10	7.11	9.50	10.97
200	8	216.30	8	219.08	2.80	2.77	4.00	3.76	6.50	NA	8.20	8.18	11.00	12.70
250	10	267.40	10	273.05	3.40	3.40	4.00	4.19	6.50	NA	9.30	9.27	12.70	12.70
300	12	318.50	12	323.85	4.00	3.96	4.50	4.57	6.50	NA	10.30	10.31	15.10	12.70
350	14	355.60	14	355.60	4.00	3.96	5.00	4.78	8.00	NA	11.10	11.13	17.40	NA
400	16	406.40	16	406.40	4.50	4.19	5.00	4.78	8.00	NA	12.70	12.70	19.00	NA
450	18	457.20	18	457.20	4.50	4.19	5.00	4.78	8.00	NA	14.30	14.27	21.40	NA
500	20	508.00	20	508.00	5.00	4.78	5.50	5.54	9.50	NA	15.10	15.09	23.80	NA
550	22	558.80	22	558.80	5.00	4.78	5.50	5.54	9.50	NA	15.90	NA	26.20	NA
600	24	609.60	24	609.60	5.50	5.54	6.50	6.35	9.50	NA	17.50	17.48	28.60	NA
650	26	660.40	26	660.40	5.50	NA	8.00	7.92	12.70	NA	18.9/17.5	17.48	31.00	NA
700	28	711.20	28	711.20	5.50	NA	8.00	7.92	12.70	NA	17.50	17.48	34.00	NA
750	30	762.00	30	762.00	6.50	6.35	8.00	7.92	12.70	NA	17.50	NA	NA	NA
800	32	812.80	32	812.80	NA	NA	8.00	7.92	12.70	NA	17.50	17.48	NA	NA
850	34	863.60	34	863.60	NA	NA	8.00	7.92	12.70	NA	17.50	17.48	NA	NA
900	36	914.40	36	914.40	NA	NA	8.00	7.92	12.70	NA	19.10	19.05	NA	NA
1000	40	1016.00	40	1016.00	NA	NA	9.50	NA	14.30	NA	26.20	NA	NA	NA

* 예시: 100A #80(Sch을 #d으로 표기)이면, 외경(O.D)이 114.3mm이고, 두께가 8.1mm임. 따라서 내경(I.D)은 O.D - 2t = 114.3mm - 8.1mm × 2 = 98.1mm가 됨

[그림출처] https://catcom.tistory.com/102

□ 이음(Joint) 종류

ㅇ 배관은 규격화 되어 생산되기 때문에 시스템 구성을 위해서 배관이음은 필수적이며, 재질특성에 따라 이음방법이 세분화된다. 다만, 변형(열팽창 등)에 대응하기 위한 신축 이음은 공통적으로 사용된다.

① (**강관 & 스테인리스강관**) 선박건조시 가장 많은 부분을 차지하며, 플랜지, 용접 및 나사 이음이 가능하나 건조시에는 통상 플랜지 및 용접이음을 활용

< 강관 Joint 형식별 특징 >

<이음방식에 따른 분류>

❶ 플랜지 이음(Flange joint)

: 분해 필요성이 있는 경우(기기장비 연결부 또는 블록분할 개소 등)에 적용되며, 통상 60A이상의 관경에 사용하고, 이음부는 누설방지를 위해 가스켓*을 사용

* Tip. 가스켓(Gasket)과 실(Seal)은 모두 기밀성 확보를 위한 것이나, 배관과 같이 고정된 곳에 적용할 때 가스켓이라 하고, Door와 같이 구동부에 적용할 때 Seal이라고 함

❷ 용접 이음(Welding joint)

: 접합부의 강도 및 기밀성이 좋고 중량이 가벼우며 작동유체의 저항손실이 작음. 주의할 점은 용접 시 잔류응력 및 용접결함 등이 발생하지 않도록 관리 필요

* Tip. 기기장비의 본선 설치 후 배관 연결 시 제작업체(Vendor) 국가에 따라 Flange 규격이 다른 경우가 발생. 이에 따라 Vendor로부터 Flange를 제공받아 조선소의 배관과 용접하는 방식으로 해결하기도 함

❸ 나사 이음(Screw joint)

: 분해가 가능하고 설치방법이 가장 간단한 일반적인 형태의 이음방식으로 통상 50A 이하에 적용

<이음기능에 따른 분류>

❶ 배관경로 변경시: 엘보, 밴드

❷ 배관 분기시: 티(T)조인트, 와이(Y)조인트, 크로스(+)조인트

❸ 직경 변경시: 부싱, 레듀셔

❹ 관 끝 폐쇄시: 캡, 플러그

② **(동관)** 플랜지이음, 납땜 및 플레어 이음(나팔관식 이음)*을 적용

* 한쪽 관 끝을 나팔모양으로 벌리고 플레어너트를 끼운 후, 나사산이 시공된 다른 배관의 끝을 연결하는 방식(분해가 필요한 20mm이하의 관에 적용하고, 그 이상은 플랜지 적용)

③ **(주철관)** 플랜지, 소켓, Mechanical방식, 타이톤 및 빅토릭 이음 적용

< 주철관 Joint 형식별 특징 >

❶ 플랜지 이음(Flange joint)

: 이음부위에 고무링을 끼우고, 압착플랜지를 끼워 볼트로 연결

❷ 소켓 이음(Socket joint)

: 관의 소켓부에 얀(Yarn)과 납을 넣어 연결

* 얀(Yarn)은 기밀성을 목적으로, 납은 이탈방지 목적으로 적용

❸ Mechanical joint

: 한쪽 배관 끝은 소켓 처리되고, 다른 한쪽은 기밀용 고무링을 압착시키는 푸시링과 소켓의 연결을 위한 구부러진 볼트로 구성

❹ 타이톤 이음(Tyton joint)

: 소캣방식과 Mechanical joint와 비슷하나, 소켓방식 대비 고무링만 적용되며, Mechanical joint 대비 푸시링 및 연결을 위한 볼트 등이 없음

❺ 빅토릭 이음(Victoric joint)

: U자형 고무링과 칼라를 이용한 이음방식으로 배관내 압력 증가시 U형 고무링이 압착되어 기밀성을 증가시킴

<table>
<tr><th>플랜지</th><th>소켓</th><th>Mechanical joint</th><th>타이톤 이음</th><th>빅토릭 이음</th></tr>
<tr>
<td>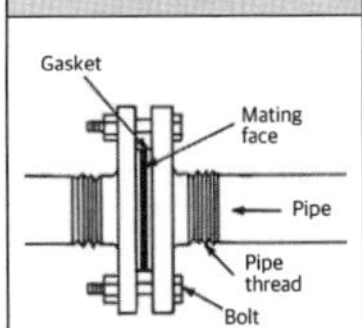</td>
<td>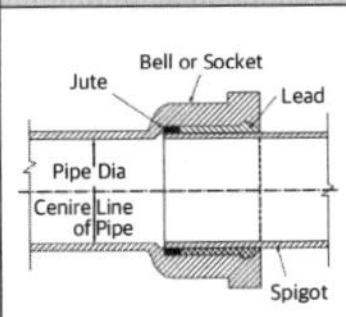</td>
<td>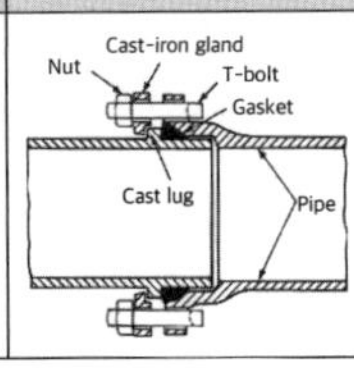</td>
<td>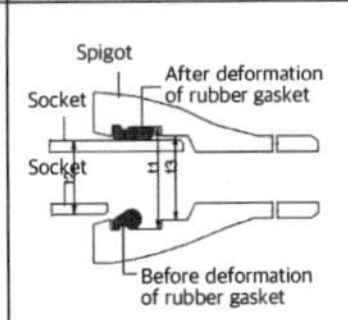</td>
<td>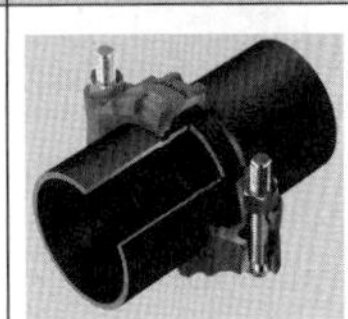</td>
</tr>
</table>

[그림출처] https://encyclopedia2.thefreedictionary.com/flanged+joint
http://www.expertsmind.com/topic/joints-in-water-supply-pipes/spigot-and-socket-joint-915532.aspx
https://encyclopedia2.thefreedictionary.com/mechanical+joint
https://www.researchgate.net/figure/Standard-drawing-of-T-joint-of-slide-in-ductile-iron-pipe_fig1_343101192
https://www.victaulic.com/grooved-technology/

④ **(합성수지관)** 냉간이음과 열간이음으로 다음과 같이 구분

< 합성수지관 Joint 형식별 특징 >

<냉간 이음> ❶ Taper socket joint : 한쪽 배관은 관경보다 큰 소켓이 내부에 테이퍼 진 형태로 되어 있고, 다른쪽 배관에 접착제를 발라 끼우는 방식의 이음 ❷ 고무링 방식(Rubber ring joint) : Taper socket joint와 유사하나, 접착제를 사용하지 않고 고무링의 탄성을 이용한 방식 <열간 이음> ❶ 용접이음 ❷ 슬리브이음 : 접착재를 바른 양쪽 배관을 연결배관의 관경보다 약간 큰 배관(슬리브)에 끼워 넣고 가열하여 접합하는 방식

⑤ **(신축관)** 배관의 내외부 온도변화에 따른 팽창·수축과 펌프 등 장비의 작동에 따른 급격한 압력 변화 및 선체의 호깅·세깅 등에 따른 외력으로부터 배관의 파손을 방지하기 위해 적용

< Expansion Joint 종류 >

❶ 슬리브(Sleeve) ► (원리) 연결배관과 슬리브 사이의 패킹이 슬리브와 미끄러짐으로써 신축을 흡수 ► (특징) 통상 저압배관에 사용하고, 루프형 대비 설치공간은 작으나 패킹 마모시 누설이 발생할 수 있어 교체가 필요 ❷ 벨로즈(Bellows) ► (원리) 주름관(벨로즈)를 이용하여 신축 흡수 ► (특징) 루프형 대비 설치공간은 작으고 기밀성이 좋으나, 마찰손실이 다소 존재 ❸ 루프형(Loop형) ► (원리) 배관 배치시 U자형 구간을 만들어 신축을 흡수 ► (특징) 구조가 간단하고, 기밀성이 좋으며, 고장의 염려가 없으나 넓은 설치공간 필요

❹ 볼 조인트(Ball joint)
- ► (원리) 볼의 형태로 회전이 가능한 연결이음을 적용하여 신축을 흡수
- ► (특징) 신축흡수량이 가장 큼

❺ 스위블 조인트(Swivel joint)
- ► (원리) 2개 이상의 나사엘보를 사용하여 신축을 흡수
- ► (특징) 비용이 저렴하나 반복적인 신축으로 나사가 헐거워질 경우 기밀성 감소

슬리브	벨로즈	루프형	볼 조인트	스위블 조인트
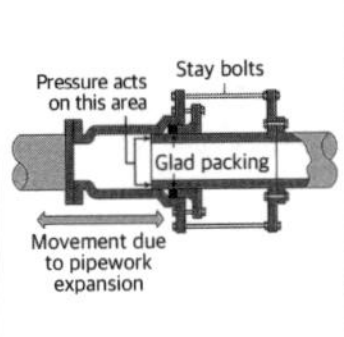	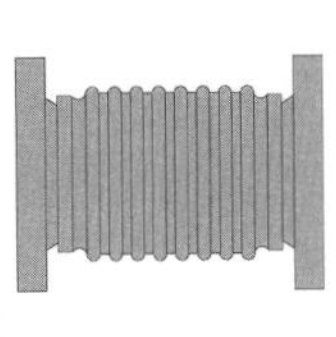	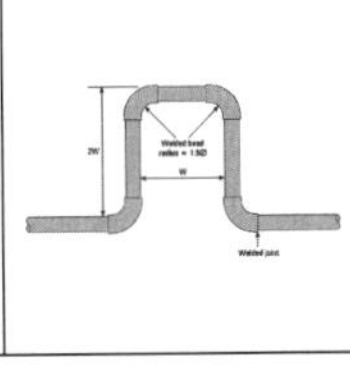	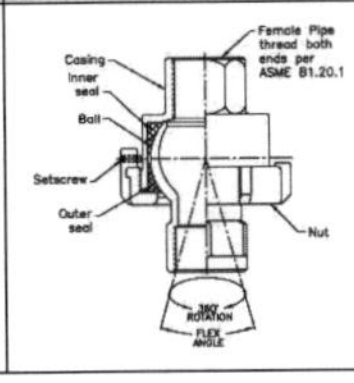	

※ 신축량은 볼 조인트 > 루프형 > 슬리브형 > 벨로즈 > 스위블조인트 순임
통상, 상갑판에 배치되는 배관은 호깅·세깅 및 내구성을 감안하여 루프형을 적용하고, 각 구획내부의 배관은 슬리브를 적용

[그림출처] https://www.wermac.org/steam/steam_part10.html/
https://www.hyspan.com/bj_Standard.html
https://www.arm-tex.com/swivel-joints.html

□ 부속설비

ㅇ 주요 장비인 펌프와 밸브를 제외한 설비로 가스켓 & 패킹, 스트레이너, 트랩 및 보온재 등이 있고 각각의 특징은 다음과 같다.

① **(가스켓&패킹)**(Gasket & Packing) 배관 접합부의 기밀성 유지를 위해 플랜지 사이에 끼워 넣는 것으로, 구동부가 없는 경우 가스켓이라 하고 구동부에 적용하는 것을 패킹이라 함

< 가스켓 & 패킹의 종류 및 특징 >

<가스켓>

❶ 고무 가스켓(천연고무)
: 산과 알칼리에 강하나, 열과 기름에 약하여 100℃ 미만의 물과 공기에 적용

❷ 네오프랜(Neopene, 합성고무)
: 산과 기름에 강하며 사용온도 범위가 -46~120℃로써 물, 공기, 기름 및 냉매배관에 적용

❸ 테프론(합성수지)

: 산과 알칼리에 강하나 탄성이 부족. 사용온도 범위가 -260~260℃로써 매우 넓어 냉매 배관에 사용

❹ 석면(광물질섬유)

: 섬유가 가늘고 강하며 450℃까지 사용 가능하여 증기, 온수 및 고온기름 배관에 적용

❺ 금속

: 연질의 금속(구리, 납, 연강 등)이 사용되나 탄성이 적어 신축 및 진동에 의해 누설우려 존재

<그랜드 패킹>

❶ 아마존 패킹: 면포와 내열고무 콤파운드를 가공하여 제작

❷ 몰드 패킹: 수지, 흑연, 석면 등을 배합하여 제작

❸ 석면 패킹: 석면섬유를 사용하여 제작

Strainer
② **(스트레이너)** 펌프 흡입면 또는 밸브 입구쪽에 이물질을 걸러 장비를 보호하기 위한 일종의 여과망 장치이며 Y형, U형 및 T형이 있음

Y형	U형	T형
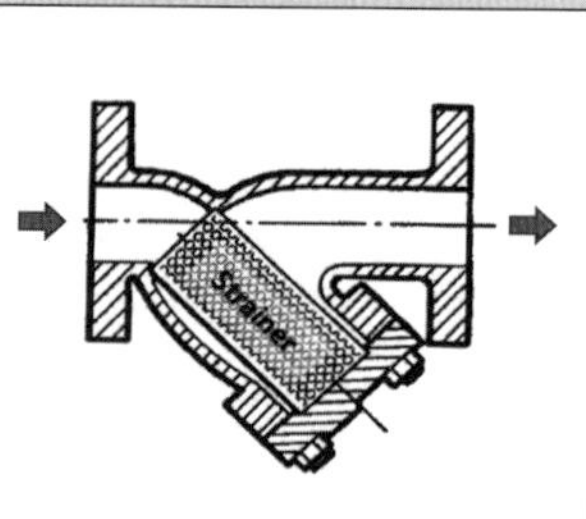	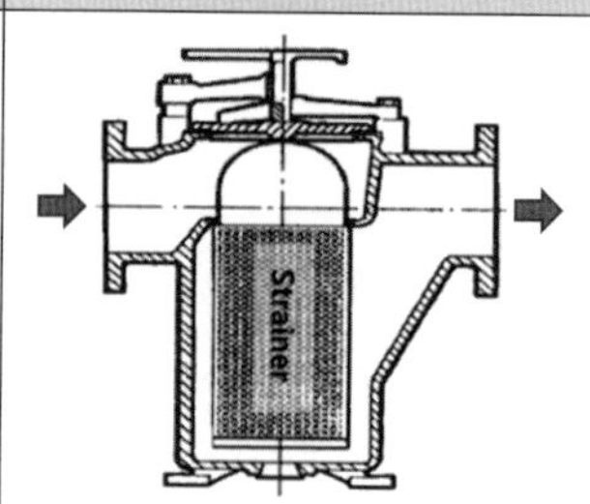	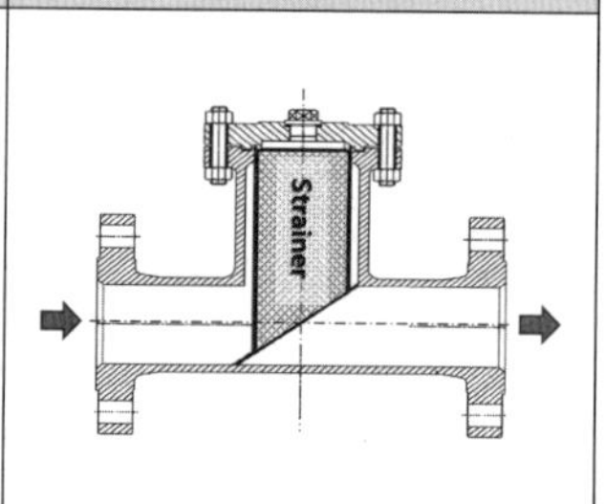

Trap
③ **(트랩)** 선실설계 등에서 유독가스, 악취 및 벌레 등의 침투를 막기 위해 봉수(배관의 일정구간에 물을 가두어 둔 것)를 형성한 장치로 관트랩(P형, S형 및 U형) 및 박스트랩(벨, 드럼 및 보울 트랩) 등이 있음

P형	S형	U형	벨 트랩	드럼 트랩	보울 트랩
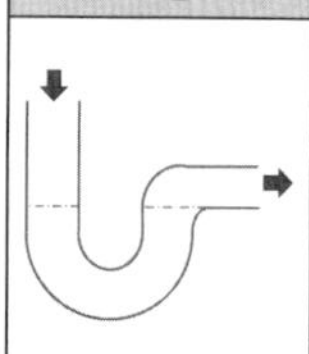	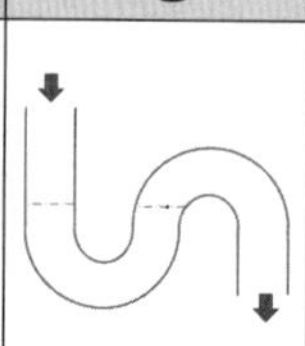	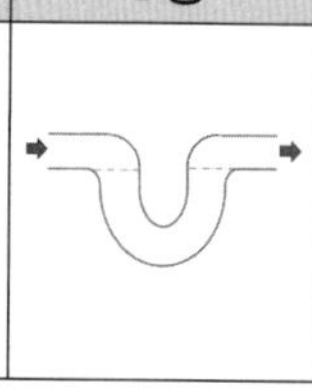	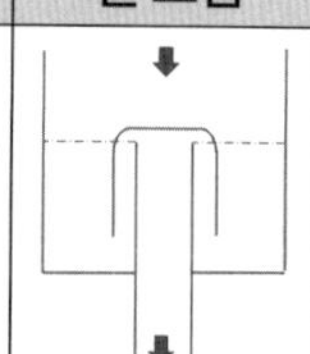	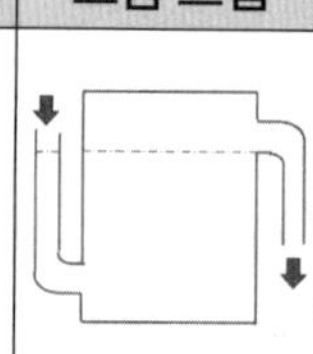	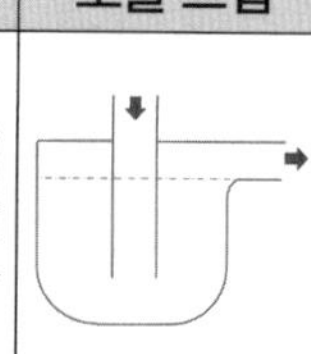

③ **(보온재)** Insulation 배관시스템 전체의 효율을 높이기 위해서는 상온의 배관을 제외하고는 각 구간의 설계온도를 유지할 수 있도록 보온이 필요

< 보온재의 조건 및 종류 >

<보온재의 조건>

❶ 열전도율이 작아 보온·보냉 능력이 클 것

❷ 흡습성 및 흡수성이 작을 것(저온 배관 적용시 파손 우려 감안)

❸ 화학적 안정성이 높고 불연성일 것(고온 배관 및 누출시 감안)

❹ 저렴하고 중량이 가벼우며 시공이 편리할 것

❺ 적용하고자 하는 배관의 사용온도에서 변질없이 안정적일 것

<보온재의 종류 - 유기질(주로 탄소를 포함)>

❶ 펠트(Felt): 양 또는 소의 털을 사용한 것으로 100℃ 이하에 사용하고 곡면시공이 용이

❷ 코르크(Corc): 내습성이 뛰어나 보온 및 보냉이 뛰어나고, 130℃ 이하에 사용되며, 굴요성이 나빠 곡면 등에 시공이 곤란

❸ 플라스틱 폼(Plastic foam): 발포성 합성수지로 다음과 같이 세분화
- 폴리스틸렌(스티로폼): 70℃ 이하 사용, 경량이며 흡습성이 낮음
- 폴리우레탄: 130℃ 이하 사용, 경량으로 강도가 높고 흡수성과 열전도율이 낮음
- 폴리에틸렌: 70~120℃ 사용, 경량으로 흡수성이 낮음

<보온재의 종류 - 무기질>

❶ 유리섬유: 300℃ 이하 사용, 흡습성이 높아 방수처리 필요

❷ 석면: 350~550℃ 사용, 사용성이 좋으나 발암물질을 내포

❸ 암면: 400~600℃ 사용, 석면에 비해 사용성이 나쁨

❹ 규조토: 500℃ 이하 사용, 보온성이 나빠 두꺼운 시공 필요

❺ 펄라이트(Perlite): 650℃ 이하 사용, 흡습성과 열전도율이 적고 내열도가 높음

❻ 세라믹 화이버(Ceramic fiber): 1,200~1,300℃ 사용, 내약품성이 우수하고 용융점이 높아 고온용 배관에 사용

<보온재의 종류 - 금속재>

❶ 알루미늄: 500℃ 이하 사용, 알루미늄을 이용하여 배관사이 공간(공기층)을 두고 시공하여 공기층이 복사열을 반사함으로서 보온하는 방식

□ 지지방식(Support)

ㅇ 배관 Support 선정 시 고려사항과 배관을 지지하는 방식 및 고정하는 방식은 다음과 같다.

* Tip. 선박의 배관은 열응력 등에 의해 신축량이 크기 때문에 지지점에 따라 파손 여부가 결정될 수 있어 응력해석 등을 통해 적정 지지점을 선택하는 것이 중요

< 배관지지 주요내용 >

<Piping support 조건>

❶ 배관 및 작동유체의 중량을 지지할 수 있을 것

❷ 유체의 흐름에 따른 수격작용 및 진동 등의 동하중을 견딜 수 있을 것

❸ 배관의 수축팽창을 흡수할 수 있을 것

❹ 배관의 처짐이 발생하지 않도록 지지구간을 설정할 것

❺ 필요한 구간에 구배(기울기)를 가질 수 있을 것

<배관지지방식>

❶ 고정 Support: Angle, U-chanel 및 H-beam 등으로 지지하고 U-blot로 체결
(Pipe와 Pipe support 사이에 배관 보호용 Pad를 설치하기도 함)

❷ Spring support: 진동을 고려하여 고정 Support에 스프링을 적용

Deck 상부 배관지지

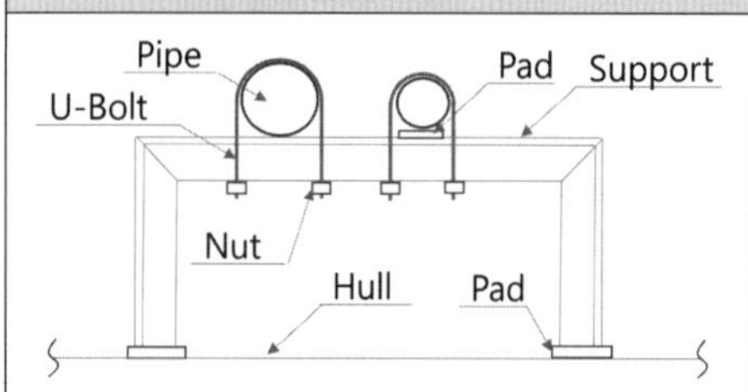

Deck 하부 배관지지

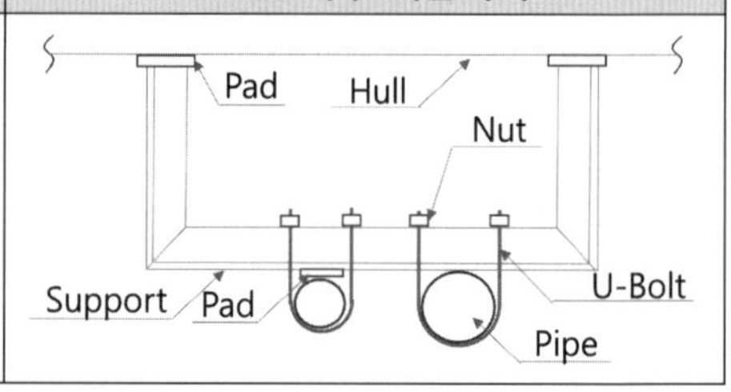

※ 배관의 하중을 행거(Hanger)에 걸어서 지지하는 방식이 다음과 같이 존재하나, 실제 선박설계에서는 대부분 선체운동을 고려하여 Support을 갑판상부에 설치하여 하거나, 갑판하부에 설치하여 배관을 지지 방식으로 적용(아래는 참고 정도로 이해)

- 고정행거: 수직방향 길이변화가 없는 경우 사용
- 스프링행거: 수직방향 길이변화가 있는 경우 사용
- 롤러행거: 배관의 회전이 발생하는 경우 사용

<배관고정방식>

❶ 앵커(anchor): x, y, z 방향 이동 및 모든 회전을 구속

❷ 스토퍼(Stopper): x, y, z 방향 중 특정 방향만을 구속

❸ 가이드(Guide): 배관의 길이방향을 제외한 모든 이동 및 모든 회전을 구속

□ 선박적용시 주요개념(예시: DNV-GL, Part 4 Chapter 6 Piping systems)

○ 배관시스템 종류(목적)별 압력·온도를 기준으로 배관 Class를 규정한다.

Piping system for	*Class I* 1)		*Class II* 1)		*Class III* 1)	
	p (bar)	*t (°C)*	*p (bar)*	*t (°C)*	*p (bar)*	*t (°C)*
Steam	> 16	or > 300	≤ 16	and ≤ 300	≤ 7	and ≤ 170
Thermal oil	> 16	or > 300	≤ 16	and ≤ 300	≤ 7	and ≤ 150
Fuel oil, lubricating oil, flammable hydraulic oil	> 16	or > 150	≤ 16	and ≤ 150	≤ 7	and ≤ 60
Other media 2)	> 40	or > 300	≤ 40	and ≤ 300	≤ 16	and ≤ 200

p = design pressure, as defined in Sec.9 [1.3.3]
t = design temperature, as defined in Sec.9 [1.3.4]

1) For class II and III piping both specified conditions shall be met, for class I piping one condition only is sufficient.
2) Cargo oil pipes on oil carriers and open ended pipes (drains, overflows, vents, boiler escape pipes, etc.), independently of the pressure and temperature, are pertaining to class III.
3) Cargo piping systems for flammable liquids on offshore supply vessels are pertaining to the same pipe class as fuel oil systems.
4) Outside machinery spaces of category A, class II piping is sufficient.

Note:

Cargo piping for chemicals or liquefied gases are not covered by the table. Requirements for these piping systems are given in Pt.5 Ch.6 and Pt.5 Ch.7.

* 주철관 적용시: 1&2극관, 격벽, 연료탱크 및 120℃ 이상 배관에 사용 금지 /
GRP, GRE 적용시: 통상 엔진룸 내부 적용 금지, 주로 Ballast system에 적용

○ 배관시스템 종류(목적)과 설치구역에 따라 내열성 기준을 규정한다.

	Piping systems	*Location*										
		A	B	C	D	E	F	G	H	I	J	K
		Machinery spaces of category A	Other machinery spaces	Cargo pump rooms	Ro/Ro cargo holds	Other dry cargo holds	Cargo tanks	Fuel oil tanks	Ballast water tanks	Cofferdams, void spaces, pipe tunnel and ducts	Accommodation service and control spaces	Open decks
Flammable cargo (flash point ≤ 60°C)												
1	Cargo lines	NA	NA	L1	NA	NA	0	NA	0 10)	0	NA	L1 2)
2	Crude oil washing lines	NA	NA	L1	NA	NA	0	NA	0 10)	0	NA	L1 2)
3	Vent lines	NA	NA	NA	NA	NA	0	NA	0 10)	0	NA	X

Inert gas												
4	Water seal effluent line	NA	NA	0 [1]	NA	NA	0 [1]	0 [1]	0 [1]	0 [1]	NA	0
5	Scrubber effluent line	0 [1]	0 [1]	NA	NA	NA	NA	NA	0 [1]	0 [1]	NA	0
6	Main line	0	0	L1	NA	NA	NA	NA	NA	0	NA	L1 [6]

Abbreviations

L1 = Fire endurance test in dry conditions, 60 minutes, Appendix 1 of IMO Res. A.753(18)
L2 = Fire endurance test in dry conditions, 30 minutes, Appendix 1 of IMO Res. A.753(18)
L3 = Fire endurance test in wet conditions, 30 minutes, Appendix 2 of IMO Res. A.753(18)
0 = No fire endurance test required
NA = Not applicable
X = Metallic materials having a melting point greater than 925°C
W = Negligible leakage is accepted, i.e. not exceeding 5% flow loss.

* 상기 표는 개념을 설명하기 위해 일부분을 발췌한 것으로, 핵심은 배관특성과 설치구역 간의 상호 영향을 감안하여 적절한 Fire endurance 요건을 규정하는 것임

ㅇ 배관과 관련부속에 대해 재질, 극관, 관경 및 사용온도 등 위험성을 고려하여, 개별 배관의 안전성 확인을 위한 Cert를 요구한다.

Component	*Material*	*Class of piping system*	*Nominal diameter (mm)*	*Design temperature (°C)*	*Certificate type*		
					VL	*W*	*TR*
Pipes [1]		I	> 50		x		
		II, III	> 50			x	
		I, II, III	≤ 50				x
Flanges and bolts[3]				> 400	x		
				≤ 400			x
Bodies of valves and fittings [1], source materials of steel expansion bellows, other pressure containing components not considered as pressure vessels	Steel[2]	I	> 100	> 400	x		
			≤ 100	> 400		x	
	Steel or nodular cast iron	I, II	> 100	≤ 400		x	
			≤ 100	≤ 400			x
		III					x
	Cast iron	III					x
	Copper alloys[2]	I, II	> 50			x	
			≤ 50				x
		III					x
Pump housings		I				x	
		II, III					x

1) Pipes and bodies of valves fitted on ship's side and bottom and bodies of valves fitted on collision bulkhead shall be provided with documentation as required for class II piping systems.
2) When fittings are made from plates or pipes, the certification requirements for pipes shall be applied also for pipe fittings.
3) Not applicable for exhaust gas systems.

ㅇ 배관의 관경별 사용목적에 따라 최소 두께를 규정한다.

External diameter D [mm]	*Pipes in general 3) 4) 5) 6) 7) 8)*	*Air, overflow and sounding pipes for structural tanks 1) 2) 3) 5) 8) 9)*	*Bilge, ballast and general seawater pipes 1) 3) 4) 5) 7) 8)*	*Bilge, air, overflow and sounding pipes through ballast or fuel oil tanks, ballast lines through fuel oil tanks and fuel oil lines through ballast tanks 1) 2) 3) 4) 5) 7) 8) 9)*
10.2 to 12	1.6			
13.5 to 17.2	1.8			
20	2			
21.3 to 25	2		3.2	
26.9 to 33.7	2		3.2	
38 to 44.5	2	4.5	3.6	6.3
48.3	2.3	4.5	3.6	6.3
51 to 63.5	2.3	4.5	4	6.3
70	2.6	4.5	4	6.3
76.1 to 82.5	2.6	4.5	4.5	6.3
88.9 to 108	2.9	4.5	4.5	7.1
114.3 to 127	3.2	4.5	4.5	8
133 to 139.7	3.6	4.5	4.5	8
152.4 to 168.3	4	4.5	4.5	8.8
177.8	4.5	5	5	8.8
193.7	4.5	5.4	5.4	8.8
219.1	4.5	5.9	5.9	8.8
244.5 to 273	5	6.3	6.3	8.8
298.5 to 368	5.6	6.3	6.3	8.8
406 to 457	6.3	6.3	6.3	8.8

1) For pipes efficiently protected against corrosion, the thickness may be reduced by 20% of the required wall thickness but not more than 1 mm.
2) For sounding pipes, except those for cargo tanks with cargo having a flash point less than 60°C, the minimum wall thickness is intended to apply to the part outside the tank.
3) For threaded pipes, where allowed, the minimum wall thickness shall be measured at the bottom of the thread.
4) The minimum wall thickness for bilge lines and ballast lines through deep tanks and for cargo lines is subject to special consideration.
5) For larger diameters the minimum wall thickness is subject to special consideration.
6) The wall thickness of pipes within cargo oil and ballast tanks in systems for remote control of valves shall be no less than 4 mm.
7) For inlets and sanitary discharges, see Pt.3 Ch.12 Sec.9.
8) For stainless steel pipes, the minimum wall thickness shall be specially considered, but it shall not be less than given in Table 3.
9) For air pipes on exposed decks, see Pt.3 Ch.12 Sec.7 [3].

○ 배관시스템 목적에 따라 부식 여유치(배관 여유두께)를 규정한다.

Piping service	*c [mm]*
Superheated steam	0.3
Saturated steam	0.8
Steam coils in cargo tanks	2
Feed water for boilers in open circuit systems	1.5
Feed water for boilers in closed circuit systems	0.5
Blowdown pipes (for boilers)	1.5
Compressed air	1
Hydraulic oil	0.3
Lubricating oil	0.3
Fuel oil	1
Cargo oil	2
LPG	0.3
Refrigerants	0.3
Fresh water	0.8
Sea water in general	3

○ 배관설치 후 시스템 구성이 완성되면 수압검사(Hydro test)를 수행하며, 각 시스템별 검사압력을 규정한다.

Piping system	*Test pressure*
Fuel oil piping	1.5 × design pressure, minimum 4 bar
Heating coils in tanks	
Bilge and fire pipes	
Class III pipelines for steam, compressed air and feed water	
Treatment fluid pipes for exhaust gas cleaning systems	
Hydraulic piping	1.5 × design pressure. The test pressure need not exceed the design pressure by more than 70 bar
Piping systems made from non-metallic material (plastic)	1.5 × design pressure. Minimum 4 bar. Minimum duration 1 hour
Refrigeration piping [1)]	1.5 × design pressure
1) Hydraulic pressure tests may be carried out with any liquid, including water, unless it has an unfavourable effect on the refrigerant. Pneumatic pressure tests may be carried out with nitrogen, CO_2 or air.	

2-4-6 펌프 및 밸브의 종류 (01-Ⅱ-2)

□ 개념

ㅇ 펌프는 배관시스템에 있어서 유체의 유량 및 압력을 발생시키는 장치이고, 밸브는 유량, 유속 및 압력을 변경 또는 제어하는 장치로서 실제 배관시스템의 Operation 수단이다.

□ 펌프의 종류 및 특성

ㅇ 펌프*는 전기모터의 회전력을 이용하여 유체의 흐름(유량 및 압력)을 생성하는 장치로 구조 및 작동원리에 따라 구분된다.

< 펌프의 종류 및 특성 >

<구조적 형태에 따른 분류> ❶ 개방형: 펌프와 모터가 분리되어 있는 경우로 밸트 등의 동력전달 장치를 통해 동력을 전달하는 형태임. 유지보수성은 좋으나 장비가 비대해짐에 따라 설치공간을 넓게 차지하고 노출된 동력전달 장치의 관리가 요구됨 ❷ 밀폐형: 펌프와 모터가 밀폐된 용기 속에 함께 있는 구조로 설치가 간편하고 사용이 편리하지만, 고장시 밀폐용기의 절단이 필요하여 전체를 교체하는 단점이 있음 ❸ 반밀폐형: 펌프와 모터가 용기속에 함께 있으나 유지보수를 고려하여 분해가 가능하도록 한 형태 <작동원리에 따른 분류> ❶ 용적식: 통상 고양정 저유량 시스템에 적합 ► 왕복식(피스톤식): 피스톤 왕복 운동을 통해 유체를 토출하는 방식(왕복운동을 생성하는 형식에 따라 크랭크식과 사판식으로 구분) → 피스톤의 의한 맥동현상이 발생할 수 있기 때문에 복수개의 피스톤을 적용하는 등의 조치 필요 ► 회전식(베인식): 편심된 로터(회전체)를 회전하여 유체를 토출하는 방식(로터에 여러 개의 베인이 설치)

► 스크류식(기어식): 스크류가 맞물려 유체를 토출하는 방식(싱글스크류, 트윈스크류로 구분)

→ 고양정의 유체를 토출할 수 있으나, 이물질이 포함된 경우 펌프의 손상이 발생될 수 있어 주의가 필요

❷ 터보식: 통상 대유량 저양정 시스템에 적합

► 원심식: 임펠러의 고속회전을 이용하여 유체를 토출(접선방향)하는 방식

► 축류식: 임펠러의 고속회전을 이용하여 유체를 토출(피치이용 축방향)하는 방식

<table>
<tr><th colspan="3">피스톤식</th></tr>
<tr><td colspan="3">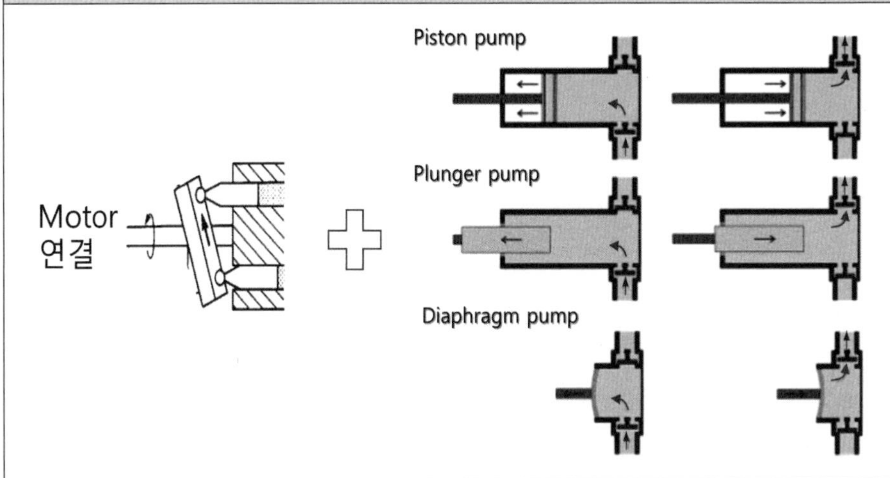
</td></tr>
<tr><th>베인식</th><th>기어식</th><th>원심식</th></tr>
<tr><td>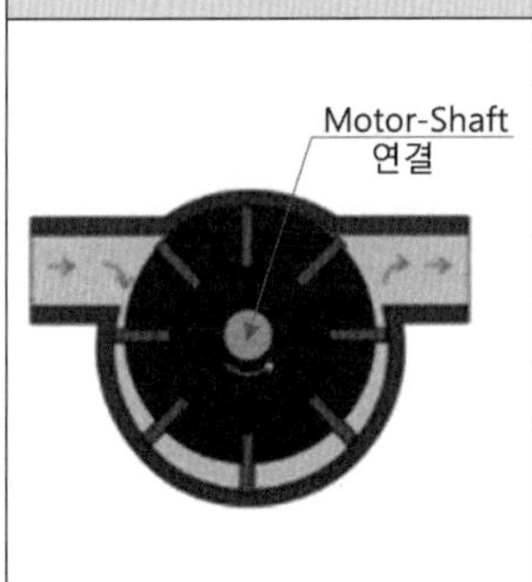
</td><td>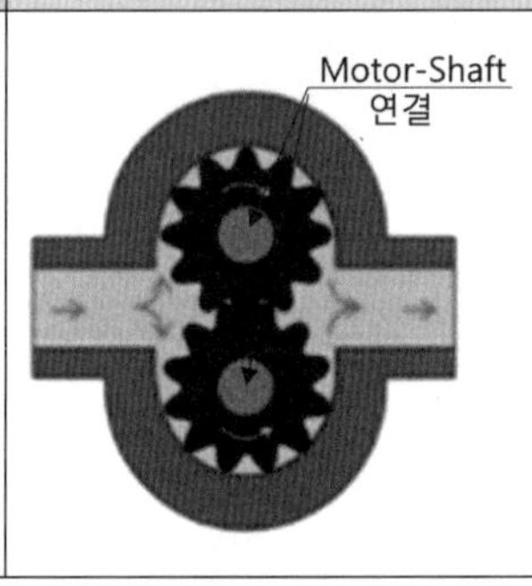
</td><td>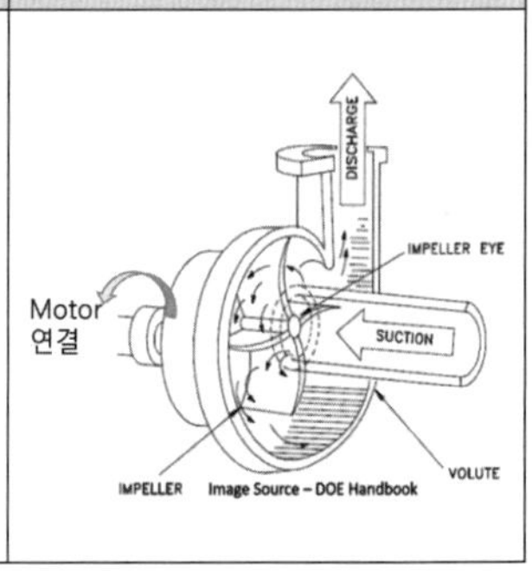
</td></tr>
</table>

□ 밸브의 종류 및 특성

○ 밸브는 기능상 유로를 차단 또는 유량을 조절하는 정지밸브, 압력 및 온도 등을 제어하는 밸브, 특정방향 만으로 흐르게 하는 체크밸브와 고압폭발 등을 막기 위한 안전밸브 4가지 유형으로 구분된다.

Stop valve
① **(정지밸브)** 유체의 흐름을 개폐하거나, 유량 조절을 목적으로 하는 밸브로 세부적인 종류와 그 특성은 다음과 같음

< 정지밸브의 종류 및 특성 >

종류	특성
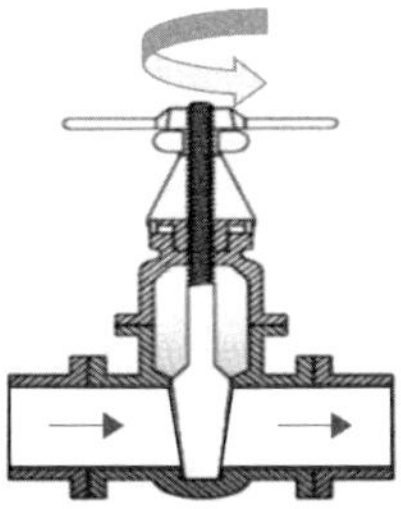 Gate Valve(Sluice Valve)	► 유로 개폐용으로 사용되며(유량조절용 사용불가), 밸브 디스크가 유로를 수직으로 막아서 개폐하는 방식으로 스루스 밸브라고도 함
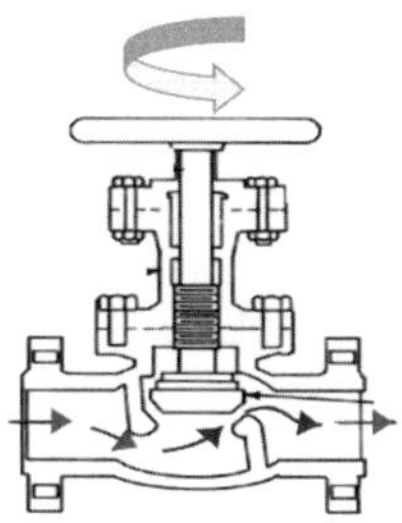 Globe Valve	► 유로 개폐 및 유량조절이 가능하며, 유체의 흐름이 S자로 크게 변함으로써 저항이 큼(둥근 모양으로 인해 Globe valve로 명명)
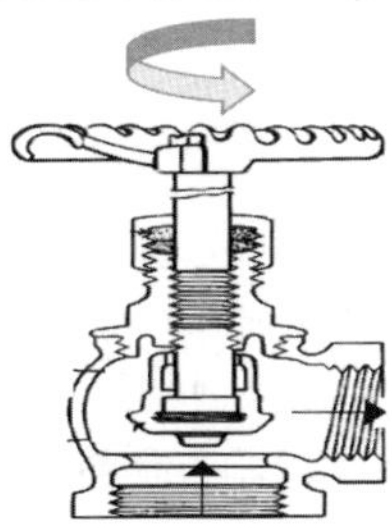 Angle Valve	► 유로 개폐 및 유량조절이 가능하며, 원리는 글로브밸브와 거의 유사하나, 유로의 방향을 90도로 전환할 수 있음 (글로브밸브 대비 유로의 변경이 작아 압력손실이 작음)
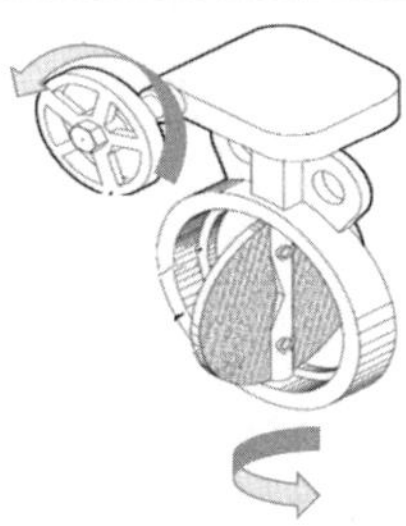 Butterfly Valve	► 유로 개폐 및 유량조절이 가능하며, 밸브의 중심 축에 원판형 디스크를 붙여 축의 회전에 따라 개폐되는 간단한 구조로 유량 조절이 쉽고 압력손실이 작지만 유로폐쇄시 누설의 위험이 있음(나비모양과 비슷하다고 하여 붙여진 이름)

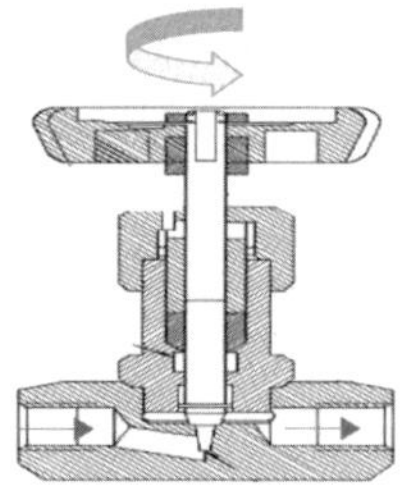 Needle Valve	▸ 유량조절이 가능하며, 미세한 유량조절을 위해 밸브 디스크의 끝 부분이 바늘모양(원뿔형)으로 되어 있음
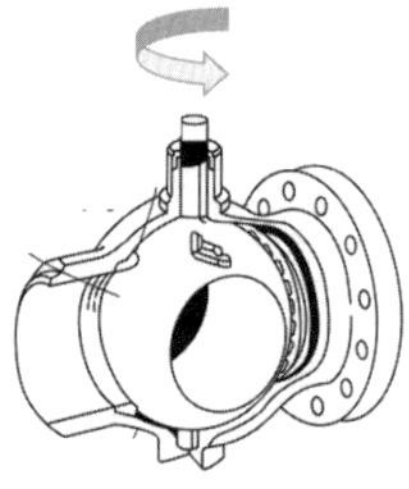 Ball Valve	▸ 유로 개폐용으로 사용되며, 구멍이 있는 Ball을 회전시켜 개폐하는 방식으로 기밀성이 우수 ※ 콕(Cock)은 원뿔형에 구멍을 뚫은 구조의 밸브로 90도 회전으로 개폐하는 방식이며, 통상 저압 저유량 시스템에 적용

② **(제어밸브)** (Control valve) 유체의 압력·온도 등의 제어를 위한 밸브로 다양한 형태가 존재하나 작동원리를 중심으로 감압밸브와 감온밸브를 소개함

< 제어밸브의 종류 및 특성 >

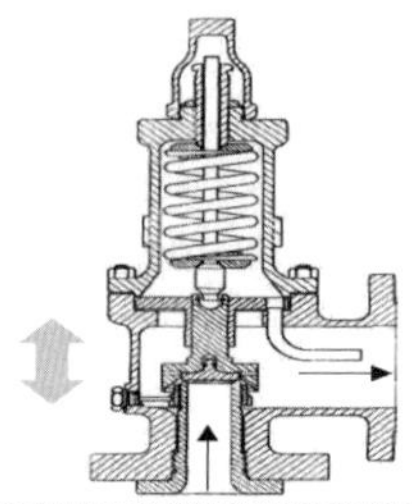 Pressure regulating valve	▸ 밸브의 2차측(출구) 압력을 1차측(입구) 압력보다 낮게 만들기 위해 스프링, 추 및 유압 등을 이용해 감압시키는 밸브 ※ 최초 펌프에서 생성된 압력은 배관 및 이음쇠 등을 통과하며 압력손실이 발생하며, 부스터펌프(Buster pump)를 추가 설치하지 않는 이상 압력이 증가될 수 없음. 이에 따라 특정 구간에 설계된 압력을 맞추어야 할 경우 고압으로 송출 후 감압밸브를 이용하는 방식으로 시스템을 구성
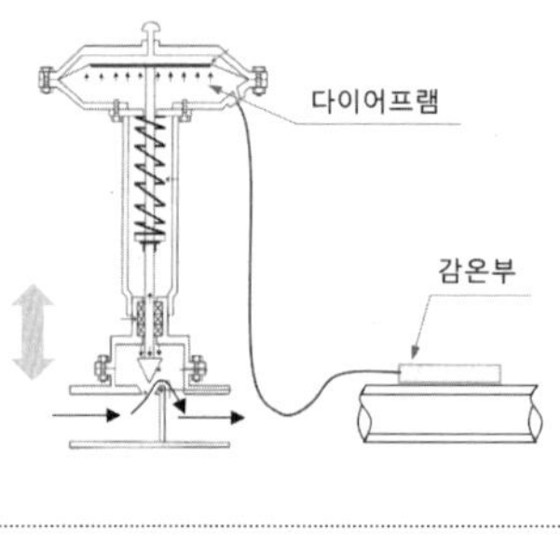 Temperature regulating valve	▸ 특정구간의 배관온도에 따라 유량을 조절함으로써 최종적으로 시스템 전체의 온도를 조절하는 밸브 ▸ 일반적으로 감온부를 온도측정을 하려는 배관에 설치(밴딩 등을 활용)하고, 감온부의 온도 상승에 따른 밸브제어는 '용적팽창에 따른 다이어프램 방식' 또는 '전기적 신호를 통한 방식' 등을 활용 ※ 통상 냉매배관에 많이 사용되며, 감온부의 온도 감지에 따라 냉매유량을 조절(냉매의 증발량을 조절)하여 온도 제어

Check valve
③ **(체크밸브)** 유체의 방향을 특정방향으로만 흐르도록 하는 밸브로 역류를 방지하여 시스템의 안정성을 유지하기 위한 밸브임

< 체크밸브의 종류 및 특성 >

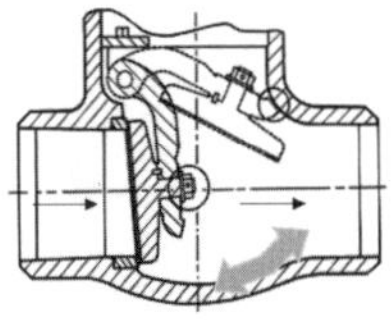 Swing check valve	► 밸브 디스크가 핀지지 점으로부터 일정 거리(Arm)을 갖고 원호 운동을 하도록 설계되어, 정방향 유체흐름이 아닌 경우, 자중과 역류 흐름에 따라 자동으로 폐쇄되는 밸브
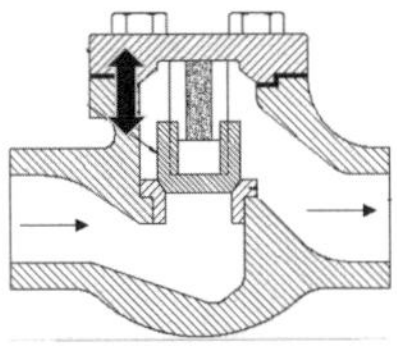 Lifting check valve	► 글로브밸브 형태의 s형 구조이며, 정방향으로 흐르는 경우에는 유로변경 구조부에 밸브몸통(또는 뚜껑)을 유체가 밀어 올려 흐르고, 역류방향으로 흐를 때에는 밸브몸통의 자중 또는 설치된 스프링에 의해 자동으로 폐쇄되는 밸브
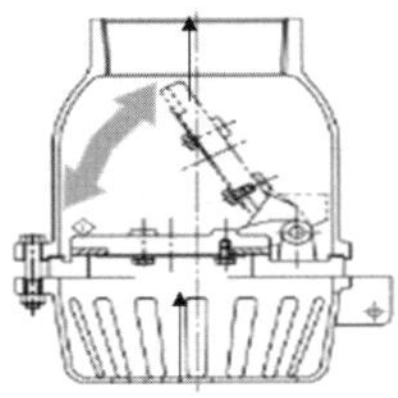 Foot check valve	► Lifting check valve와 작동원리는 동일하나 수직배관에 적용하는 것으로 비교적 구조가 간단함

Safety valve
④ **(안전밸브)** 보일러 및 압력용기 등의 내부압력이 과도하게 증가할 경우, 외부로 유체를 방출하여 기기의 폭발을 방지하기 위한 밸브임

< 안전밸브의 종류 및 특성 >

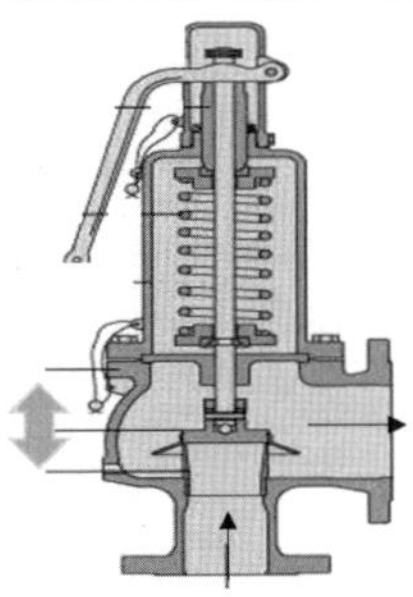 Safety valve (Pressure relief valve)	► 스프링 및 볼이 내장된 밸브 몸통을 갖는 밸브로, 배관 내에서 밸브의 세팅된 스프링 장력 이상의 과도한 압력 발생시, 스프링을 밀어내고 외부로 유체가 분출되어 압력을 낮추는 역할 ► 유체 분출 후 시스템 내부 압력이 밸브의 스프링 장력 이하로 감소하면(정상상태의 압력으로 돌아오면), 스프링 장력에 의해 밸브가 자동으로 폐쇄되는 원리임 ※ 가용전: 유사한 개념으로 과도한 압력 발생시 가용전이 파손되어 유체를 분출시킴으로서 시스템 전체를 보호하는 역할을 수행하나, 안전밸브와 달리 가용전은 파괴되면 원래대로 복구 되지 않음

□ 배관설계 프로세스

ㅇ 통상의 배관설계 프로세스의 큰 흐름은 다음과 같으며, 이하의 각 System에서는 개념과 설계 시 주의사항 등을 중점적으로 소개한다.

① 최종 System 종단에서 서비스 될 압력과 유량을 검토

* 예시) Ballast system의 경우 주수목표 시간에 따라 결정되고, F.O system의 경우 주기관 사양에 따라 결정되는 등 각 System 종류 및 특성에 따라 결정

② 각종 Tank와 초기 배관경로 결정

③ 배관 재질 및 각 경로별 직경(Dia.) 등 결정

④ 서비스 압력 및 유량, 압력수두, 배관·밸브·이음새 등의 마찰손실 및 여유치를 고려하여 펌프 용량을 결정

⑤ 초기 계통도를 작성하여, 계산을 검증하고 불만족시 설계변경 후 상기 과정을 다시 반복

⑥ 최종 계통도가 확정되면, 이를 바탕으로 각 구역에 구조, 철의장 및 전장품과의 간섭 등을 확인하며 실제 상세배치설계 수행

⑦ 상세설계가 확정되면, 생산설계 과정으로 제작도면 작성 및 발주*를 거쳐 설치도면을 작성

* 각종 Pump, Valve 및 기기장비는 제작기간을 고려하여 발주해야 하며, 발주 후 제작업체(Vendor)와 구매사양서를 기본으로 선박 설치조건 등을 감안하여 협의를 통해 사양을 확정해 감

⑧ 설치도면에 따라 배관 설치 후 Test를 수행하며 필요시 보완

※ 다음에 이어지는 내용은 각 배관시스템의 주요개념을 정리한 것으로 상세내용은 'SOLAS' 또는 '산적액체위험물 운송선박의 시설 등에 관한 기준'(www.law.go.kr)을 참조

2-4-7 F.O system (Fuel Oil system) (OI-II-2)

□ 개념

- ㅇ 선박의 엔진*, 발전기 및 보일러 등의 주요기관에 연료를 공급하는 시스템이다(선박에 연료 공급을 받는 벙커링에서 각 주요기관에 연료를 공급하는 과정까지의 배관시스템).

  * ME(Main Engine): 주기관 / GE(Generator Engine): 발전기용 엔진으로 보기류

□ 주요프로세스

- ㅇ 연료 수급에서 각 주요기관에 공급되기까지 연료유 공급흐름을 중심으로 F.O System을 소개한다.

① **(Bunkering)** 육상 또는 연료공급선 등으로부터 Bunker station의 연결구에 Hose로 연결하고 연료를 펌핑받아 HFO* tank로 이동

* Heavy fuel oil로써 석유정제시 마지막 단계에서 남는 저질유로 Bunker C油에 해당되며 다른 연료대비 무거워 Heavy fuel oil이라고 함

** 공급처 → Bunker station → HFO tank

② **(F.O filling and transfer)** 벙커링 받은 HFO가 저장된 'HFO tank'로부터 필요량을 'FO transfer pump'를 통해 'HFO settling tank'로 이송*

* 통상 HFO settling tank에 level switch를 설치하여, Setting 된 값(Level switch 설치 위치)이하로 연료의 양이 줄어들면 FO transfer pump가 자동으로 작동하여 HFO tank로 부터 HFO settling tank로 연료가 이송되도록 함

** HFO tank → FO transfer pump → HFO settling tank(침전탱크)

- 시스템 상 Buffer 마련을 위해 Overflow tank를 설치하여, HFO tank 및 Settling tank의 넘치는(Overflow) 기름을 모아 다시 이송

③ **(F.O purifying)** HFO내의 불순물 및 수분을 제거*하기 위해 'HFO settling tank'로부터 'HFO purifying feeding pump'로 송출하여 'HFO purifying heater'를 거쳐 가열한 후 'HFO purifier'로 원심분리

* HFO는 저질유로 다량의 불순물과 수분이 포함되어 있어 기관의 손상을 막기 위해서는 purifying이 요구됨

- 비중이 큰물과 불순물은 ‘HFO purifier’ 바깥쪽에 분리되어 Sludge tank로 모이고 Purifying된 HFO는 ‘HFO service tank’로 이송

* HFO settling tank → HFO purifying feeding pump → HFO purifying heater → HFO purifier → HFO service tank

- Sludge tank와 누설된 연료를 모은 Waste oil tank의 유수는 재사용이 불가능함에 따라 보일러 또는 소각기(Incinerator)로 이송하여 소각하거나, 모아 두었다가 육상으로 배출

④ **(M.E & G.E & Aux. Boiler F.O service)** ‘HFO service tank’에서 각 기관의 ‘FO Supply pump’로 펌핑하고, ‘FO Circulating pump’*로 Busting하여 FO heater 등으로 적정 점도를 맞춘 후 각 기관에 이송

* Boiler는 공급시 고압이 요구되는 것이 아님에 따라 Supply pump만 적용

** HFO service tank → FO Supply pump → FO Circulating pump → FO heater → FO filter → FO viscosity controller → Main Engine

⑤ **(Maintenance)** 유지보수 등을 감안하여 각 기관으로부터 Drain이 가능하도록 Drain tank를 마련하고, 이물질 등으로부터 오염되지 않도록 하여 재사용함

< FO system 개념도 >

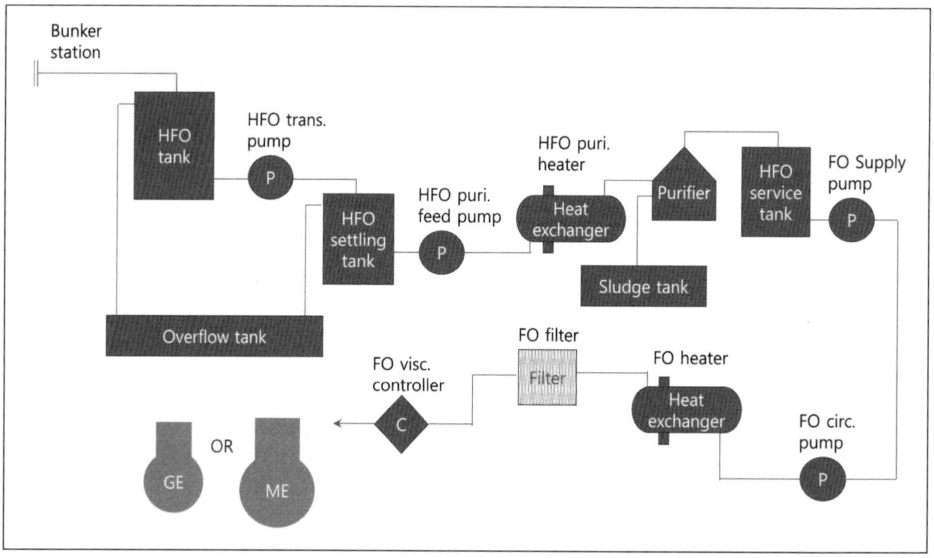

2-4-8 L.O system (Lubrication Oil system) (OI-II-2)

□ 개념

ㅇ 각 기관·장비 등의 운동부에 윤활작용을 할 수 있도록 윤활유*를 공급하는 설비이다.

* 윤활유의 목적: ①마찰저감, ②냉각작용, ③밀봉작용, ④방청작용, ⑤세정작용, ⑥압력의 분산작용, ⑦전기절연작용

□ 주요프로세스

ㅇ 선박에 LO를 공급받아, 각 기관·장비 등에 공급 및 회수(순환)하며, 장비보호를 위해 Purifying 과정을 갖는다.

① **(LO filling & Transfer)** 벙커링을 통해 각 기관별 LO storage tank에 LO를 공급받고, Purifying을 위한 Circulation(순환구조)을 만들기 위해 각 기관별 LO sump tank로 LO를 이송

* 공급처 → Bunker station → LO storage tank(ME & GE별) → LO sump tank(ME & GE별)

② **(LO purifying)** LO는 이송과정 또는 윤활작용(세정작용)시 불순물이 포함되어, 불순물로 인한 기관 등의 손상방지를 위해 Purifier로 불순물을 제거하는 과정에는 다음의 종류가 있음

* 갑판장비(Windlass, Winch 및 Crane 등)와 같이 사용시간이 짧은 경우, Purifying 없이 필터 등으로만 불순물을 제거하나 사용시간이 긴 ME, GE 등은 Purifying 적용

- **(Batch purifying)** LO sump tank의 LO를 LO transfer pump를 통해 LO settling tank(침전탱크)로 이송하고, LO purify feed pump를 이용해 LO Heater 및 Purifier를 거쳐 다시 LO sump tank로 회수하는 방식. 다량의 LO를 단시간에 Purifying할 때 적용

* LO sump tank → LO transfer pump → LO settling tank → LO purify feed pump → LO Heater → LO Purifier → LO sump tank

- **(By-pass purifying)** ME LO sump tank의 LO를 Purifier를 통해 연속적으로 Purifying하여 LO sump tank에 회귀하는 것으로 운항 중 작동되는 ME에 대해 연속적인 Purifying을 하기 위해 적용

* LO sump tank → LO purify feed pump → LO Heater → LO Purifier → LO sump tank

③ **(ME & GE LO service)** LO sump tank의 LO를 각 기관별 LO pump를 통해 LO Cooler 및 Filter를 거쳐 각 기관의 구동부에 공급. 윤활작용을 마친 LO는 다시 LO sump tank로 회수 후 순환됨

* 각 system별(ME or GE) LO sump tank → LO pump → LO cooler(효율적 냉각작용을 위해 Cooling 후 공급) → LO filter → ME or GE → LO sump tank

- 누설된 연료는 Waste oil tank로 보내지고 재사용이 불가능함에 따라 보일러 또는 소각기(incinerator)로 이송하여 소각하거나, 모아 두었다가 육상으로 배출

④ **(Stern Tube LO service)** ME & GE 외에도 선미관 실(seal)장치인 Stern tube에 LO 공급 필요. 이에 S/T LO sump tank에서 S/T LO pump를 통해 송출 후 S/T LO cooler를 통과하여 냉각 후 Stern tube로 공급

* S/T(Stern Tube) LO sump tank → S/T LO pump → S/T LO cooler → Stern tube

- Stern tube를 거친 LO는 별도의 Seal tank(Gravity tank)에 이송되어 실제 Seal tank와 Stern tube간의 순환으로 LO system이 운용되며, LO 부족시 S/T Sump tank에서 위의 과정에 공급하는 방식임

* Stern tube → Seal tank[Stern tube type에 따라 AFT(High, low), FWD 등으로 분리해서 구성] → Stern tube

< LO system 개념도 >

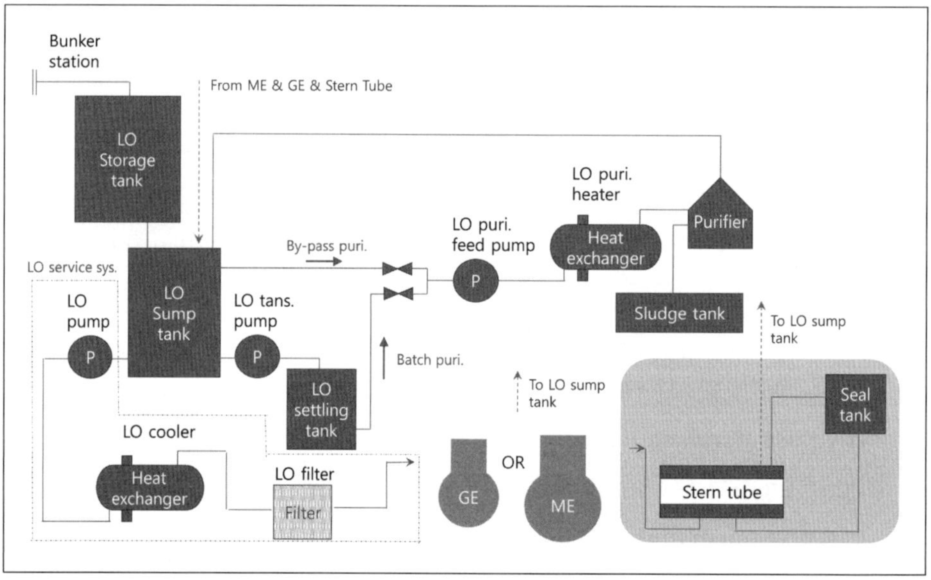

2-4-9 Cooling system (01-Ⅱ-2)

□ 개념

○ 선박 내 각 기관의 운동부에 대한 Cooling 등을 비롯하여 저온의 열원을 공급하기 위한 설비이다.

○ 선박에서 가장 손쉽게 구할 수 있는 저온의 열원인 해수를 이용하되, 부식 등을 고려하여 다양한 형태로 시스템을 구성한다.

* 해수의 온도가 약 50℃ 이상이 되면 열교환기 및 배관 등에 염화나트륨이 석출되고, 배관의 표면 등에 부착되어 급격한 부식 발생

□ 주요프로세스

○ **(구성)** 기본개념은 Sea water cooling pump를 이용하여 선저의 Sea chest로부터 해수를 펌핑해서 각 기관을 Cooling하고 선외로 배출되는 구조이다.

- 하지만, 해수를 Cooling에 바로 이용하는 경우, 해당 기관마다 방식 조치 및 부식여유 등을 두어야 함. 이에, Fresh water와 열교환 후 Cooling하는 방식으로 운영되어 SW & FW cooling system으로 구성

* SW(Sea water): 해수 / FW(Fresh water): 청수(선박 내의 조수기를 통해 해수를 청수로 생산하지만 해수 대비 희소성이 있고, 식수 등으로 활용되어 사용범위가 넓음)

○ **(종류)** FW cooling system의 적용범위 및 형식에 따라 Coventional cooling system과 Central cooling system으로 구분된다.

① **(Conventional cooling system)** (일반 냉각 시스템) 고온부인 ME & GE 등의 실린더 Jacket을 청수로 냉각하고, 그 외 개소는 해수로 냉각하는 방식

② **(Central cooling system)** (중앙 냉각 시스템) 모든 Cooling을 청수로 하되, ME & GE 등의 실린더 Jacket은 고온 청수냉각 순환방식을 적용하고, 그 외 개소는 저온 청수냉각 순환방식을 적용

- **(분리형 중앙 집중 냉각방식)** 고온 및 저온 청수냉각 순환시스템이 독립적으로 구성된 방식
- **(혼합형 중앙 집중 냉각방식)** 고온 및 저온 청수냉각 순환시스템이 연결된 것으로 자동 온도조절 밸브를 통해 운용하는 방식

2-4-10 Compressed air system & Control air system (01-Ⅱ-2)

□ 개념

ㅇ ME & GE 등의 Starting, 공압식 장비의 운용 및 V/V control 등을 위해 압축공기를 생성, 보관 및 제공하기 위한 설비이다.

□ 주요프로세스

ㅇ **(구성)** 일반적인 System 구성은 Main air compressor & Main air reservoir 2set, Em'cy air compressor & GE용 Em'cy air reservoir 1set, Service air reservoir 1set 및 Quick closing V/V air bottle 1st으로 구성된다.

* Tip. Fan, Blower 및 Compressor는 동일한 원리의 장비이나 사용압력에 따라 구분됨 / Fan(0.1kg/cm^2 미만), Blower(0.1 kg/cm^2 이상~1 kg/cm^2미만), Compressor(1 kg/cm^2이상)

ㅇ **(구분)** 목적에 따라 "ME & GE starting motor 작동", "Dead ship 상태에서 ME starting을 위해 필요한 GE starting motor 작동", "Srevice air 공급 및 Quick closing V/V 작동"용으로 구분된다.

① **(ME & GE starting)** Main air comp. 2대를 이용하여 ME & GE Starting motor의 작동 시 필요한 압축공기를 Main air reservoir* 2대에 보관하고 필요시 공급

* 통상 Air comp. 작동없이 자기역전식은 12회 시동, 역전클러치(비역전식)은 6회 시동 필요

② **(Em'cy GE starting)** 선박은 Dead ship상태*가 되면 주기관을 작동시켜 회복하며, 이때 필요한 Em'cy GE의 Starting을 위한 압축공기를 Em'cy air reservoir를 통해 공급

- Em'cy air reservoir에 압축공기 충전을 위한 별도의 Em'cy air compressor를 설치

* Dead ship 상태: 전체 기계장치(주기관, 보일러, 보기)가 작동하지 않는 상태로 이를 구동하기 위한 전원(배터리) 및 압축공기 역시 없는 상태. 다만 시동을 위한 비상발전기는 가동되는 상태

< Dead ship recovery process >

► Dead ship 상태에서 주기관을 작동시켜 정상 운항상태가 되는 과정	
❶ Em'cy DG 기동 ❷ 비상전원 공급 ❸ Em'cy air comp 기동 ❹ Em'cy air reservoir 충전 ❺ 주발전기 기동	❻ 주전원 공급 ❼ Main air comp 기동 ❽ Main air reservoir 충전 ❾ 주기관(ME) 기동

③ **(Service air 공급)** 선박에는 압축공기를 이용하는 많은 공압장비가 있고, 이를 위해 Main air comp. 2대를 이용하여 압축된 공기를 Service air reservoir에 보관하고 필요시 공급*

* 각종 Valve control line과 Acc. ladder 및 Davit 등에 설치된 공압 Winch에 공급

④ **(Quick closing V/V 작동)** 선박내 화재발생시 유류에 의한 화재확산 방지를 위해 FO & LO 등에 관련된 각종 tank를 자동으로 폐쇄할 수 있는 Quick closing V/V의 작동에 사용

- Quick closing V/V는 Compressed air system으로부터 압축공기를 이송받아 공압으로 작동되며, 넓게 보면 Service air를 공급받는 하나의 장비일 수 있으나, 중요성을 감안 별도로 정리함

2-4-11 Exhaust gas system (01-II-2)

□ 개념

- ○ 주기관에서 발생되는 고온의 배기가스 폐열을 이용하여, 선박에 필요한 Steam을 생산하는 설비이다.

□ 주요설비

- ○ (Economizer[절탄기]) 보일러와 함께 선박의 Steam을 만드는 설비로서, 보일러는 연료소모가 필요하나, 절탄기는 주기관 배기가스의 폐열만을 이용함에 따라 연료가 절감된다.
- ○ 다만, 정박 또는 저속운항 시에는 고온의 배기가스를 생성할 수 없기 때문에 보일러를 이용하여 Steam을 생성하고, 정상운항 시 절탄기를 이용하여 Steam을 생성한다.

< Economizer 개념도 및 주의사항 >

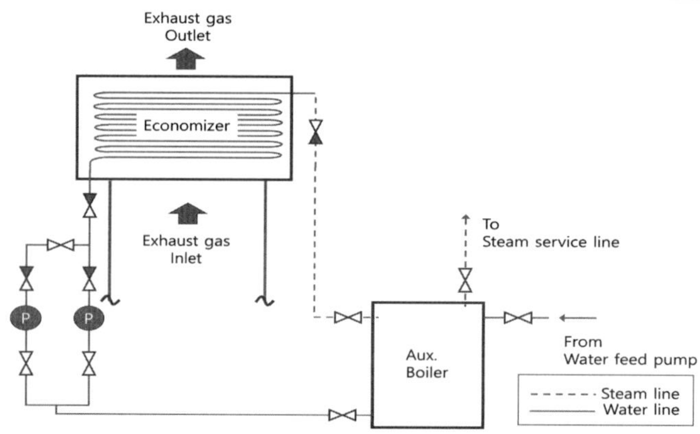

❶ 선박운항 전 절탄기를 작동하지 않으면, 고온의 배기가스로 인해 절탄기 손상이 발생됨에 따라 선박운항 전 절탄기 작동 필요

❷ 만약, 선박 운항 후 절탄기를 작동하고자 하면, 운항을 중단하고 배기가스가 저온이 된 뒤 작동필요. 고온의 배기가스에 차가운 물이 닿을 경우 폭발 가능

❸ 절탄기 내의 열교환 Tube에는 배기가스 속 산화물(Soot)이 부착되어, 열교환 효율이 저하됨. 따라서 별도설비를 통해 Soot을 계속 불어내어야 하고, Soot이 모이는 Soot collecting tank의 주기적인 관리가 필요

* Tip. 장비고장을 감안하여 Pump를 2대 설치하고, Pump 교체를 고려하여 각 Pump 전후 Valve를 설치(Pump 교체를 고려한 통상적인 배치)

2-4-12 Steam service system & Condensate system (01-II-2)

□ 개념

○ 선박 내의 필요한 고온의 열원을 제공하기 위한 시스템으로 필요개소*에 Steam을 제공하고, 저온부와 열교환 후 발생하는 응축수를 다시 활용하여 지속적으로 Steam을 공급할 수 있도록 하는 설비이다.

* HFO tank, Waste oil 등 관련 Tank 및 각종 Heater 류 등에 필요

□ 주요설비

○ Steam은 펌프와 같은 이송장치가 필요 없고, 짧은 시간에 운용할 수 있으며, 정밀한 온도제어가 가능하다.

○ 주요설비는 Steam 생산을 위한 보일러 및 절탄기와 Steam 생산에 필요한 물을 제공하고 응축수를 회수 할 수 있는 Cascade tank로 구성된다.

< Steam service system & Condensate system 개념도 >

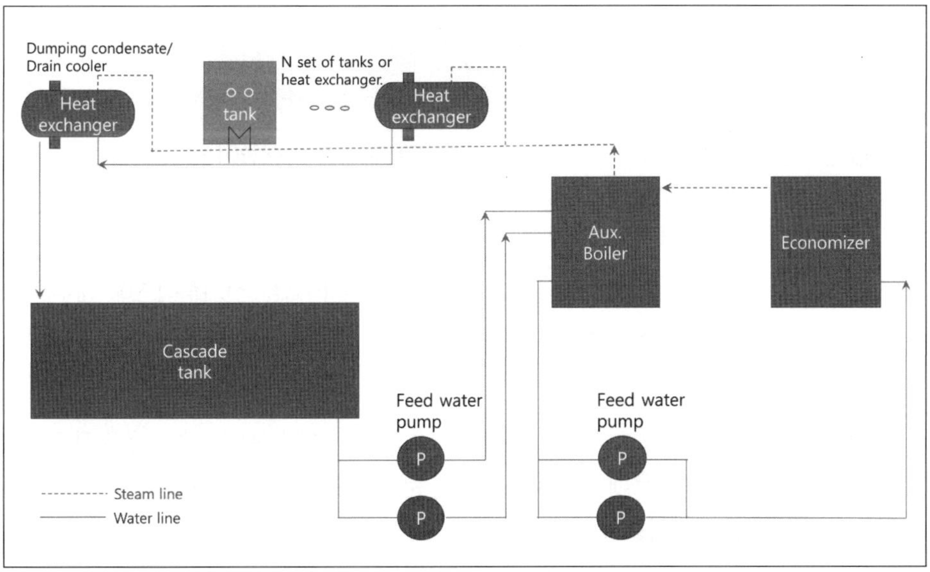

2-4-13 기타 시스템 [공통]

□ 개념

ㅇ 앞서 살펴본 선박의 기본성능 등과 연관된 시스템 이외에도 다양한 시스템들이 있으며 대표적인 예를 개념중심으로 소개한다.

□ 종류

① 조수기 (F.W generator system) 해상에서의 청수는 의식주를 위해 활용되고, 냉각수로서 매우 중요한 수단임. 장기간 항해 시 해수를 담수로 변환하여 사용할 수 있어야 함에 따라 조수기 시스템을 적용

- 담수화의 의미는 미네랄을 제거하는 탈염화 및 이온을 제거하는 탈이온화의 종합적 개념으로 다양한 방식이 적용됨

< 조수기 시스템 원리 >

❶ 증발법: 해수를 증발시키고 증기를 포집하여 담수로 생성

❷ 역삼투압법: 삼투압작용을 역으로 실행하여 담수를 생성(실제 선박에 주로 적용되는 방법)

❸ 냉동법: 해수를 냉각하여 얼음을 정출시키고, 얼음을 융해하여 담수를 생성

* 증발시 잠열 539.7kcal/kg, 응축시 잠열 79.68kcal/kg으로 증발법 대비 소요되는 에너지 크기는 작으나 별도의 냉동설비가 요구됨

❹ 전기투석법: 양이온 및 음이온 교환막을 번갈아 배열한 전기투석조에 해수를 넣고 직류전류를 흘려주면, 음이온, 양이온이 각각 분리되어 이동하게 되는데 교환막의 방해로 탈염 및 농축되어 담수를 추출

❺ 용매추출법: 용매를 해수에 접촉시켜 추출하면 담수만 용매상으로 옮겨지고 염분은 해수 중에 남으며, 용매를 가열하여 물을 분리함으로써 담수를 얻는 방식(용매 손실과 위생상의 문제로 상용화 검토 필요)

② **(횡요감쇄장치)** 횡요운동을 감소시켜 복원성능과 승선감을 개선하기 위한 설비로서, 배관시스템인 ART system 등을 소개(Bilge keel 등은 배관 설비가 아니나 횡요감쇄장치의 기능을 수행함으로 함께 소개)

< 횡요감쇄장치의 종류 및 특징 >

구분	개념	장점	단점
❶ Bilge keel	선측 만곡부에 길이 방향으로 판을 설치	► 가격 저렴 ► 선속저하 없음 ► 정지 또는 운항시 모두 유효 ► 설치가 간단	► 효율이 낮음
❷ A.R.T (Anti-Rolling Tank)	선체 내 양현에 Tank를 설치하고 횡요를 감안하여 물을 이동시켜 무게중심의 조정을 통한 횡요감소	► 정지 또는 운항시 모두 유효 ► 선박 외부 돌출물이 없음	► 선체 내부공간 차지 ► 자유표면효과로 국부적인 복원성 저하 우려 ► 횡동요 및 파의 주기 변화로 감쇠효과저하 우려
❸ Fin stabilizer	선체 외부에 Hydro. Foil을 설치하여, Foil의 양력을 통해 횡요저감	► 횡요주기 변화에 따라 최적 제어가능 ► 감쇠율이 가장 큼	► 저속 또는 정지상태(양력↓)에서 감쇠효과 감소 ► 고가이며, 설치곤란 ►선체저항 증가
※ Fin stabilizer 실치시 고려사항 ► 선체 중앙부 설치: 다른 선체운동과의 연성효과 및 와류생성 최소화 ► 중앙단면의 횡동요 중심축으로부터 멀리 설치: 양력을 이용한 감쇠효과 극대화 ► 비운항시 선내에 격납되는 경우가 아닌 경우 선폭을 초과할 수 없음 ► 수면에 너무 가깝지 않게 설치: 낮은 수심에서는 정압이 작아 케비테이션을 발생시킬 수 있어서 감쇠효과 감소 우려			

제5장 시운전

1. 시운전 일반

: 지금까지 선박을 어떻게 만드는가에 대해 살펴보았다. 이제는 선박의 안전성과 효율성에 대해 어떻게 검증하는가에 대한 문제가 남는다. 선박의 계획된 성능을 검증하는 것이 시운전이다. 시운전은 전체 공정 중 실시시기에 따라 크게 선상시운전과 해상시운전으로 구분되며, 검사대상에 따라 기관부와 선체부로 구분할 수 있다.

2. 기관부 시운전

: 기관실 내 주기관(Main Engine) 및 보기류(Geneartor, Aux. Boiler 등) 등의 성능을 실제 운항 상태에서 검증하는 과정이다.

3. 선체부 시운전

: 기관부 시운전을 제외한 모든 시스템에 대한 시운전이다. 선박의 조종성능을 시험하는 Maneuvering test 및 각 의장시스템의 성능을 시험하는 것으로 구분 할 수 있다. Maneuvering test에서는 선회성능(Turning ability), 변침성능(Yaw checking ability, Zig-Zag test), 침로안전성능(Spiral tst) 및 정지성능(Stopping test)으로 구성된다.

4. 해양플랜트의 Commissioning

: 선박의 시운전은 특수목적선을 제외하고는 대부분의 요구기능이 비슷하다. 따라서 이를 구현하는 시스템도 유사하며, 검증 수단인 시운전 또한 정형화 되어 있다. 하지만 해양플랜트는 상선에 비해 다양한 목적이 있어, 각 프로젝트 마다 요구기능이 다르다. 상황에 따라 세계 최초로 적용되는 시스템을 검증해야 하기도 한다. 따라서 해양플랜트에서는 비정형화 된 시스템을 검증할 수 있는 체계를 갖추어야 한다.

2-5-1 시운전 일반

□ 개념

ㅇ 시운전은 선박의 성능이 건조사양서 등에서 요구하는 사양을 만족하는지 실선을 통한 검증의 과정이다.

ㅇ 통상 시운전(Sea trial)은 선박건조(안벽의장) 후 실시하는 것이나 성능 검증의 관점에서 선상검사(On Board test)를 포함하여 소개한다.

□ 종류 및 특징

ㅇ 선박의 성능 검증은 실시되는 시기, 검사대상 및 상선-해양플랜트에 따라서 차이를 보이며 종류 및 특징은 다음과 같다.

① **(시기에 따른 구분)** 인도까지의 공기단축과 효율적*인 검사진행을 위해 건조단계에서부터 검사(On board test)를 실시

* 선체의 경우, 용접부 결함 등을 파악하기에는 건조 후 보다는 블록공정(또는 그 이전) 등에서의 검사조건이 더 좋고, 배관수밀검사(Hydro test)의 경우, 블록 단위별 구간 검사 후 종합적인 검사를 수행하면 결함 발생 시 조기에 손쉽게 대응이 가능하여 효율적임

- 건조 후 종합적인 검사로서의 시운전(Sea trial) 수행 후 재검증이 필요한 경우 Confirm trial을 실시하기도 함

* Tip. LNG선 등의 가스선은 LNG Loading & Unloading 관련 test를 위한 Gas trail을 별도로 실시

② **(검사대상에 따른 구분)** 시운전은 크게 기관부와 선체부 시운전으로 구분되며, LNG 등의 가스선은 Gas trial을 별도로 수행

- 다만, 공통적인 특징은 부분적으로 검사를 실시했거나, 항내에서 실시할 수 없는 검사*를 해상에서 수행한다는 것임

* 안전한 시운전을 위해 가능한 한 모든 검사는 On-board test 검증을 거치나, 검사조건 자체가 본선 항주시 실시되는 검사(예: Life boat launching test 등)는 시운전 단계에서만 수행가능

** Tip. 모든 검사가 시운전까지 이어지는 것은 아니며 시운전 시 항내와 검사조건의 차이가 없을 경우 항내에서 완료(예: Acc. ladder는 사용조건이 항내와 시운전이 다르지 않아 시운전시 별도의 검사를 수행하지 않음)

③ **(상선-해양플랜트에 따른 구분)** 앞서 살펴본 방식은 상선에 적용되는 것으로 해양플랜트에서는 정형화 된 상선시스템과 달리 Project 별로 특별한 기능이 존재하여 보다 세분화 된 검사절차가 필요

- MC(Mechanical Completion)를 통해 기계적·물리적 설치상태를 검사하고, Pre-comm(Pre-Commissioning)을 통해 간단한 작동검사를 실시하며, 최종적으로 Commissioning으로 장비별 기능을 검증
- 기본적으로 시스템 단위로 검사가 실시되며, 해당검사를 위한 선행검사* 필요여부와 검사 시 안전성 확보** 등을 고려하여 시운전 일정 및 순서를 수립(실제 시운전에 따라 인도일정에 대한 성패가 좌우되기도 함)

* (예시) 공압으로 작동하는 Acc. ladder의 작동상태를 검사하고자 하나, 본선의 Compressed air system의 검사가 완료되지 않으면, (안벽측 압축공기를 통해 검사가 진행 될 수는 있으나) 최종적인 검사는 종료될 수 없는 구조

** 통상 Inter-lock이라고 하며, 특정검사 수행시 안전성 확보를 위해 선행되어야 할 검사가 존재하는 경우, 선행검사가 완료되지 못하면 해당 검사를 수행할 수 없음(예시: 특정 구역의 전기장비를 검사할 때 해당 구역의 환기가(폭발방지) 필요한 경우라면, Vent system 검사가 완료되기 전에는 해당 전기장비의 검사 진행 불가)

2-5-2 기관부 시운전

□ 개념

ㅇ 기관실 내 주기관(Main Engine) 및 보기류(Geneartor, Aux. Boiler 등) 등의 성능을 실제 운항상태에서 검증하는 과정이다.

* 선박에서 주기관은 추진을 위한 동력을 생산하는 기관을 의미하며, 동일한 Engine이라도 추진용은 주기관이 되고, 발전기용은 보기류로 구분됨

** 참조: SOLAS Chapter II Construction - Structure, subdivision and stability, machinery and electrical installation

□ 종류

ㅇ 대표적인 기관부 시운전의 종류 및 특징은 다음과 같다.

① **(Main Engine starting test)** 저장된 압축공기에 의해 Main Engine을 Starting 하는 시험으로 Air compressor를 작동하지 않고, 압축공기로 최소 몇 회 이상 시동 가능한지 확인하는 검사

* 통상 압축공기 탱크(Compressed air reservoir)가 2개 이상 요구되며, 자기역전식은 12회, 역전클러치(비역전식)은 6회 이상 압축공기로 시동될 수 있어야 함

< 시험방법 >

❶ 엔진조정실(ECR) 및 선교(Bridge)에서 제어 실행

❷ Test 시작 전 모든 Main air comp.를 정지하고, ECR에서 공기압력 표시계를 확인

❸ Engine 사양에 맞추어 압축공기 저장탱크의 압축공기를 Engine으로 보내고 시동이 불가능할 때까지 반복한 후 횟수와 시작 전후의 압력을 기록

❹ 압축공기를 통한 가동가능 여부를 저압경보(Low pressure alarm)로 확인하고, Test 종료 후 압축공기 저장탱크 내 압력, 용량 및 온도 등을 기록

② **(ME minimum revolution test)** ME가 꺼지지 않는 최소회전수를 확인하기 위한 검사로 FAT시 실시 하지만 본선 설치 후 추진시스템 전체에 대한 성능검증을 위해 최저회전수 확인

* 저속운항시 주기관이 얼마나 낮은 회전수로 운항 가능한지 알고 있어야 함에 따라 수행

< 시험방법 >

❶ ME RPM 계기판을 주시하면서 회전속도를 서서히 내려서 최저회전수를 찾고, 적절히 조타하여 엔진의 정지여부를 함께 확인
❷ 해당시험을 Ballast condition과 Loaded condition에서 각각 수행하여, 각각의 상태에서 조종할 수 있는 RPM을 확인

< FAT의 개념 >

- ► FAT(Factory Acceptance Test) 선박 설치 전 각 장비에 대한 예비검사로써, 정형화되지 않은 비형식승인품으로 중요도가 높고 각 호선에 따라 제작되는 설비에 대해 실시하는 검사로 제작사(Vendor)로부터 조선소 입고 전 성능 검증 실시
- ► Vendor 선정시 선주의 의견이 반영되나, 실제 계약은 조선소와 Vendor 사이에서 이루어져 조선소 입장에서는 해당 장비에 대한 시운전이라 할 수 있고 선박 설치 후 문제 발생시 책임소재를 명확히 하기 위해 세심한 주의 요구
- ► 대부분 조선소에서 기자재를 발주하지만 해양플랜트 등에서는 선주가 직접 발주 후 제공하기도 하며, 이에 각각 BFE(Builder Furnished Equipment)와 OFE(Owner Furnished Equipment)로 구분하기도 함

③ **(Endurance Test)** 항해 중 기관실 내 ME 및 각 기관의 운전상태와 Heat balance, Elec. load, 연료소모량 및 진동 소음 등을 파악하기 위해 일정시간 운전 후 해당 상태를 확인하는 검사

* Tip 1. IACS에서 100% power at rated engine speed에서 실시하도록 되어 있어, 조선소에서는 통상 Building Spec.에 NCR로 표기하나, 선주는 MCR로 실시함을 선호

** Tip 2. 통상 Aux. Boiler accumulation test, Fire & General alarm test 등과 같이 동시에 실시할 수 있는 검사를 함께 수행하여 시운전 공정을 줄임

< 주요계측 항목 >

► Heat balance(motor, heater 및 cooler 등)	► F.W generator capacity
► F.O, Steam 및 Air consumption	► Battery capacity
► Economizer evaporation	► F.O 및 L.O 누유여부
► F.W generator capacity	► 오작동 및 각종 진동·소음 상태

④ **(Fuel oil consumption measurement)** 연료소비량을 확인하는 검사로 시운전 중 Endurance test 또는 Speed test시 유량계를 이용하여 측정(주기관 FAT시 측정결과를 비교하여 활용)

* Tip. 시운전 중 Speed test와 함께 Fuel oil consumption measurement는 주요 Guarantee 사항임

< 시험방법 >

> ❶ 연속항해 중 상용출력(혹은 연속 최대출력의 3/4)으로 1시간 간격으로 2시간(혹은 4시간) 동안 실시
>
> ❷ 정확한 검사를 위해 주기관의 운전과 관계없는 보기류는 사용 금지

⑤ **(Aux. Boiler accumulation test)** 보일러를 최대부하로 운전할 때, 관련 시스템 전체의 안전상태를 확인하기 위한 검사

- 보일러 운전에 필요한 관련 시스템의 증기공급을 제외하고 모든 시스템을 차단*한 상태에서 보일러 설계 압력이 110%를 초과하지 않고, 안전밸브(Pressure relief v/v)가 정상작동 하는지 확인

* 보일러의 최대부하를 확인하기 위해 보일러 운전과 무관하게 증기를 요구하는 시스템에 연결된 모든 증기배관의 Gate V/V를 차단

< 시험방법 >

> ► 보일러의 모든 Gate v/v를 차단한 상태에서 Safety v/v(Pressure relief v/v)가 분출된 후 일시적으로 증기의 압력이 저하되었다가 다시 증가하여 Safety v/v가 작동될 때 (Steam이 분출되는 시점이 보일러의 최대부하가 발생되었을 때임) 압력과 소요시간을 측정

2-5-3 선체부 시운전

□ 개념

ㅇ 선박의 기본성능을 포함하여 기관부를 제외한 구역의 시스템 및 장비 등에 대한 시운전으로 주요 시운전 항목에 대해 살펴본다.

* 참조: SOLAS Chapter II Construction - Structure, subdivision and stability, machinery and electrical installation & SOLAS Chapter III Life-saving appliance and arrangement & IMO RESOLUTION A.751(18)

□ 종류

ㅇ 선박의 기본성능과 관련된 시운전 항목과 선체부 주요시스템에 대한 시운전 항목은 다음과 같다.

Main steering gear test
① **(주 조타시험)** 조타기 성능시험으로 만재흘수 상태에서 Design speed로 운항 중 한 현의 타각 35°에서 다른 현의 타각 30°가 되기까지 28초 이내 완료 가능 여부를 확인하는 시험

Emergency steering gear test
② **(비상 조타시험)** 비상시를 가정한 조타기 성능시험으로 만재흘수 상태에서 Design speed × 1/2(주기관의 50% 부하상태) 또는 7knots 중 큰 값의 속도로 운항 중 한 현의 타각 15°에서 다른 현의 타각 15°가 되기까지 28초 이내 완료 가능 여부를 확인하는 시험

< 시험시 점검항목 >

- ► Steering gear의 유압계통 누유 여부
- ► Steering gear의 전기계통(유압펌프용 모터, panel 등) 정상작동 여부(과열, 전류 상태 등)
- ► 조타시 Steering gear의 Limit switch에 의한 조타정지 여부
- ► 선교와 조타실간 통신상태 확인(조타기는 선교 및 조타기실에서 조작가능 하여야 하고, 필요시 선교에서 통산장치로 명령하고 조타실에서 조정할 수 있는 체계를 검증하기 위해 통신 설비 점검)
- ► 타각 지시기의 정확도 점검

③ **(Maneuvering test)** 선박의 조종성능을 확인하기 위한 시험*으로 선회성능, 변침성능, 침로안전성능 및 정지성능을 시험(IMO 규정)

* 시험조건: Deep water & Clam Sea, Full load test speed condition에서 수행

- **(Turing ability)** 선박의 선회성능을 확인하는 시험으로 일정 타각의 조작에 따른 회전반경으로 평가

< Turing ability test 종류 - **통상 Design speed로 실시** >

❶ 초기 선회성능 시험(Initial turing ability test)

: 좌우현으로 각각 10도의 타각을 조작하고, 초기 침로에서 선수방위가 10도 변할 때까지 선박의 전진거리가 선박길이의 2.5배 이하가 될 것

❷ 정상 선회성능 시험(Normal turning ability test)

: 좌우현으로 35도(전타)의 타각을 조작하고, 초기 침로에서 선수방위가 90도 변할 때까지 선박의 전진거리가 선박길이의 4.5배 이하이고, 선수방위가 180도 변할 때까지 선박이 전진한 거리*가 선박길이의 5배 이하일 것

* 과거 군함성능의 주요 평가기준 중 하나로 전술직경(Tactical diameter)라 부름

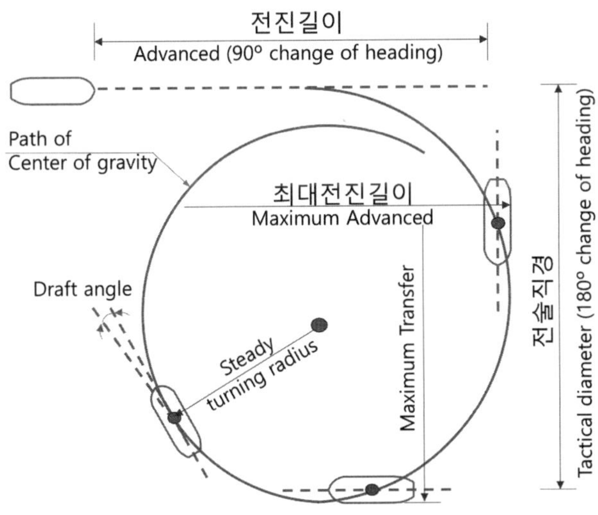

Zig-Zeg test

- (Yaw checking ablility) 변침성능을 확인하는 시험으로 타를 좌현(또는 우현)으로 조타 후 선수방위가 일정각 도달 시 우현(또는 좌현)으로 조타하여 선박이 얼마나 많이 Over-shooting* 하는지를 평가

* 선박은 자동차 등과 달리 조향(조타)를 하여도 바로 회두하지 않고 얼마간 더 기존 진행방향으로 움직인 후 조타된 방향으로 변침하며, 이를 Over-shooting 각도라 하고, Over-shooting 각도가 작을수록 변침성능이 우수함

< Zig Zeg test 종류 >

❶ 10도-10도 Zig Zeg test

: 좌현(또는 우현)으로 10도의 타각을 조작하고, 초기 침로에서 선수방위가 10도를 향할 때 우현(또는 좌현)으로 10도를 조타하여 이때 Over-shooting 각을 평가

❷ 20도-20도 Zig Zeg test

: 10도-10도 Zig Zeg test와 평가 방법은 동일하나, 타각을 20도로 조작하는 것이 다르며 평가 기준은 아래와 같음

Overshoot Angle Criterion of Zigzag Maneuvers	
1	Zigzag 10°/10° Test
	ⓐ The value of the first overshoot angle in the zig-zag 10°/10° test should not exceed: 10° for Value of Length to Speed Ratio (L/V) < 10 seconds; (5 + $\frac{1}{2}$(L/V))° for 10 < L/V < 30 seconds; 20° for 30 seconds or more < L/V. *[L(m)/V(m/s)=L/V(seconds)]
	ⓑ The value of the second overshoot angle in the zig-zag 10°/10° should not exceed the above criterion values for the first overshoot angles by more than 15°
2	Zigzag 20°/20° Test
	ⓐ The value of the first overshoot angle in the zig-zag 20°/20° test should not exceed 25°

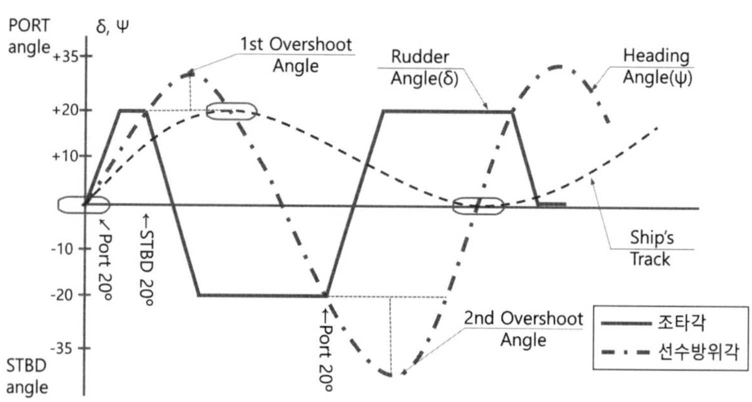

- (Spiral test) 침로안정성(보침성)을 확인하는 시험으로 좌우현의 점진적 타각 조작 시 침로가 불안정한 구간이 있는지를 평가

< Spiral test 개념 - 통상 Design speed로 실시 >

► 우현으로 20도, 15도, 10도 등으로 타각을 줄여가고, 이후 좌현으로 10도, 15도, 20도 등으로 타각을 점진적으로 키워가면서 선회시험을 실시

► 이때, 선박의 타각-선회각속도 그래프(나선형, Spiral형)를 그리고 그래프의 각도가 음의 구간을 갖는지 여부(이차함수 곡선을 갖는지 여부)를 확인함

► 해당 음의 구간(아래 우측 그래프의 나선 루프 폭 구간)에서는 어느 방향으로 회두할지 불안정하기 때문에 침로가 불안정한 상황으로 해당 구간이 없거나 작을수록 침로가 안정된 것이라 할 수 있음

침로가 안정된 경우	침로가 불안정된 경우	Ship's Track
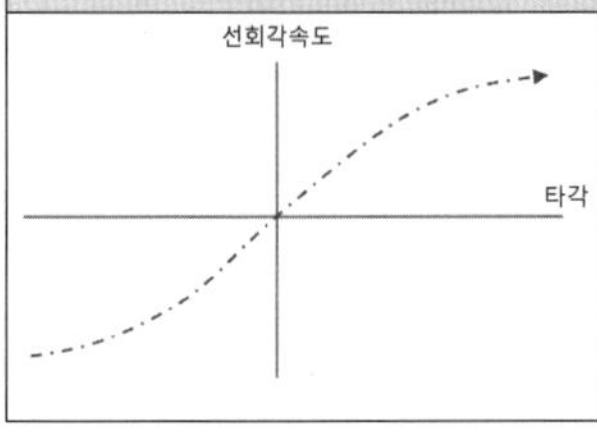	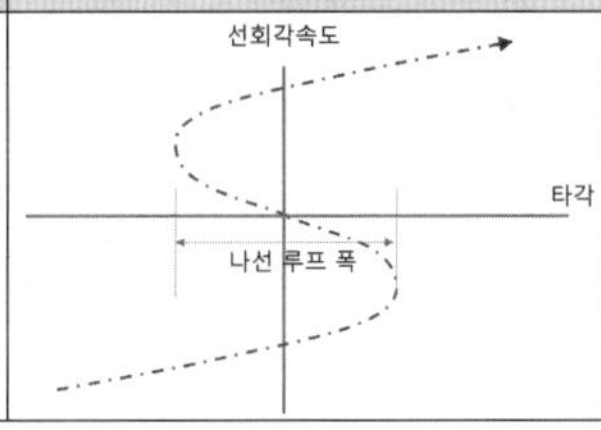	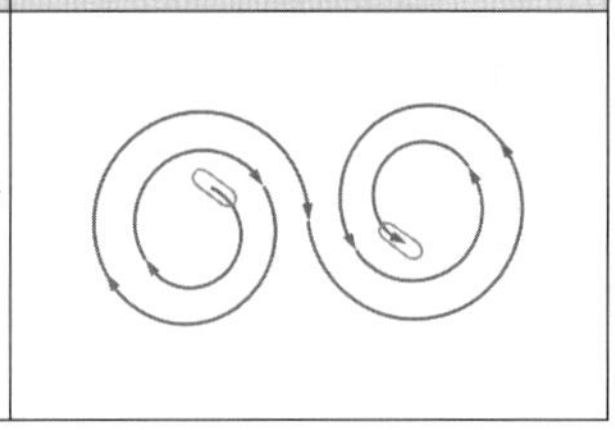

Crash astern ability
- (Stopping ability) 정지성능을 확인하는 시험으로 최대속력으로 전진하다가 역추진을 통해 선박이 완전히 정지할 때까지 거리를 측정하여 평가

< Stopping test 개념 >

► 최대 속도로 전진하다가 프로펠러를 가능한 최대 회전수로 역전시켜 선박이 완전히 정지할 때까지의 거리를 측정

► 정지시험 중에 타는 작동하지 않으며, 대부분의 선박은 시험 중 직진성이 저하되어 작은 외란에도 침로에서 벗어나게 되며, 해당 조건에서 전체적인 정지거리(Track Reach)가 선박 길이의 15배 이내일 것

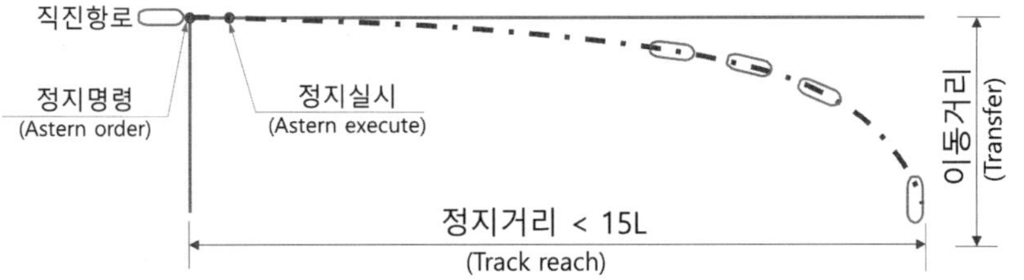

④ (**선속시험**)[Speed test] 선박이 계약된 선속을 만족하는지를 확인하는 검사

* Tip 1. 예전에는 선속시험 구간의 시점과 종점에 부표를 띄우고 선박이 시점에서 종점을 통과하는 시간을 측정하는 방식으로 속력을 구했으나, 현재는 DGPS를 통해 속력을 구함

** Tip 2. 사실상 선속시험은 시운전 항목 중 안전과의 밀접도는 낮으나 Guarantee 사항으로 선주의 운항시 운송능력(화주와의 계약사항)과 직결되어 가장 민감함 사안임. 불만족시 선체 도장을 다시 실시하여 조도를 낮추거나, 프로펠러 등을 수정하여 선속을 맞춤(필요시 Confirm trial을 실시)

⑤ (Dead ship recovery test) 선박의 Dead ship 상태를 가정하고, 운항가능 상태로 복귀 할 수 있는 성능 검증을 위한 검사

* Dead ship 상태: 전체 기계장치(주기관, 보일러, 보기)가 작동하지 않는 상태로 이를 구동하기 위한 전원(배터리) 및 압축공기 역시 없는 상태. 다만 시동을 위한 비상발전기(Em'cy DG)는 가동되는 상태

< Dead ship recovery process >

► Dead ship 상태에서 주기관을 작동시켜 정상 운항상태가 되는 과정	
❶ Em'cy DG 기동 ❷ 비상전원 공급 ❸ Em'cy air comp 기동 ❹ Em'cy air reservoir 충전 ❺ 주발전기 기동	❻ 주전원 공급 ❼ Main air comp 기동 ❽ Main air reservoir 충전 ❾ 주기관(ME) 기동

⑥ (Black out test) 정전 시 발전기가 순차적으로 대체운영 되는지 여부와 비상발전기까지 일정시간 내에 작동하는지 확인하는 검사

* No.1 발전기 고장 → Stand-by No.2 발전기 → Stand-by No.3 발전기 → · · · → 비상발전기 순으로 작동하는지 여부와 45초 이내에 비상발전기가 작동하는지를 검사

⑦ (Fire fighting test) 소화능력을 확인하기 위해 소화펌프를 이용하여 해수를 펌핑하고, 기관실 등 선박전반에 충분한 압력 및 유량으로 공급되는지 확인

⑧ (IGS function test) 유조선 등의 화물창 내 안전성 검사로 화물유 탱크의 화재·폭발 방지를 위해 화물창 내 화유 상부에 산소농도가 8% 이하로 되도록 불활성 가스의 주입과 관련된 성능을 확인

⑨ **(Cargo operation test)** 유조선 등에 대해 해수*를 이용하여 선적·하역 능력을 확인하는 검사로 Cargo pump 및 Cargo stripping pump의 용량을 검증하고 선적·하역시 소요시간에 관한 계약사항 만족여부 확인

* 화물유 탱크에 적재 및 하역을 실제 기름으로 실시할 수 없기 때문에 해수를 이용하여 시운전 수행

** Tip. 컨테이너선은 안벽공정 등에서 각 Hold마다 컨테이너를 실제 선적하여 봄으로써 Cargo operation test를 수행

⑩ **(Cargo monitoring system test)** Cargo의 선적 및 하역 시 Tank내 모니터링 성능에 대한 검사로 Remote sounding 기능 등을 확인

⑪ **(Ballast system test)** 평형수 시스템의 능력을 확인하는 검사로 Ballasting & De-ballasting을 통해 Ballast pump 및 Stripping pump의 용량을 검증하고 Ballasting & De-ballasting 소요시간에 대한 계약사항 만족여부 확인

⑫ **(Anchoring test)** 해상에서 Windlass를 통한 투묘 시 제어능력, 회수 시 양승능력 및 Bellmouth(또는 Pocket) 격납상태를 확인하는 검사

* Tip. 투묘시 Let go down, 회수 시 Hosting이란 표현을 사용

< 시험방법 >

► 82.5m 이상의 수심에서 Anchor와 Anchor chain 3-shots(1shot - 27.5m × 3)의 양승 속도가 9m/min을 만족하는지 여부와 이때, Windlass 동력(유압 또는 전기장치)의 이상 유무 등을 확인

► 선주 요구(통상 계약사항으로 Building spec에 반영)에 따라 Deep sea anchoring을 하는 경우가 있고, 이 경우 82.5m가 아닌 120m의 수심을 적용하게 됨(→ 시운전을 위한 적정 수심을 찾는 것이 중요)

⑬ **(Life/Rescue boat launching test)** 비상시 구명보트를 통한 본선 탈출과 구조정의 사용성능 확인을 위해 보트의 Launching & Recovery 성능을 확인하는 검사

- SOLAS 등에서는 본선이 5knots 이내의 속도로 운항 중일 때, Life boat를 Launching 하여 본선으로부터 이탈 할 수 있도록 요구

⑭ **(Thruster test)** Thruster 성능 검사로 Thruster를 설치한 경우에 한정된 검사임

< 시험방법 >

► 선박정지 → Thruster 최대 추력 → 좌현(우현)방향 90°회전 → 선수미 방향 90°회전 → 반대로 작동 → 우현(좌현)방향 90°회전
► 시운전시 풍향, 풍속 및 0, 15, 30, 60, 90, 60, 30, 15, 0° 각도 마다 소요시간, 유압펌프용 모터 전력과 유압계통의 압력 등을 계측

⑮ (Echo sounder check test) 측심기의 성능을 확인하는 검사로 음파의 반사속도를 이용하여 해저의 깊이를 측정하는 Echo sounder의 성능을 확인

* 선저에 설치되어 선체의 수직방향으로 음파를 발사하고, 음파가 해저 지표면에서 반사되어 돌아오는 시간을 계산하여 수심을 측정하는 방식

⑯ (Speed log test) 선속계의 성능을 확인하는 검사로 선박 운항 시 발사한 음파가 해저로부터 반사되어 오는 시간 차이를 통해 선박의 속도를 계측하는 방식

* 선박의 운항 중 선속을 나타내는 장비가 Speed log로써, 선저에 설치되어 있는 '소나'로 음파를 발사하여 해저면에서 반사되어 돌아오는 시간이 선속에 따라 변화하는 원리를 이용하여 계산

< Echo sounder 및 Speed log test 개념도 >

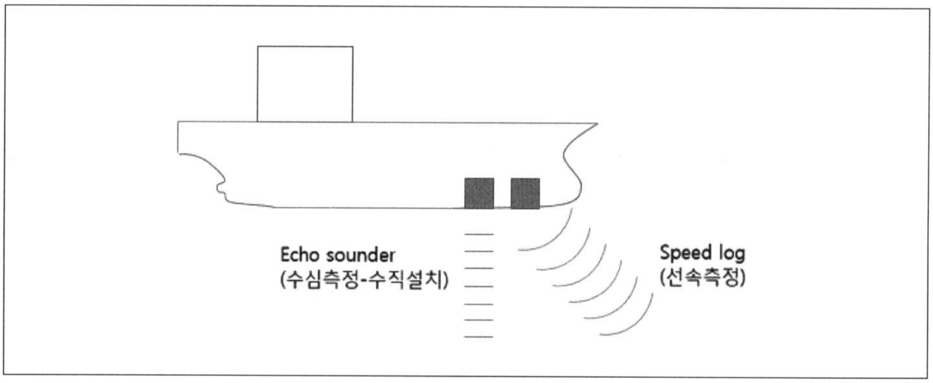

2-5-4 해양플랜트의 Commissioning

□ 개념

ㅇ 상선에서의 시운전은 해양플랜트에서 Commissioning의 개념으로 적용되며, 가장 큰 차이는 상선에서는 공정의 흐름에 맞추어 선상시운전(On-board test)과 해상시운전(Sea Trail)으로 구분된다.

ㅇ 해양플랜트에서는 각 프로젝트 마다 특수하고 복잡한 System이 적용됨에 따라, 각 System을 중심으로 장비설치에서 운영까지 보다 세분화하여 검사를 수행한다.

□ Commissioning의 구분

ㅇ 해양플랜트에서 Commissioning은 MC(Mechanical Completion), Pre-comm(Pre-Commissioning) 및 최종검사인 Commissioning으로 구분되며, 각 공정의 내용은 다음과 같다.

① (MC) 기계적 또는 물리적 설치상태를 검사하는 것으로 해당설비의 간단한 외형검사와 설치 위치가 적정한지 등을 파악하고,

- 용접부나 Bolting의 체결상태 등 장비의 설치상태를 검사하며, 배관의 후행 연결부위* 등도 함께 검사

* 배관 내 이물질 유입 시 향후 장비 운용 시 장비손상을 야기할 수 있기 때문에 건조 시 배관 끝단의 플랜지는 항상 막아 두어야 함

** Tip 1. Preservation procedure: 위와 같은 배관 문제를 비롯하여 공사기간이 긴 해양플랜트 공사에서는 FAT 이후 본선 설치 시까지 장비의 특성에 따라 보관관리 절차가 마련되어야 하며, 해당 절차에 따라 엄격한 관리가 요구됨

*** Tip 2. Preservation procedure의 핵심은 통상 물리적 손상방지(이물질, 물 유입 등)와 화학적 손상방지(온습도 조절을 통한 방청)로 보호커버 적용, 보관장소의 내습방지, 주기적인 환기 및 배관연결부 관리 등이며, 전장 Panel 등은 손상위험을 최소화하기 위해 공정에 맞추어 FAT 이후 본선에 바로 설치하기도 함

② (Pre-comm) 기계장비 또는 각 System의 운용을 위한 사전점검이며, 배관 및 Cable 등의 연결상태 확인을 시작으로

- 정상적인 동력공급 등이 되는지를 확인한 후에 작동검사*를 실시하는 단계이며, 사실상 대부분의 설치가 완료된 상태에서 해당 System이 계약사항 등을 만족할 수 있는지를 확인하기 바로 전 단계임

* (예시) Crane의 경우에는 부하(load) 없이 Hoisting, Slowing 및 Luffing 등의 작동상태를 확인하고, Load test를 통해 해당 Crane의 SWL(Safety Working Load) 만족여부 등을 검사한 후 최종 Commissioning을 수행하는 방식으로 진행

③ **(Commissioning)** 실제 장비 또는 시스템의 성능이 계약사항 또는 Rule & Reg. 등을 만족하는지 확인하는 최종단계

- Performance 위주의 검사로 각 시스템의 성능을 점검함과 동시에 누유, 과열, 진동 및 소음 등의 이상여부를 함께 확인

* (예시) Crane의 경우에는 부하상태에서 Hoisting, Slowing 및 Luffing 등을 작동하여 계약사항을 만족하는지와 이때 누유, 과열 등의 이상작동 여부를 확인

□ Commissioning의 적용

○ **(이행흐름)** 실제 조선소에서 Commissioning을 수행하는 절차를 개념화 해보면 역(逆)트리구조를 갖는다고 할 수 있다.

- MC단계에서 보면, 기계, 전기 및 배관 등으로 세분화 될 수 있고, 보다 상위 묶음의 기계, 전기 및 배관 등에 대한 Pre-comm 검사를 거쳐 최종적으로 Commissioning 성능검사로 귀결되는 구조
- 중요한 점은 역(逆)트리구조에 따라 하위 단계의 검사가 완료되지 않으면 다음 단계의 검사로 진행 될 수 없다는 것임
- 해양플랜트 공사에서 최적화된 Commissioning 일정을 수립하고 이행하는 것은 공사의 성패를 좌우하기도 하는 매우 중요한 단계임

○ **(오류처리)** 실제 건조과정에서는 많은 설치 오류*가 발생함에 따라 이에 대한 처리 방식을 이해할 필요가 있다.

* Tip. 실제 조선소에서는 오류를 오작이라 부름

- 이 부분은 상선과 대동소이한 것으로 통상 심각한 오류를 NCR(Non-Confirmartive Report)라 하고, 비교적 간단한 오류를 Punch로 구분하여, 해당 오류는 별도의 안건으로 관리임
- 각 오류는 수정작업 후 다시 검사하여 종결 처리되지 않으면 다음 단계의 검사를 진행할 수 없음
- 통상, 각 조선소에서는 오류 발생 시 일정기간 내에 원인을 분석하여 RCA(Root Cause Analysis)를 실시하고, NCR 또는 Punch를 종결하도록 하고 있음

제3편
선박법규 및 선박검사

제1장 선박법규

1. 국제협약

: 제2편에서 기능구조분석을 기반으로 선박을 살펴보았다. 요구기능을 모두 만족한다고 할 때, 선박의 가치는 얼마나 더 안전하고 효율적인가에 따라 달라진다. 효율은 선주가 운임비 등을 고려한 경영측면에서 요구되는 것이 많다. 하지만 안전은 사고 시 보상을 고려하여 선주 역시 관심을 갖지만 사회적 파장을 고려하여 국제협약 또는 각국의 법령에서 규정하고 있다. 그러므로 선박건조에 영향을 주는 국제협약을 이해해야 한다. 선박관련 국제협약은 UN산하 IMO(국제해사기구)에서 담당하며 크게 해사안전, 해양오염방지 및 기타분야(톤수측정 등)로 구분할 수 있다.

2. 국내법령

: 국내에서는 제도적으로 선박, 어선 및 레저선으로 구분하여, 건조, 검사, 등록 및 운항 측면에서 관리한다. 관련 법령은 「선박법」, 「선박안전법」, 「어선법」, 「수상레저법」, 「낚시관리 및 육성법」, 「유선 및 도선 사업법」, 「선원법」, 「선박직원법」, 「해사안전법」 및 「어선안전조업법」 등이 있으며, 각 법령의 목적, 적용대상 및 상세내용 등은 국가법령정보센터(www.law.go.kr)을 통해 손쉽게 찾아 볼 수 있다.

3. 법령체계 및 기본개념

: 국제협약에 가입하면, 국내법으로 수용하게 되며 국내법은 직접적으로 우리생활과 연관된다. 각 법률의 세부사항은 헌법에 따라 대통령령(시행령), 총리령 및 행정부의 부령(시행규칙)으로 이관되고, 보다 세부적인 사항은 다시 행정규칙(고시, 예규, 훈령

및 공고)으로 이관되는 구조를 가진다. 통상 법률에서는 국민의 권리 및 의무에 관한 사항 및 헌법으로부터 위임한 사항을 다룬다. 시행령에서는 각 행정부처의 공통적인 사항, 권한의 위임 및 위탁에 관한 사항과 법률에서 하위법령으로 이관한 사항을 포함한다. 시행규칙은 각 행정부처별 소관사항, 기술적이고 세부적인 사항 그리고 각종 서류의 서식에 관한 사항을 규정한다. 「선박안전법」, 「어선법」 및 「수상레저법」 등과 같이 건조 및 검사에 관한 기준을 다루고 있는 법률에서는 대부분의 기술적인 사항은 행정규칙에서 다루고 있다. 각 법률은 본칙과 부칙으로 구성되며, 본칙은 다시 총칙, 실제규칙, 보칙 및 벌칙으로 구성된다. 총칙은 법률의 목적, 정의 및 적용대상 등을 다루고, 실제규칙은 법률의 목적을 달성하기 위한 세부적인 내용을 규정한다. 보칙은 위임·위탁을, 벌칙은 실제규칙을 이행하지 않거나, 적합하지 않은 경우 처벌과 행정처분 등에 관한 내용을 나타낸다. 끝으로 부칙은 법률의 시행에 관한 시행일, 적용례 및 경과조치를 규정한다.

4. 법령검색 및 활용

: 국내법령은 국가법령정보센터(www.law.go.kr)을 통해 현행법, 예고법, 연혁법 및 법령체계도 등을 손쉽게 확인할 수 있다.

3-1-1 국제협약

□ 개념

○ 선박건조와 관련한 법규는 크게 국제협약에 기반한 국제기준과 국제기준을 각국이 수용하거나, 국제협약을 적용받지 않는 선박에 대한 관리기준인 국내기준으로 구분할 수 있다.

□ 국제기구 및 주요협약

○ **(국제기구)** 국제기준은 사실상 UN 산하 국제해사기구(IMO)의 각 위원회에서 임무에 따른 국제협약을 제·개정하고, 협약 대상선박은 협약의 발효여부 및 각국의 가입여부 등*에 따라 적용된다.

* 협약은 조건에 따라 각국의 가입여부와 관계없이 적용을 받을 수 있으며, 대표적인 예가 비차별적 조항인 항만국 통제라 할 수 있음

** 항만국 통제(PSC: Port State Control): 각국의 가입여부와 관계없이 SOLAS 협약에 가입한 당사국의 Port에 입항하는 모든 선박은 협약 가입당사국에서 SOLAS협약의 만족여부에 대해 검사하고, 항만국 입항 등을 통제할 수 있는 개념임

- UN 조직 내에서 IMO의 위치와 IMO 구성 및 운영현황 등은 다음과 같으며, 선박건조 관련 IMO 산하 주요 위원회는 크게 MSC, MEPC로 각각 해상안전과 해상오염방지에 관한 국제협약을 담당

* 어선의 경우에는 IMO 외에도, 국제기구인 ILO 및 FAO의 협약에도 영향을 받음

< UN 산하 주요기관 현황 >

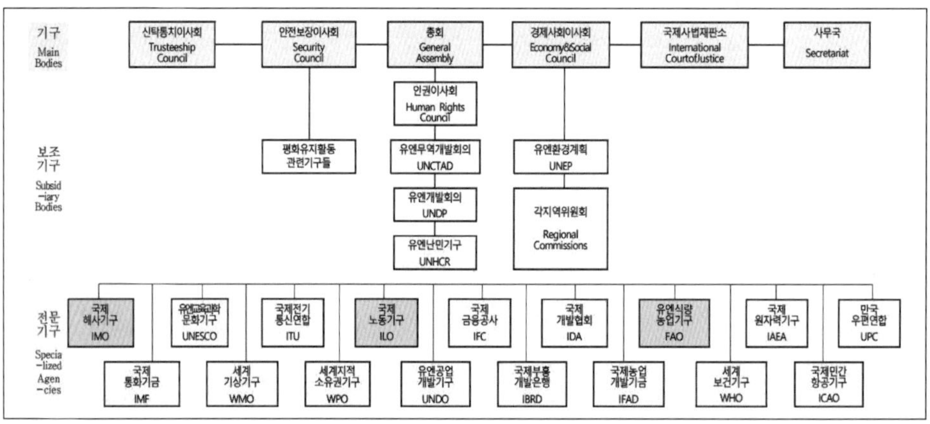

< IMO 관련 주요내용 >

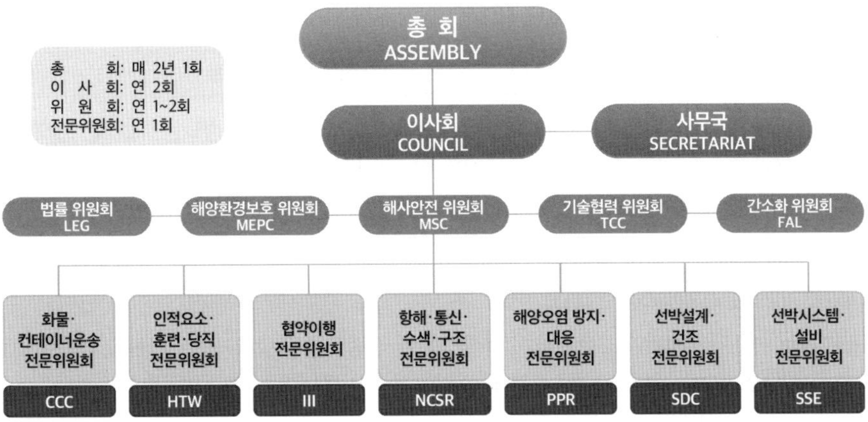

[그림출처] https://www.imokorea.org/imo/imo_summary.asp

► **(설립목적)** 해상에서의 인명, 선박, 화물의 안전 및 해양환경 보호 등을 관장하는 UN산하 전문국제기구로써, 조선·해운분야 국제규범의 제·개정 수행

► **(조직구성)** 총회, 이사회 및 5개의 위원회를 중심으로 구성되며, 각각의 역할은 다음과 같음

- **(총회)** 모든 회원국으로 구성되며, 기구 사업계획 승인, 예산 의결, 이사회 보고서 심의·의결 및 이사국 선출 등을 수행하는 최고 의결기구(2년마다 1회 개최)
  * 임시총회는 회원국 1/3 이상 요구시 통보 후 60일 이내 개최
- **(이사회)** 이사국*으로 구성되며, 사업계획, 예산안 및 전문위원회 상정안 검토 등을 수행하여 총회에 제출하는 기능을 수행(연 2회 개최)
  * 이사국은 주요 해운국(A 카테고리 10개), 주요 화주국(B 카테고리 10개) 및 지역 대표국(C 카테고리 20개)으로 총 40개국으로 구성되며 이사국 임기는 2년임
- **(위원회)** 실제 IMO 운영을 위한 기능별 조직으로 5개 위원회로 구성(연 1~2 개최)

구분	역할
법률위원회(LEG) Legal Committee	IMO와 관련된 법률문제 심의 * 해상사고로 인한 피해보상 등의 문제를 다룸
해양환경보호위원회(MEPC) Marine Environment Protection Commttee	선박에 의한 해양오염방지 및 규제에 관한 문제 심의
해사안전위원회(MSC) Maritime Safety Commttee	선박의 구조 및 설비 등 해사안전에 관한 사항 심의
기술협력위원회(TC) Technical Cooperation Committee	IMO의 기술협력 활동과 관련된 모든 문제 심의 * 개도국 등에 대한 원활한 협약 이행을 위한 기술지원 등
간소화위원회(FAL) Facilitation Committee	선박의 입출항 수속, 서류 및 절차 등 운송간소화 관련심의

- **(전문위원회)** MSC 및 MEPC 아래 Technical 한 전문적인 사항에 대해 7개의 전문위원회를 구성하여 운영(연 1회 개최)

구분	역할
화물·컨테이너운송 전문위원회 (Sub-Committee on Carriage of Cargoes and Containers, CCC)	포장 또는 산적고체형태로 운송되는 위험물, 컨테이너를 포함한 각종 화물의 제작, 적재, 고박 및 운송의 안전 관련 사항 담당 * 안전한 컨테이너에 관한 국제협약(CSC) 등 관련 코드 등
인적요소, 훈련 및 당직 전문위원회 (Sub-Committee on Human Element, Training and Watchkeeping, HTW)	선원의 훈련, 각종증명 및 당직기준에 관한 국제협약(STCW) 및 선원의 훈련·당직 및 증서발급 등 담당
IMO 협약준수 전문위원회 (Sub-Committee on Implementation of IMO Instruments, III)	해상안전과 해양환경 보호를 위해 각국이 동등수준으로 IMO협약과 관련법규를 준수할 수 있도록 선박의 안전운항관리, 항만국통제(PSC), 기국의 협약준수사항 및 해난의 조사업무 등을 담당
항해·통신·수색·구조 전문위원회 (Sub-Committee on Navigation, Communications and Search and Rescue, NCSR)	항해안전과 관련하여 국제해상충돌예방규칙(COLREG), 해상인명안전협약(SOLAS)에 따른 항해안전에 관한 선박통신, 조난 시 수색·구조에 관련된 전세계 해상조난 및 안전제도(GMDSS), 수색·구조에 관한 국제협약(SAR) 관련 규정 등을 담당
오염예방·대응 전문위원회 (Sub-Committee on Pollution Protection and Response, PPR)	해양오염방지협약(MARPOL 73/78) 및 대기오염방지를 위한 새로운 부속서, 평형수 관리협약, IBC, IGC, BCH 코드 등의 관련 규정 등을 담당
선박설계 및 건조 전문위원회 (Sub-Committee on Ship Design and Construction, SDC)	선박 및 해양구조물의 구조, 강도, 등에 관한 사항을 담당하며, 국제만재흘수선 협약(1966 LL), 1969년 선박톤수 측정에 관한 국제협약(1969 TONNAGE), 해상인명안전협약(SOLAS)의 구조 및 복원성 관련 규정 등을 담당 * 어선의 SOLAS에 해당하는 토레몰리노스협약을 담당
선박시스템 및 설비 전문위원회 (Sub-Committee on Ship System and Equipment, SSE)	선박 및 해양구조물의 각종 설비에 관한 사항을 담당하며 해상인명안전협약(SOLAS)의 기관 및 전기설비와 구명설비 등의 관련 규정 등을 담당

► **(회의절차)** IMO 회의 절차는 개회식, 의제채택, 의제토의 및 보고서 작성 순으로 진행되며 각 과정의 주요내용은 다음과 같음

- (개회식) 의장 및 부의장 선출
- (의제채택) 의제문서 채택 및 세부 논의를 위한 기술작업반 등 구성
- (의제토의) 의제 제안국의 제안배경 설명, 토의 및 동의여부에 대한 투표
- (보고서 작성) 의제결정 사항에 대한 회의 보고서 작성

※ IMO 외에 ILO의 선원노동협약 및 어선원노동협약에서는 선원의 노동인권과 관련하여 거주구의 면적 등을 규정함에 따라 IMO 외의 국제협약에서도 일부 선박건조에 영향을 주기도 한다.

○ **(주요협약)** 국제협약에 관한 주요개념 등을 살펴보고, 선박건조와 관련된 해사안전, 해상오염방지 및 운항에 관한 국제협약의 종류를 구분하여 정리해 보면 다음과 같다.

< 국제협약의 주요개념 >

► **(협약종류)** 협약은 세부적으로 협약, 협정, 의정서, 규약, 결의서 및 회람문서 등으로 세분화 할 수 있으며 각각의 개념은 다음과 같음

❶ **(협약, Convention)** 통상 국가간의 권리와 의무에 관한 합의라고 할 수 있음

* 조약(Treaty)은 협약, 협정 및 의정서 등을 포괄하는 개념임

❷ **(협정, Agreement)** 통상 기존의 협약에 대해 조속한 발효 등을 목적으로 발효 또는 가입 조건 등을 완화하는 형태

❸ **(의정서, Protocol)** 통상 기존의 협약에 대해 세부적이고 기술적인 사항에 대해 상당한 개정이 이루어진 것

❹ **(규약, Code)** 전문적이고 기술적인 사항을 중심으로 세부적인 내용을 다룸

❺ **(결의서, Resolution)** 협약개정 사항을 중심으로 주요결정 사항을 결의서 형태로 채택

* IMO 결의서 문서 체계: Res. + 담당부서 + 일련번호 + 회의 회차 / 예: Res. A. 998(24) / 부서코드: A - Assembly(총회), C - Council(이사회), MSC, MEPC 등 위원회는 동일표기

❻ **(회람문서, Circular)** 협약 관련 주요 공시사항(주요협약 개정사항, 기술기준 적용시점 등)을 당사국 등에 알릴 때 사용하는 형태

* IMO 회람문서 체계: 회의별 or 협약별 약어 + "/" + Circ. + 문서번호
예(회의별): MSC.1/Circ.1330, 예(협약별): STCW.7/Circ.14

► **(협약 체결절차)** 협약의 체결은 통상 협약의 실제 내용에 대한 작성 및 채택, 국가별 협약 비준, 협약의 효력 발생, 협약의 등록 및 공고 순으로 이루어짐

- **(협약 작성 및 채택)** 협약내용 작성 및 당사국간 교섭 → 협약 채택 및 회람
- **(협약비준)** 협약에서 해당 협약의 비준 방법(서명, 수락, 가입 등의 의사를 밝혀 해당 국제기구에 제출)을 규정하고 있고, 이에 따라 각국에서 비준
- **(효력발생)** 협약의 내용에 따라 즉시, 발효 전 또는 경과규정을 두어 효력발생
- **(협약 등록 및 공고)** UN사무국에 협약을 등록

► **(협약의 구성)** 협약은 크게 실제 조항(Articles)와 부속서(Annex or Appendix)로 구성되며, 목적 및 의무, 정의, 적용대상, 주요내용, 불가항력, 비준방법, 발효조건, 개정방법, 폐기방법, 수탁기관 및 언어와 기술적인 내용 등을 담음

- 실제 협약의 구성은 다양한 형태로 이루어지며, 그 예로 동일한 선박안전에 관한 협약이나 상선 등에 대한 SOLAS협약은 조항에 대부분의 내용을 담고, 부족서에 증서서식 등을 담고 있으나, 어선에 관한 Cape Town Agreement는 본문에 세부적인 기술기준을 담고 부속서에 실제 협약에 관한 내용을 표기

► **(IMO 협약의 적용기준)** 선박건조와 관련한 IMO협약의 적용기준은 통상 다음의 원칙에 따라 적용

- 선박구조와 관련된 내용: 발효일 이후 건조된 선박에 적용(용골거치일 기준)
- 현존선 소급적용 시: SOLAS-용골거치일 기준 / MARPOL-건조계약일, 건조일 또는 인도일 등을 적용
- 협약발효 기준일: 1월 1일 또는 7월 1일을 기준으로 적용
- 참고로, 미발효 된 협약은 개정안을 제출하지 않는 것이 원칙

< IMO 주요 국제협약 >

► 해사안전관련 협약

협약명칭	주요내용
해상인명안전협약(SOLAS 1974) International Convention for the Safety of Life at Sea, 1974	ㅇ 선박 구조, 설비 및 화물운송에 관한 기준 ㅇ 선박의 검사 및 증서의 발급에 관한 사항

협약명칭	주요내용
해상인명안전협약 1978 의정서 (SOLAS Protocol 1978) Protocol of 1978 relating to the International Convention for the Safety of Life at Sea, 1974	ㅇ 유조선의 안전 및 해양오염방지를 위해 '74 SOLAS를 개정 * 유조선 레이다 및 조타장치 이중설치 의무화
해상인명안전협약 1988 의정서 (SOLAS Protocol 1988) Protocol of 1988 relating to the International Convention for the Safety of Life at Sea, 1974	ㅇ 선박검사 및 증서발급기간의 통일을 위해 '74 SOLAS를 개정 * 협약증서 유효기간을 5년으로 통일
스톡홀름 협정 1996(SA 1996) (Stockholm Agreement 1996)	ㅇ 북서유럽 및 발틱해 항구 간 정기 운항하는 RORO 여객선의 복원성에 관한 특별 요건에 관한 1997년 지역 협정
국제만재흘수선협약(LL 1966) International Convention on Load Lines, 1966	ㅇ 안전 항해 확보를 위한 만재흘수선 지정
국제만재흘수선협약 1988 의정서 (LL Protocol 1988) Protocol of 1988 relating to the International Convention on Load Lines, 1966	ㅇ 선박검사 및 증서발급기간 통일을 위해 '66 LL*을 개정 * International Convention on Load Lines
해상충돌예방규칙(COLREG 1972) Convention on the International Regulations for Preventing Collisions at Sea, 1972	ㅇ '60 COLREG 대체 ㅇ 항법 및 선박의 등화와 형상물 규정 ㅇ 통항분리제도(Traffic Separate Scheme) 설정
안전한 컨테이너에 관한 국제협약(CSC 1972) International Convention for Safe Containers, 1972	ㅇ 컨테이너의 안전을 위한 구조·강도요건 규정
안전한 컨테이너에 관한 국제협약 1993 개정 (CSC 1993 amendments) International Convention for Safe Containers, 1993 amendments	ㅇ CSC의 조문, 부속서 개정
토레몰리노스협약 1977 Torremolinos International Convention for the Safety of Fishing Vessels, 1977	ㅇ 어선안전에 관한 국제협약으로, SOLAS 협약과 매우 비슷하나, 어선을 대상으로 하는 것이 차이

협약명칭	주요내용
어선의 안전에 관한 토레몰리노스협약 1993 의정서(SFV Protocol 1993) Torremolinos Protocol of 1993 Relating to the Torremolinos International Convention for the Safety of Fishing Vessels, 1977	ㅇ 77년 어선의 안전에 관한 토레몰리노스 협약(SFV협약)의 조속한 발효를 위해 발효 조건 및 설비규정 등의 기술기준을 완화
2012 케이프타운 협정 (Cape Town Agreement 2012) Cape Town Agreement of 2012 on the Impementation of the Provisions of the Torremolinos Protocol of 1993 Relating to the Torremolinos International Convention for the SAfety of Fishing Vessels, 1977	ㅇ 1993년 토레몰리노스 의정서에도 불구, 각국의 협약이 발효되지 않음에 따라 발효조건을 완화

► 해양오염방지 관련 협약

협약명칭	주요내용
해양오염방지협약 부속서 Ⅰ/Ⅱ(기름/산적유해액체) (MARPOL 73/78 Annex Ⅰ/Ⅱ) Annex Ⅰ/Ⅱ of Protocol of 1978 relating to the International Convention for the Prevention of Pollution from Ships, 1973	ㅇ 선박으로부터 기름 및 유해액체물질에 의한 해양오염의 방지를 위한 요건 규정
해양오염방지협약 부속서 Ⅲ (포장유해) (MARPOL 73/78 Annex Ⅲ) Annex Ⅲ of Protocol of 1978 relating to the International Convention for the Prevention of Pollution from Ships, 1973(Regulations for the Prevention of Pollution by Harmful Substances Carried by Sea in Packaged Form)	ㅇ 선박으로부터 포장형태의 유해액체 물질에 의한 해양오염의 방지를 위한 요건 규정
해양오염방지협약 부속서 Ⅳ(하수) (MARPOL 73/78 Annex Ⅳ) Annex Ⅳ of Protocol of 1978 relating to the International Convention for the Prevention of Pollution from Ships, 1973(Regulations for the Prevention of Pollution by Sewage from Ships)	ㅇ 선박으로부터 하수에 의한 해양오염의 방지를 위한 요건 규정

협약명칭	주요내용
해양오염방지협약 부속서 V (폐기물) (MARPOL 73/78 Annex V) Annex V of Protocol of 1978 relating to the International Convention for the Prevention of Pollution from Ships, 1973(Regulations for the Prevention of Pollution by Garbage from Ships)	ㅇ 선박으로부터 폐기물에 의한 해양오염의 방지를 위한 요건 규정
해양오염방지협약 1997 의정서 부속서 VI (대기오염) (MARPOL Protocol 1997 Annex VI) Annex VI of Protocol of 1978 relating to the International Convention for the Prevention of Pollution from Ships, 1973	ㅇ 선박으로부터 대기오염 방지를 위한 요건 규정
폐기물투기에 의한 해양오염방지협약(LC 1972) Convention on the Prevention of Marine Pollution by Dumping of Wastes and Other Matter, 1972	ㅇ 폐기물 해양투기시의 처리방법에 관한 규정
폐기물투기에 의한 해양오염방지협약에 대한 1978년 개정(LC 1978 amendments) 1978 amendment to the Convention on the Prevention of Marine Pollution by Dumping Wastes and Other Matters, 1972	ㅇ '72 LC의 분쟁 해결 절차 관련 보완
폐기물투기에 의한 해양오염방지협약 1996 의정서 (LC Protocol 1996) Protocol of 1996 to Amend the Convention on the Prevention of Marine Pollution by Dumping of Wastes and Other Matter, 1972	ㅇ '72 LC의 해양투기 폐기물의 종류와 투기 기준 관련 보완
선박의 유해방오도료 시스템 사용 규제 국제협약 (AFS Convention 2001) International Convention on the Control of Harmful Anti-fouling Systems on Ships, 2001	ㅇ 선박방오도료(Anti-fouling paints)내 유해 유기주석(Organotins)의 사용을 금지하고, 향후 방오시스템 내에서 다른 유해한 물질의 사용 금지에 관한 협약

협약명칭	주요내용
선박평형수관리협약(BWM Convention 2004) International Convention for the Control and Management of Ships' Ballast Water and Sediments, 2004	ㅇ 밸러스트수 교환에 따른 유해 미생물 등에 의한 연안 해양환경 피해 예방을 위해 발라스트수 교환 관련 요건을 규정한 협약
선박재활용협약(SRC 2009) Hongkong International Convention for the Safe and Environmentally Sound Recycling of Ships. 2009	ㅇ 선박 해체시 유해물질에 의한 건강 보호, 환경오염예방을 위해 채택 - 유해물질 사용금지 또는 제한, 유해물질 목록작성, 선박해체시설 정부승인 의무 등 무분별한 선박해체 방지를 목적으로 총톤수 500톤 이상의 국제항해선박, 선박 재활용(해체)시설에 적용

► IMO 운영 및 톤수측정 등 기타 협약

협약명칭	주요내용
국제해사기구 협약 (IMO Convention) Convention on the International Maritime Organization	ㅇ 총회, 이사회, 해사안전위원회, 법률위원회 및 해양환경보호위원회의 절차에 관한 규정
선박톤수측정협약(TONNAGE 1969) International Convention on Tonnage Measurement of Ships, 1969	ㅇ 선박톤수측정의 통일된 국제기준 - 총톤수, 순톤수, 재화중량톤수
국제해사위성기구에 관한 협약(IMSO C 1976) Convention on the International Mobile Satellite Organization(INMARSAT), 1976	ㅇ 해사통신을 목적으로 한 통신위성기구(국제해사통신기구) 설립에 관한 규정
국제해사위성기구에 관한 협약 2006 개정 (IMSO C 1976, 2006 amendments) Convention on the International Mobile Satellite Organization(INMARSAT), 1976, 2006 amendments	ㅇ IMSO의 감독범위 확대 ㅇ 2006년 개정안은 2008년 개정안으로 대체됨

협약명칭	주요내용
국제해사위성기구에 관한 협약 2008 개정 (IMSO C 1976, 2008 amendments) Convention on the International Mobile Satellite Organization(INMARSAT), 1976, 2008 amendments	ㅇ GMDSS (Global Maritime Distress and Safety System)에 대한 감독 및 LRIT (Long-Range Identification & Tracking) 조정자 기능과 임무 규정
국제해상교통간소화협약(FAL 1965) Convention on Facilitation of International Maritime Traffic, 1965	ㅇ 국제항해 취항선의 입·출항에 관한 서류 및 수속절차에 관한 국제적 통일기준 규정

► 항해상의 의무관련 협약

협약명칭	주요내용
선원훈련·자격증명 및 당직유지의 기준에 관한 국제협약(STCW 1978) International Convention on Standards of Training, Certification and Watchkeeping for Seafarers, 1978	ㅇ 선원의 훈련·자격증명 및 당직근무에 관한 최저기준 규정 ㅇ 선장, 항해사, 기관사에 대한 재교육규정
어선원 훈련·자격증명 및 당직유지의 기준에 관한 국제협약(STCW-F 1995) International Convention on Standards of Training, Certification and Watchkeeping for Fishing Vessel Personnel, 1995	ㅇ 어선원의 훈련·자격증명 및 당직유지 기준
해상수색 및 구조에 관한 협약(SAR 1979) International Convention on Maritime Search and Rescue, 1979	ㅇ 조난자에 대한 연안국의 수색 및 구조 의무화 ㅇ 구조조정본부 및 지부의 설치 등 수색·구조 체제의 확립 ㅇ 인접국가와 공동 수색·구조구역설정, 장비의 상호이용, 요원의 훈련에 관한 협정

► 책임 및 보상관련 협약(협약 명칭만 정리)

1	1969 유류오염손해에 대한 민사책임에 관한 협약(CLC 1969)	10	승객 및 수하물의 해상운송에 관한 아테네 협약 1976 의정서(PAL Protocol 1976)
2	유류오염손해에 대한 민사책임에 관한 협약의 1976 의정서(CLC Protocol 1976)	11	승객 및 수하물의 해상운송에 관한 아테네 협약 1990 의정서(PAL Protocol 1990)
3	유류오염손해에 대한 민사책임에 관한 협약의 1992 의정서(CLC Protocol 1992)	12	승객 및 수하물의 해상운송에 관한 아테네 협약 2002 의정서(PAL Protocol 2002)
4	유류오염손해보상을 위한 국제기금 설치에 관한 협약의 1976 의정서 (FUND Protocol 1976)	13	해사채권 책임제한협약(LLMC 1976)
5	유류오염손해보상을 위한 국제기금 설치에 관한 협약의 1992 의정서 (FUND Protocol 1992)	14	해사채권 책임제한협약 1996 의정서 (LLMC Protocol 1996)
6	유류오염손해배상을 위한 국제기금 설치에 관한 협약의 2000 의정서 (FUND Protocol 2000)	15	유독 유해 물질의 해상운송에 따른 손해 배상책임에 대한 국제협약 (HNS Convention 1996)
7	유류오염손해보상을 위한 국제기금 설치에 관한 협약의 2003 의정서 (Fund Protocol 2003)	16	유독 유해 물질의 해상운송에 따른 손해 배상책임에 대한 국제협약 2010 의정서 (HNS Protocol 2010)
8	핵물질의 해상운송에서의 민사책임에 관한 협약(NUCLEAR 1971)	17	2001 연료유 협약 (Bunkers Convention 2001)
9	승객 및 수하물의 해상운송에 관한 아테네 협약(PAL 1974)	18	난파물제거협약 (Nairobi WR convention 2007)

3-1-2 국내법령

□ 개념

○ 국제기준인 국제협약을 국내에 수용하거나, 국제협약 비적용 선박에 대해 자국의 안전관리 기준을 마련한 개념이다.

□ 주요법령

○ 선박관련 국내기준을 기능상으로 구분해보면 등록, 검사 및 운항에 관한 것으로 분류할 수 있고, 각각은 대상선박*, 법률 소관 부처** 등 여러 이유로 다양한 형태의 법률에 따라 관리된다.

* 국내법에 따른 분류는 크게 선박, 어선 및 수상레저기구 3가지로 분류됨

** 각 법률의 소관부처는 크게 해양수산부, 해양경찰청 및 행정안전부로 구분되며, 아래 소개되는 각 법률은 국가법령정보센터(www.law.go.kr)을 통해 확인 가능

① **(선박법)** 선박등록(말소 포함)에 관한 법률로써 등록을 위한 톤수측정과 등록에 따른 선박국적에 관한 사항을 규정하고 있음

* 법률은 세부사항을 법령체계에 따라 선박법 시행령(대통령령) 선박법 시행규칙(해양수산부령)으로 위임하고 있으며, '선박톤수의 측정에 관한 규칙'(해양수산부령)을 동 법률의 하위법령으로 함께 관리하고 있음. 보다 상세한 기준은 행정규칙(고시, 예규 및 훈령)으로 위임하며, 이하 법률도 동일한 구성임

② **(선박안전법)** 선박의 감항성 확보와 안전운항을 위해 건조 및 검사기준을 규정하고 있는 법률로 적용대상에서 어선과 수상레저기구를 제외함

* 법률은 세부사항을 법령 체계에 따라 선박안전법 시행령(대통령령) 선박안전법 시행규칙(해양수산부령)으로 위임하고 있으며, '선박의 검사 등에 관한 수수료 규칙', '위험물 선박우송 및 저장규칙' 및 '특수화물 선박운송 규칙'(해양수산부령)을 동 법률의 하위법령으로 함께 관리하고 있음

③ **(어선법)** 어선의 등록(말소 포함), 건조, 검사, 거래 및 연구에 관한 기준을 규정하는 법률로 일부 기준을 선박법 및 선박안전법으로 부터 준용하고 있으나, 어선만을 위한 독립적인 구조를 갖춤

* 법률은 세부사항을 법령 체계에 따라 어선법 시행령(대통령령), 어선법 시행규칙(해양수산부령)으로 위임하고 있음

④ **(수상레저법)** 수상레저기구의 등록 및 검사, 조종자격 및 운항시 안전요건 등을 규정하는 법률로 특이한 점은 일부 경우 소유자 선택에 따라 선박법(레저선) 또는 동법(수상레저기구)로 등록 가능

* 법률은 세부사항을 법령체계에 따라 수상레저안전법 시행령(대통령령), 수상레저안전법 시행규칙(해양수산부령, 실제 해양경찰청 담당)으로 위임하고 있음

⑤ **(낚시관리 및 육성법)** 선박 측면에서 법률을 살펴보면, 어선 중 일정기준을 만족하는 경우, 낚시승객을 태워 낚시어선업을 할 수 있도록 하되, 어선법 외의 일정 안전기준을 추가로 요구함

* 법률은 세부사항을 법령 체계에 따라 낚시관리 및 육성법 시행령(대통령령), 낚시관리 및 육성법 시행규칙(해양수산부령)으로 위임하고 있음. 특이사항으로 20년의 선령 제한기준을 마련하고 있음

⑥ **(유선 및 도선 사업법)** 선박 측면에서 법률을 살펴보면, 유선 및 도선에 대해 안전기준(선박안전법 기준준용 및 일부 안전요건 추가 요구), 선원자격 및 안전교육 등에 대한 기준을 규정

* 법률은 세부사항을 법령 체계에 따라 유선 및 도선사업법 시행령(대통령령), 유선 및 도선 사업법 시행규칙(행정안전부령)으로 위임하고 있음. 특이사항으로 선박안전법 적용유무 및 선질에 따른 선령 제한기준을 마련하고 있음

** Tip. 유선과 도선의 기능적 차이는 유선은 유락을 목적으로 특정 항로를 갖지 않고 운항하며, 도선은 도서간의 운송 등을 목적으로 특정 항로(출항지-목적지를 가짐)를 가지고 그 사이를 운항하는 것임

⑦ **(선원법)** 선장의 직무와 권한, 선원의 근로여건(계약, 임금, 근로시간, 휴가, 보건 및 복지), 이행사항 감독 등을 규정하고 있으며, 운항 측면에서는 선장의 직무(항해당직 등) 내용이 주요 조항임

* 법률은 세부사항을 법령체계에 따라 선원법 시행령(대통령령) 선원법 시행규칙(해양수산부령)으로 위임하고 있음. '선원근로감독관규정'(대통령령), '선원근로감독관직무규칙'(해양수산부령)과 '선원노동위원회규정'(대통령령) 및 '선원의 안전 및 위생에 관한 규칙'(해양수산부령)을 동 법률의 하위법령으로 함께 관리하고 있음

⑧ **(선박직원법)** 선박직원(선원)의 직무자격을 규정하는 법으로 선박 규모별 운항 시 항해사, 기관사, 통신사 및 운항사 등의 요구등급과 각 자격 취득을 위한 조건 등을 규정하고 있음

* 법률은 세부사항을 법령 체계에 따라 선박직원법 시행령(대통령령), 선박직원법 시행규칙(해양수산부령)으로 위임하고 있음

⑨ **(해사안전법)** 선박의 운항시 항로제한, 해상교통 안전관리, 선박 및 사업장의 안전관리와 선박의 항법 등에 대해 규정한 법률로 해상에서의 교통법규에 비유 할 수 있음

* 법률은 세부사항을 법령 체계에 따라 해사안전법 시행령(대통령령), 해사안전법 시행규칙(해양수산부령)으로 위임하고 있음

⑩ **(어선안전조업법)** 어선의 조업(해양작업)을 감안하여, 출입항신고, 조업·항행 제한 및 조업시 안전확보를 위한 조치 등을 규정한 법률로 어선에 대한 해사안전법에 비유 할 수 있음

* 법률은 세부사항을 법령 체계에 따라 어선안전조업법 시행령(대통령령), 어선안전조업법 시행규칙(해양수산부령)으로 위임하고 있음

3-1-3 법령체계 및 기본개념

□ 개념

○ 선박건조시 물리적 제약조건 외에도 법령, 협약 및 계약사항 등이 존재하며, 계약사항은 선주와의 계약관계에서 발생하는 것으로 필요시 협의를 통해 조정할 수 있다.

○ 하지만, 법령과 협약은 사회적 파급효과를 고려하여 요구되는 강제적인 안전 기준으로 반드시 만족해야 하며 이에 따라 법령의 체계 등에 대한 기본적인 이해를 갖는 것은 중요한 부분이다.

□ 법령체계

○ **(법령간 체계)** 우리나라의 법령은 헌법을 정점으로 하여 세부적인 내용을 하위법령 이관하는 계층적인 구조를 가진다.

< 법령 상호간 계층체계 >

○ **(법령근거)** 각 법률의 세부사항은 헌법에 의해 대통령령, 총리령 및 각 행정부의 부령으로 규정할 수 있다.

* 「헌법」제75조: 대통령은 법률에서 구체적으로 범위를 정하여 위임받은 사항과 법률을 집행하기 위하여 필요한 사항에 관하여 대통령령을 발할 수 있다.

** 「헌법」제95조: 국무총리 또는 각 행정부의 장은 소관 사무에 관하여 법률이나 대통령령의 위임 또는 직권으로 총리령 또는 부령을 발할 수 있다.

*** 「헌법」제117조: 지방자치단체는 주민의 복리에 관한 사무를 처리하고 재산을 관리하며, 법령의 범위 안에서 자치에 관한 규정을 제정할 수 있다.

○ **(법률 등 범위)** 법률, 시행령(대통령령) 및 시행규칙(총리령, 부령)은 각각 적용범위(소관사항)을 달리한다.

< 법률 등의 적용범위 >

❶ 법률: 국민의 권리 및 의무에 관한 사항 / 헌법에서 법률로 위임한 사항 → 국민의 권리를 제약하거나, 의무를 부여하는 경우 반드시 법률에서 명시되어야 함 (특히, 벌칙 등의 사항은 법률에서 규정되어야 함) ❷ 시행령(대통령령): 각 부처의 공통적인 사항 / 권한의 위임 및 위탁에 관한 사항 / 법률에서 하위법령으로 이관하는 사항 중 중요한 사항 등 ❸ 시행규칙(총리령, 부령): 각 부처가 단독으로 수행하는 사항 / 일반적이지 않고 전문적, 기술적인 사항으로 부처간 논의가 필요 없는 사항 / 각종 서류의 서식 등에 관한 사항

○ **(법률구조)** 법률의 구조는 본칙*과 부칙**으로 구분되며, 본칙은 총칙, 실체규칙, 보칙 및 벌칙으로 구성된다.

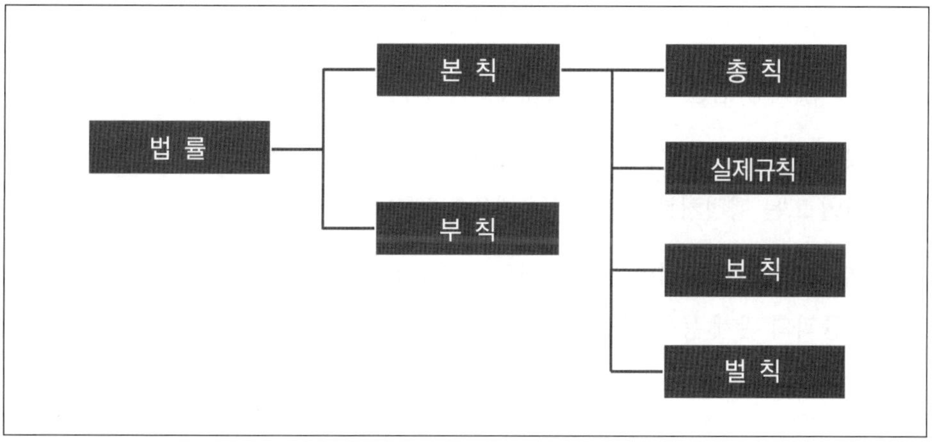

* (본칙구성) 법률의 크기에 따라 '편-장-절-관'으로 구성하며, 실제 내용은 '조' 단위로 작성하고, '조' 아래 세부내용은 '항(①②③···)' → '호(1,2,3···)' → '목(가,나,다···)'로 구분함

** (부칙구성) 부칙은 본칙의 '조' 단위로 구성함

<법률구조>

1. **민법**
[시행 2021. 1. 26.] [법률 제17905호, 2021. 1. 26., 일부개정]

⊟ 본문
- ⊞ 제1편 총칙
- ⊞ 제2편 물권
- ⊟ 제3편 채권
  - ⊞ ▸ 제1장 총칙
  - ⊟ ▸ 제2장 계약
    - ⊟ ▸ 제1절 총칙
      - ⊟ ▸ 제1관 계약의 성립
        - ▸ 제527조 계약의 청약의 구속력
        - ▸ 제528조 승낙기간을 정한 계약의 청약
        - ▸ 제529조 승낙기간을 정하지 아니한 계약의 청약
        - ▸ 제530조 연착된 승낙의 효력
        - ▸ 제531조 격지자간의 계약성립시기
        - ▸ 제532조 의사실현에 의한 계약성립
        - ▸ 제533조 교차청약
        - ▸ 제534조 변경을 가한 승낙
        - ▸ 제535조 계약체결상의 과실

어선법

[시행 2020. 8. 28.] [법률 제16568호, 2019. 8. 27., 타법개정]

□ **제41조(검사업무 등의 대행)** ① 해양수산부장관은 공단 또는 「선박안전법」 제60조제2항에 따른 선급법인(이하 "선급법인"이라 한다)으로 하여금 다음 각 호의 업무를 대행하게 할 수 있다. 다만, 선급법인의 경우 제5호 및 제5호의2의 업무는 제외한다. <개정 2009. 5. 27., 2013. 3. 23., 2013. 4. 5., 2016. 12. 27., 2017. 10. 31., 2020. 2. 18.>

1. 제3조의2제1항에 따른 어선의 복원성 승인

1의2. 제14조에 따른 어선의 총톤수 측정 · 재측정

2. 제21조에 따른 어선의 검사

3. 제22조에 따른 어선의 건조검사, 어선용품의 예비검사 및 별도건조검사

4. 제24조제1항에 따른 어선 또는 어선용품의 검정

5. 제25조제1항에 따른 지정사업장의 지정을 위한 조사

5의2. 제25조제3항 또는 제4항에 따른 어선, 어선의 설비 또는 어선용품의 확인

5의3. 제26조의2에 따른 제한하중등의 확인 및 하역설비검사기록부의 작성

6. 제28조제3항에 따른 어선검사증서 유효기간 연장의 승인

7. 제37조제2항에 따라 준용되는 다음 각 목의 업무

가. 「선박안전법」 제12조제1항에 따른 국제협약검사

나. 「선박안전법」 제13조제1항에 따른 도면승인

다. 「선박안전법」 제41조제2항에 따른 위험물의 적재 · 운송 · 저장 등에 관한 검사 · 승인

⊟□ **부 칙** <법률 제11754호, 2013. 4. 5.> [부칙 접기]

제1조(시행일) 이 법은 공포 후 6개월이 경과한 날부터 시행한다.

제2조(임시검사 생략에 관한 적용례) 제25조제4항의 개정규정에 따른 확인된 부분에 대한 임시검사의 생략은 이 법 시행 후 임시검사를 하는 경우부터 적용한다.

- **(총칙)** 해당 법률의 목적 및 정의 등 총괄적인 내용을 규정

- **(실제규칙)** 해당 법률의 목적을 달성하기 위해 세부적이고 상세한 내용을 규정

- **(보칙)** 해당 법률의 이행을 위해 필요한 위임·위탁 등의 내용을 규정

- **(벌칙)** 실체규칙에서 규정한 내용을 이행하지 않거나, 적합하지 않는 경우 등에 대한 처벌 또는 행정처분(과태료 등) 내용을 규정

- **(부칙)** 해당 법률 시행에 관한 내용인 시행일, 유효기간, 적용례*, 경과조치** 및 다른 법률과의 관계 등을 규정

* 적용기준이 모호하거나 복합한 경우, 적용례를 통해 명확하게 설명

** 특정한 기준이 신설되었을 때, 기존의 대상에 대해 적용여부를 설명하며, 통상 기존대상을 소급 적용하지 않을 때에는 '이 기준 시행 이전에 대상은 이 기준을 만족한 것으로 본다'는 등의 표현을 통해 적용여부를 명시

○ **(제정 및 폐지)** 규율하고자 하는 입법사항이 기존 법률의 개정으로 규정하기 곤란한 경우 제정을 하며, 법령의 효용이 다하거나 다른 법률과 통합되는 경우 폐지*한다.

* 폐지된 법률이라 할지라도 연혁법률로써 관리될 필요가 있기 때문에 폐지시 부칙 제1조(시행일), 제2조(법률의 폐지) 내용을 명시하여야 함

○ **(개정원칙)** 법률에서 행정규칙까지의 법규의 통상적인 개정방식으로 본칙은 흡수식, 부칙은 증보식으로 적용한다.

- **(본칙-흡수식)** 개정전 조문과의 충돌을 피하기 위하여 개정문은 남기고, 종전의 조문은 삭제하는 방식
- **(부칙-증보식)** 부칙은 시행일, 적용예 등 본칙의 상세한 적용기준을 규정함에 따라 History 관리를 위해 누적하여 기입하는 증보식 적용

* 통상 법률의 개정시 기존의 대상은 '부진정소급 적용원칙'에 따라 개정내용을 적용하지 않지만, 일부 경우 소급하여 적용하기도 함(세법 등은 소급적용의 대표 사례)

○ **(개정방식)** 개정방식은 전부개정, 일부개정 및 일괄개정 등이 있고 세부내용은 다음과 같다.

- **(전부개정)** 개정 조문수가 전체조문의 2/3 이상인 경우로, 내용이나 형식의 전반적인 개정이 요구되거나 법률의 핵심 내용이 변경되는 경우 적용하는 방식

* 주의사항: 전부개정시 기존 부칙은 모두 삭제(소멸)되고 실효됨에 따라, 효력을 유지해야 하는 부칙인 경우, 다시 전부개정법률안의 부칙에서 규정해야 함

** Tip. 전부개정과 폐지·제정의 차이: 전부개정은 개정전후 법률의 동질성을 강조하는 경우에 적용하고, 폐지·제정은 신구법간의 본질적인 내용의 변경시 적용

- **(일부개정)** 특정 1개 법률에 대해 전부개정이 아닌 경우에 해당
- **(일괄개정)** 관련성 있는 다수의 법률을 한 번에 개정하는 경우 적용

< 일괄개정 주요원칙 >

❶ **(법률 제명)** A법률의 제개정 또는 폐지에 따라 B,C 등의 다수 법률에 인과관계가 존재할 때와 인과관계 없이 병렬적 관계일 때 제명을 달리 적용 ► (인과관계) 'A법 시행(제정 또는 개정)에 따른 B 법 등의 정비에 관한 법률안' ► (병렬관계) '~~를 위한 A법 등 일부개정법률안' 또는 'A법 및 B법 일부개정법률안' (예시: 우리말 순화, 기관명칭 변경 등 용어변경 등은 병렬관계) ❷ (개정 방법) 일괄개정은 같은 발령 형식별로 실시 ► 대통령령은 대통령별로, 부령은 각 부처 소관부령별로, 행정규칙은 행정규칙 별로 일괄 개정 가능

❸ (조문 형식) 각 개정 대상 법령별로 조를 두고 개정지시문을 붙임

► 각 조마다 '(OO법의 개정)'과 같이 제목을 붙인 후 개정문 작성(아래 예시 참조)

제OO조 (「A법」의 개정) A법의 일부를 다음과 같이 개정한다.

제OO조 중 '□□공단'을 '△△공단'으로 한다.

○ **(개정관리)** 동일한 법규라도 개정으로 내용이 달라지기 때문에, 각 개정 법규마다 구분할 수 있는 관리체계 필요하며, 다음의 방식으로 관리된다.

- **(표기방식)** 법규명, 시행시점, 종류 및 연번 개정시점과 개정방식의 정보를 조합하여 표기함

법규명 + [시행 년월일] + [법규종류, 연번, 개정 연월일, 개정방식]

예) 선박안전법 [시행 2020. 8. 19.] [법률 제17028호, 2020.2.18., 일부개정]

- **(부칙표기 방식)** 부칙은 본칙과 달리 증보식이기 때문에 각 부칙마다 연번과 개정연월일을 표기함

부칙 + <법규종류, 연번, 개정 연월일>

예) 부칙 <법률 제17028호, 2020. 2. 18.>

3-1-4 법령검색 및 활용

□ 국내기준 검색 및 활용법(국가법령정보센터 활용방법)

○ 국내 모든 법규(법률, 법령 및 시행규칙)와 행정규칙(고시, 예규 및 훈령) 그리고 조약에 관한 내용(현행 및 연혁법령) 등을 확인 할 수 있는 곳이 법제처가 관리하는 국가법령정보센터(www.law.go.kr, 어플 有)이다.

* 실제 서비스 되는 기능은 자치법규, 판례·해석례, 법령용어 검색 등도 가능하고, 일부법령은 영문으로도 지원

- **(현행법령 검색방법)** 사이트 접속 후 법령, 행정규칙 등을 선택하고, 원하는 법률 등을 키워드*로 검색하여 최신 규정을 확인

* 법령명, 법령본문, 조문내용, 조문제목 등을 선택하고 검색시 법령제목을 알지 못하더도 해당 키워드가 포함된 모든 법률을 검색 가능

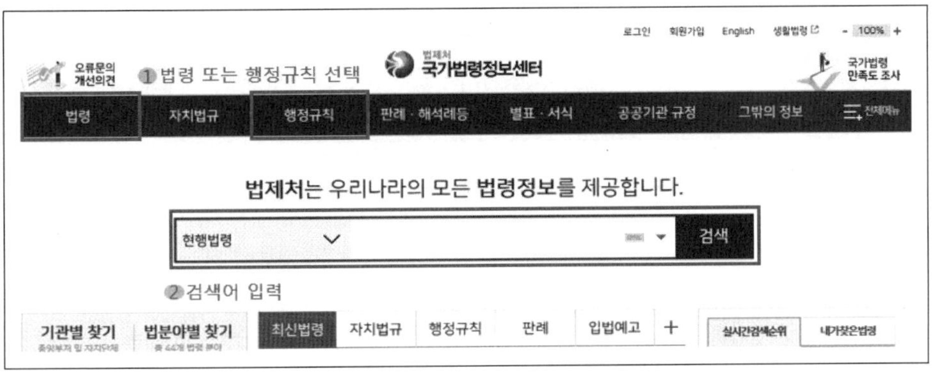

- **(연혁법령 등 검색방법)** 현행법령 검색 후 연혁법령, 외국어번역 등을 선택하여 연혁법령 및 외국어번역본 등을 확인 가능

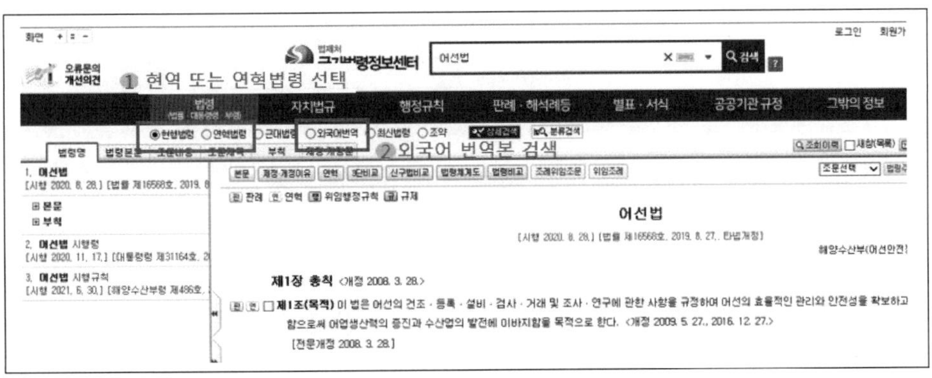

- **(제·개정 이유 확인)** 현행법령 및 각 연혁법령을 선택하고, 제정·개정 이유를 선택하여 제·개정 취지를 확인 할 수 있음

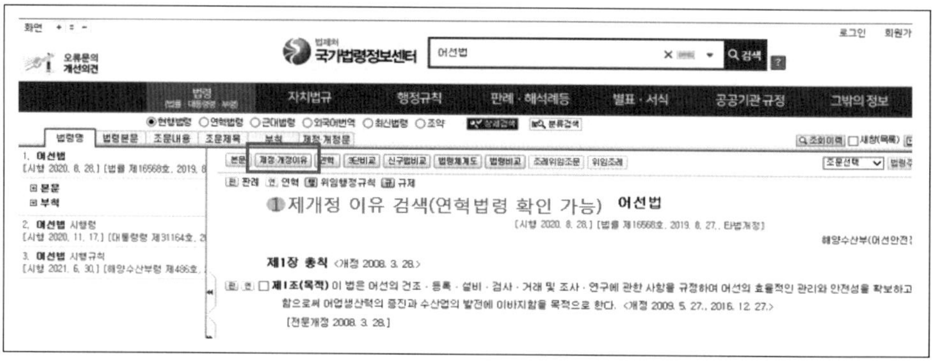

- **(법령체계 확인)** 모든 법률은 기본적인 사항을 법률에 담고 상세한 사항은 시행령, 시행규칙 및 행정규칙으로 위임하는 구조를 갖게 되는데, 법령체계도 선택 시 해당 법률의 전체 구조 확인 가능

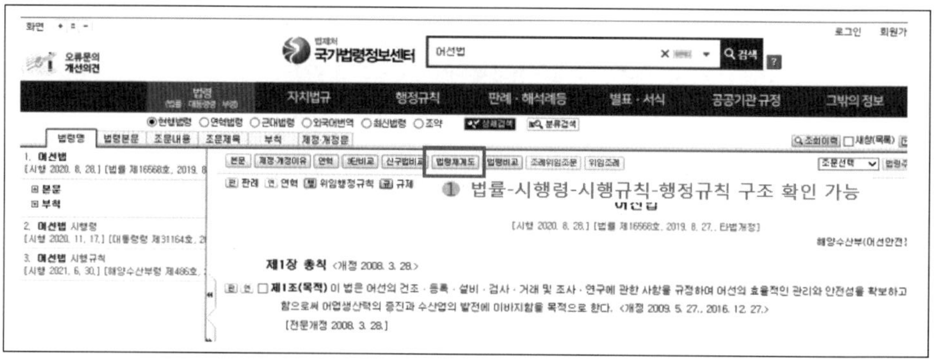

- **(법령비교)** 법률에서 시행규칙까지 위임구조를 한눈에 볼 수 있는 3단비교 기능과, 유사법률을 비교하여 볼 수 있는 법령비교 기능 有

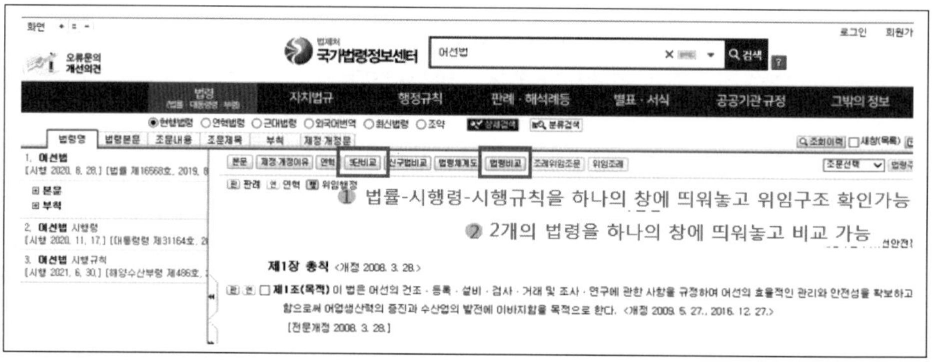

- **(조문검색)** 국가법령정보센터에서 법률 검색 후 좌측의 해당법률 선택 시 각 조문이 트리구조로 생성되어 조문명을 통해 손쉽게 법률의 주요내용과 조문을 검색가능

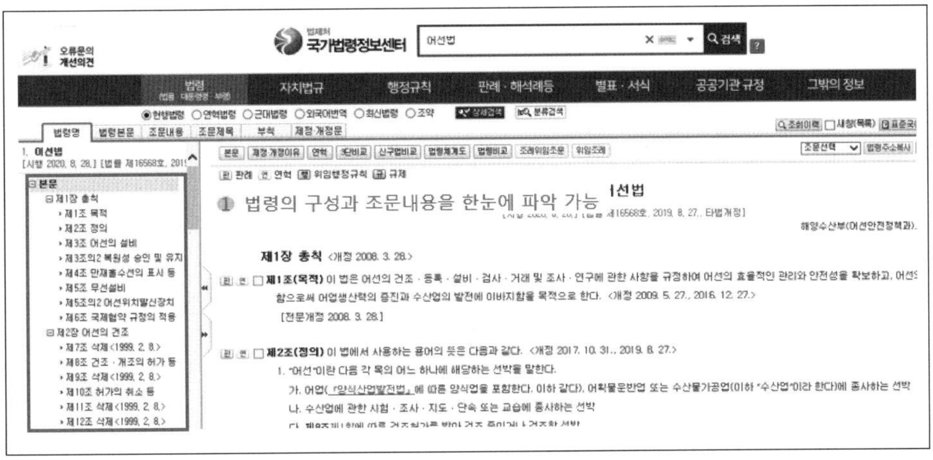

- **(기관별 검색)** 법률의 소관 기관별 검색 가능

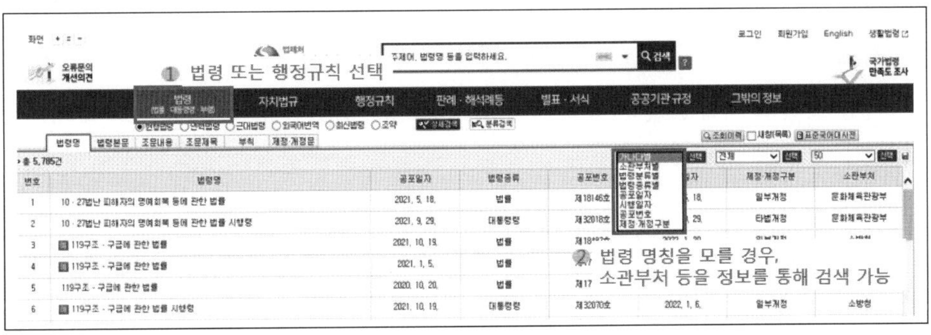

- **(다운로드)** 법률 검색 후 다운로드를 희망하는 조항을 클릭하고, 디스켓 아이콘 클릭 시 해당 내용을 파일로 다운로드 가능

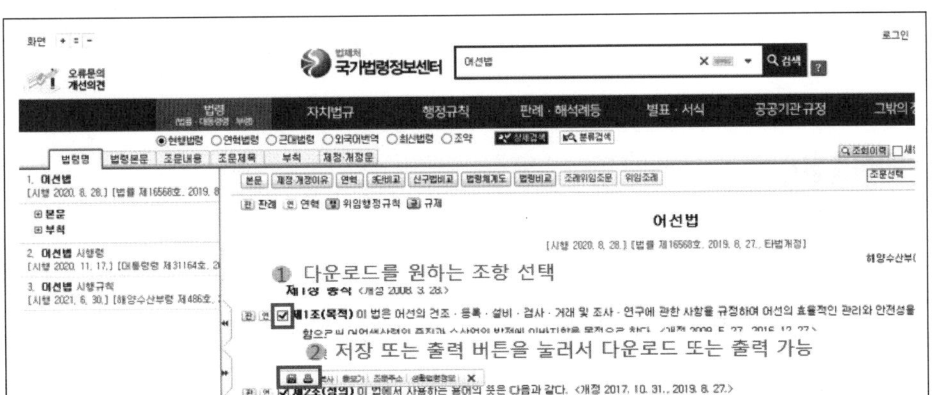

제2장 선박검사

1. 선박검사

: 국제협약과 국내법령에서 선박의 안전을 담보하기 위한 수단으로 선박검사를 규정하고 있다. 선박 자체에 대한 검사는 크게 기국검사 및 협약검사로 나눌 수 있다. 기국검사 및 협약검사는 관련 법률(또는 협약)에 따라 건조 시부터 정기적으로 검사를 받도록 하고 있으며(건조검사, 정기검사, 중간검사), 개조, 해양사고 또는 목적변경 등 특정 이벤트가 발생했을 때도 검사(임시검사, 특별검사)를 받도록 하고 있다.

2. 선박용품검사

: 선박에 탑재되는 설비 중 안전과 관련 된 설비는 그 안전성을 사전에 확인하여 설치하도록 하고 있다. 통상, 엔진과 같이 규모가 크고 각 선박에 따라 제작되는 품목은 예비검사를 통해서 제품별로 검사를 하고, 구명조끼와 같이 규모가 작고 같은 형식으로 한 번에 대량의 제품을 생산하는 경우는 형식승인 및 검정을 받는다. 또한 국내에서는 일정 자격을 갖춘 경우 최초검사를 면제해주는 지정사업장 제도를 함께 운영하고 있다.

3. 항만국검사

: 외국선박이 각 국의 항(Port)에 입항하는 경우, 선박안전과 관련하여 규정된 국제협약을 만족하는지 여부에 대해서 주관청의 담당 공무원이 실시하는 검사이다. 선박검사와 내용이 일부 중복될 수 있으나, 시행주최와 시기가 다른 것이 특징이다.

3-2-1 선박검사

□ 개념

○ 선박검사는 선박의 안전성을 담보하기 위해 법규 및 협약에 따라 실시하는 것으로 강제성이 있는 것이 특징이며, 강제성은 검사합격 여부에 의해 항구 또는 해역의 출입항 통제 등으로 관리된다.

○ 선박검사는 근거, 적용대상 및 목적 등에 따라 기국검사, 협약검사 및 항만국검사로 구분할 수 있고, 기국검사와 협약검사는 다시 본선검사와 선박용품에 대한 검사로 구분할 수 있다.

□ 기국검사 및 협약검사

○ **(개념)** 기국(旗國)검사는 선박의 등록관청에서 자국 선박에 대한 안전관리를 위한 안전기준의 만족여부를 확인하는 검사라 할 수 있다.

○ **(적용범위)** 선체부터 각종 설비에 이르기까지 선박 전반에 대해 검사를 수행하며, 통상 권리 및 의무에 관한사항을 법령*에서 규정하고, 세부적인 기술기준은 행정규칙(고시)로 규정하고 있다.

* 우리나라는 크게, 선박안전법, 어선법 및 수상레저안전법으로 구분 할 수 있음

** Tip. 법규는 법, 시행령, 시행규칙 및 행정규칙을 포괄하여 의미하고, 법령은 법, 시행령 및 시행규칙까지만 의미함

○ **(검사종류)** 선박검사는 건조 시 건조검사를 시작으로 등록 후 정기적인 검사와 개조나 수리 등에 따른 비정기적 검사로 구분된다.

① **(건조검사)** 선박 건조시 안전기준 만족여부를 확인하는 검사로, 수입선 또는 법령에 따른 선박의 종류(선박, 어선 및 레저선)를 변경하여 등록하고자 할 경우*에도 건조검사를 수행

* 별도건조검사: 건조검사에 준하는 검사로, 이미 건조된 선박이 수입되는 등의 경우에 건조 시 만족하여야 하는 안전기준의 충족여부를 검사

② **(정기적 검사)** 선박건조 이후 유지상태에 대해 안전기준 만족여부를 확인하는 것으로 5년 주기 정기검사와 정기검사 사이의 중간검사로 구분

- 중간검사는 다시 제1종 중간검사 및 제2종 중간검사로 구분되며, 제1종 중간검사는 사실상 선체 및 모든 설비를 검사함에 따라 상가검사(Dock 등 육지로 선박을 올려서 검사 수행)가 필요한 것이 특징
- 제2종 중간검사는 제1종에 비해 완화된 검사로 검사항목이 작기도 하며, 상가검사가 수반되지 않는 것이 가장 큰 차이 점임
- 검사의 주기는 정기검사 5년을 주기로 그 사이 3번의 중간검사를 수행하며, 제1종 중간검사를 2번, 제2종 중간검사를 1번 실시하고, (통상 기준일 전후 3개월 내 허용) 그 시기는 법령을 따름*

* 기본적으로 「선박안전법」에서는 제2종 중간검사를 정기검사 다음으로 규정하고 있고, 「어선법」에서는 2번째 또는 3번째 중간검사 시기 중 선택할 수 있도록 하고 있음. 또한, 각각의 법률에서 규모 및 선종 등에 따라 검사시기를 달리하고 있음

< 「선박안전법」에 따른 중간검사시기 >

구분	종류	검사시기
가. 여객선, 원자력선, 잠수선, 고속선, 수면비행 선박(여객용만 해당한다) 및 선령 30년 이상 선박으로서 선박길이 24미터 이상인 선박	제1종 중간 검사	검사기준일 전후 3개월 이내
나. 다음의 어느 하나에 해당하는 선박 1) 평수구역만을 항해하는 선박길이가 24미터 미만인 선박(가목의 선박은 제외 한다) 2) 삭제 3) 준설토 운반부선 및 부유식 해상구조물 4) 선박길이가 12미터 미망인 범선	제1종 중간 검사	정기검사 후 두번째 검사기준일 전 3개월부터 세 번째 검사기준일 후 3개월까지
다. 가목 및 나목에 해당하지 아니하는 선박	제1종 중간 검사	정기검사 후 두번째 또는 세번째 검사기준일 전후 3개월 이내. 다만, 선저검사는 지난번 선저검사일부터 3년을 초과하여서는 아니된다.
	제2종 중간 검사	검사기준일 전후 3개월 이내(정기검사 또는 제1종 중간검사를 받아야 하는 연도의 검사기준일은 제외한다)

비고
1. "고속선"이란 「해상에서의 인명안전을 위한 국제협약」에 따른 고속선을 말한다.
2. "선저검사"란 선박의 밑 부분에 대한 검사를 말한다.

* 검사기준일이란, 선박검사증서의 유효기간 시작일부터 해마다 1년이 되는 날을 의미하며, 사실상 최초 정기검사로부터 매 1년 되는 날을 의미함

<「어선법」에 따른 톤급별 정기적 검사주기>

구분	2톤 미만	2~5톤	5톤 이상	
			24m 미만	24m 이상
정기검사	5년			
중간검사	없음	2.5년	2.5년	매년

* 「어선법」에 따른 어선은 「선박안전법」에 따른 선박 대비 작은 규모이며, 규모에 따라 중간검사 시기를 차등 적용하고 있어 표로 요약하면 위와 같음(참고로, 「선박안전법」에서도 2톤 미만 선박은 중간검사를 면제하고 있음)

③ **(비정기적 검사)** 개조·수리, 해양사고 등의 사유가 발생한 경우, 수행하는 검사로 크게 임시검사, 임시항행검사 및 특별검사로 구분할 수 있으나, 법령에 따라 각각의 의미가 다소 차이를 가짐

- **(임시검사)** 통상 개조·수리 등 검사상태의 변경이 있거나, 해양사고로 중대한 변경이 발생한 경우 등에 실시하며, 안전기준이 강화되어 현존선에 소급적용* 되는 경우에 수행하기도 함

* 안전관리 정책에 따라 안전기준이 강화되고 시행일 이전 건조된 선박에도 소급적용하는 경우, 개정된 기준의 발효일로부터 지정된 특정날짜 이내에 임시검사 수행

- **(임시항행검사)** 수리 등을 목적으로 조선소까지 이동하거나, 건조 시 시운전 등을 위한 검사로 해당 선박이 항해목적 등을 고려하여 최소한의 항해능력이 확보되어 있는지를 검사

- **(특별검사)** 법령에 따라 가장 큰 차이를 보이는 검사로, 해당 법령의 특징에 따라 다르며 기본적으로 상기 검사 이외의 검사라 할 수 있음(「선박안전법」은 해양사고 발생시, 「어선법」은 목적 외 사용 시 실시)

* 「선박안전법」: 해양사고 발생 또는 유사사고가 지속적으로 발생하는 경우 실시

** 「어선법」: 어업 목적 이외로 사용되는 경우 실시하며, 어선은 규모가 작고 척수가 많아 해역조사, 유도선이 들어갈 수 없는 지역의 유도선 대체 등 사용범위가 넓어, 특별검사로 어선외의 공익목적으로의 사용을 허용(단, 해당기간동안 어선으로 사용 불가)

○ **(검사기관)** 법령에 따라 검사업무의 대행기관이 지정되며, 우리나라는 선급법인* (한국선급 및 프랑스선급)과 한국해양교통안전공단에 검사업무를 위임하고 있다.

* 선박보험 가입을 위한 선급의 선택은 선박 소유주의 선택이나, 의무화 된 기국검사는 위임된 검사기관만이 수행할 수 있음(주요선급은 상호검사를 인정하고 있음)

** Tip. 선급의 시작은 선박사고로 인해 빈번한 보험료 지급 문제가 발생하자, 보험가입을 위해 선박검사 전문기관인 선급의 검사를 받도록 한 것에서 시작

※ **(협약검사)** 협약검사는 국제협약에 따라 협약적용을 받은 선박에 동일수준의 안전관리를 위해서 실시하는 검사로 큰 개념에서는 기국검사와 크게 다르지는 않으나, 용어 등 미묘한 차이를 갖는다.

< 협약검사 종류 >

❶ 최초검사: 최초로 국제항해에 사용하는 경우 받는 검사(협약 적용시 받는 최초의 검사)
❷ 정기검사: 국제협약검사증서의 유효기간이 끝난 경우 받는 검사
❸ 중간검사: 국제협약검사증서의 두 번째 검사기준일 또는 세 번째 검사기준일 전후의 3개월 이내에 받는 검사(제1종 중간검사와 유사)
❹ 연차검사: 국제협약검사증서의 매 검사기준일 전후의 3개월 이내(❸의 중간검사를 받는 연도의 검사기준일은 제외)에 받는 검사(제2종 중간검사와 유사)
❺ 임시검사: 국제항해에 취항하는 선박으로서 기국검사의 임시검사와 동일한 사유 발생시 수행

3-2-2 선박용품검사

□ 개념

○ 선박(어선)용품* 검사는 기국검사(협약검사 포함)에 포함된 내용으로 선박에 설치되는 각종 장비에 대해 본선 설치 전 장비 자체에 대해 안전성을 검사하는 과정이라 할 수 있다.

* 법령에 따라 선박용품과 어선용품은 구분되어 관리되며, 선박용품의 품목이 더 많고 어선용품은 선박용품과 거의 유사하나, 어선의 특수성 등을 고려하여 어선용품으로만 지정된 품목이 일부 있음

□ 적용범위 및 검사종류

○ **(적용범위)** 국내법규 또는 국제협약에서 규정하고 있는 설비(법정설비) 일체를 대상으로 본선 설치 전 안전기준 만족여부를 검사한다.

○ **(검사종류)** 검사종류는 설비의 유형과 생산방식 등에 따라 '예비검사'와 '형식승인 및 검정'으로 구분*된다.

* 기국검사의 경우, 지정사업장 제도를 추가로 운영하고 있으며, 인력, 설비 및 자체 품질규정 등 법규에서 요구하는 사항을 만족하고 주관청으로 부터 승인 받은 경우, 최초검사를 면제 할 수 있는 제도로 본선 및 선박용품에 적용될 수 있음

① **(예비검사)** 각 선박에 설치되는 법정설비에 대해 개별적으로 안전기준 만족여부를 검사하는 것으로, 통상 주기관과 같이 규모가 크고 복잡하며, 각 호선에 맞게 제작하여 한 번에 대량으로 생산하지 않는 경우 적용

② **(형식승인 및 검정)** 통상 구명조끼, 구명뗏목 등과 같이 규모가 작고 간단하여, 같은 제품을 한 번에 대량생산하는 경우 적용

- **(형식승인)** 해당 법정설비의 모든 요구기준에 대해 지정된 형식승인시험기관의 시험을 통해, 만족하는 경우 그 형식에 대해 승인

- **(검정)** 형식승인을 받은 경우, 제품의 수량을 기준으로 전수 또는 표본을 추출하여 형식승인 기준 중 일부 기준의 만족여부를 확인하는 단계

* 형식승인 및 검정 절차: 제작자 → 형식승인시험기관 시험의뢰 → (합격시) → 형식승인 신청(선박용품-지방청, 어선용품-해수부) → 형식승인 → 검사대행기관 검정신청 → (합격시) → 검정필 확인 후 탑재가능

○ **(검사기관)** 기국검사와 동일하게 법령에 따라 검사기관이 지정되고 있다.

3-2-3 항만국검사

□ 항만국검사(항만국 통제, Port State Control(PSC))의 개념과 기준

○ **(개념)** 외국선박이 각 국의 항(Port)에 입항하는 경우, 선박안전과 관련하여 규정된 국제협약을 만족하는지 여부에 대해서 주관청의 담당 공무원으로 하여금 검사하도록 하는 것이다.

- 선박의 협약 만족여부 및 국제관계 등을 종합적으로 고려하여, 수리 등의 시정조치 요구에서 최대 출항통제*까지 가능

* 출항통제 측면에서 기국검사와 차이를 보이며, 기국검사는 검사를 합격하지 못하는 경우 검사증서의 유효성이 만료되어 출항통제 기관에 의해 출항이 정지됨

○ **(기준)** 항만국 검사 시 적용기준은 국제협약이 되며, 「선박안전법*」에서 규정하는 항만국 통제에 적용되는 국제협약은 다음과 같다.

* 어선은 어선안전에 관한 국제협약인 「케이프타운협정(Cape town agreement)」이 발효되지 않아 실제 항만국 통제에 있어 어선에 관한 기준은 없는 실정임

< 항만국 통제시 적용되는 국제협약 종류: 「선박안전법」 기준 >

❶「해상에서의 인명안전을 위한 국제협약」 ❷「만재흘수선에 관한 국제협약」 ❸「국제 해상충돌 예방규칙 협약」 ❹「선박톤수 측정에 관한 국제협약」 ❺「상선의 최저기준에 관한 국제협약」 ❻「선박으로부터의 오염방지를 위한 국제협약」 ❼「선원의 훈련·자격증명 및 당직근무에 관한 국제협약」

부 록

1. 필수 기초수학 항목
2. 필수 기초과학 항목
3. 필수 공학이론
4. 조선소 업무의 구성
5. 기술사 취득에 관한 안내
6. 어선관련 국내외 동향

부록 1. 필수 기초수학 항목

1. 삼각함수

주기함수는 어떤 주기를 가지고 함수값이 반복되는 함수이며, 삼각함수는 가장 기본적인 주기함수이다. 따라서 공학문제를 풀기 위해 일반적으로 규칙성을 찾고, 그 규칙성을 통해 문제를 해결하는데 활용 될 수 있다.

2. 미분방정식

미분방정식은 종속변수를 독립변수에 대해 미분한 도함수를 포함하는 방정식이다. 따라서 다양한 변수들을 식으로 표현하여 실제 현상에 대한 모델링을 수학적으로 표현할 수 있다. 공학문제에도 유용하게 사용되며, 많은 공학문제는 2계 편미분 방정식이 된다. 하지만 대부분의 2계 편미분 방정식은 해석적으로 풀 수 없다. 따라서 수치해석적 접근을 통해 연립방정식으로 쪼개서 풀이하게 되며, 이때 최종적인 해를 구하는 것은 역행렬을 사용한다. 미분방정식의 해는 일반적으로 독립변수를 시간으로 함으로서 시간에 대한 상태 또는 거동을 의미하게 된다.

3. 선형대수학

선형대수학의 범주 중 공학문제에 많이 활용되는 부분은 선형성, 행렬식 및 역행렬이다. 선형성은 입력과 출력 사이에 직선의 비례관계를 갖는 것이고, 수학적으로는 Additivity($f(x+y)=f(x)+f(y)$)와 Homogeneity($f(ax)=af(x)$)가 성립함을 의미하고 이는 각 식의 중첩이 가능함을 뜻한다. 미분방정식이 선형성을 갖는 경우 여러 개의 연립방정식으로 쪼개서 풀이를 하고, 효율적인 계산을 위해서는 여러 개의 방정식을 행렬 형태로 표현하여, 역행렬을 구함으로써 한 번에 모든 방정식을 풀 수 있다. 이에 따라 역행렬 계산 중심의 선형대수학의 학습이 필요하다.

4. 테일러 급수

공학은 알고 있는 정보를 활용하여 알지 못하는 정보를 예측 하는데 목적이 있다. 테일러 급수는 알고 있는 범위 내의 정보를 활용하여 해당 범위 밖의 정보를 추정할 수 있도록 하는 유용한 수단으로 학습이 필요하다.

5. 푸리에 급수 및 푸리에 적분

푸리에 급수는 모든 주기 함수(현상)에 대해 삼각함수를 이용하여 주기함수로 표현할 수 있다는 것에서 중요한 의미를 갖고, 푸리에 적분은 비주기 함수(현상)을 주기함수로 표현할 수 있는 수단임을 기억한다.

6. 수치해석

앞서 언급한 미분방정식을 풀 수 있는 범위는 제한적이다. 하지만 공학문제의 해결을 위해서는 대안이 필요하며 이러한 대안이 수치해석이다. 핵심개념은 정확한 해를 구할 수 없으나, 유의미한 범위 내의 오차를 허용하면 근사 해를 구할 수 있으며, 그러한 해를 구하는 방법이 수치해석이라 할 수 있다.

부록 2. 필수 기초과학 항목

제1장 물리

1. 스칼라와 벡터

어떠한 상태를 표현할 때 절대적인 크기만을 나타내는 것이 스칼라이고, 크기와 방향을 갖는 것이 벡터이다.

2. 단위

단위는 상태의 종류와 크기를 나타내는 상호간의 약속이며, 완전히 독립적인 기본단위가 있고 기본단위를 조합한 단위가 있다. 그리고 국가 또는 지역간 달리 규정하기도 하나, SI단위로 적용하는 추세이다.

< 기본단위: SI단위 기준 >

차원	기호	명칭	차원	기호	명칭
길이	m	미터	온도	K	캘빈
질량	kg	킬로그램	물질량	mol	몰
시간	s	초	광도	cd	칸데라
전류	A	암페어			

3. 단위환산법

사용하는 단위가 다른 경우 등 필요시 단위를 바꾸어야 하며, 기본적인 내용이나 단위환산 오류로 치명적인 결함이 발생하기도 한다. 단위환산의 중요성을 고려하여 알기 쉽게 풀어쓴 단위환산 방법을 참고자료로 붙인다.

4. 운동의 법칙

운동법칙은 물리적 현상의 원리 또는 패턴을 설명하는 것으로 공학문제의 해결을 위한 단초가 되며, 뉴턴의 1~3법칙을 학습해야 한다.

- ► **(제1법칙 관성의 법칙)** 물체가 정지 또는 같은 속도로 운동하고 있다면 그 상태를 계속 유지하고자 한다.
- ► **(제2법칙 힘의 법칙)** 힘은 질량과 가속도에 비례한다. (F=ma)
- ► **(제3법칙 작용반작용의 법칙)** 물체에 힘을 가하면 반대방향으로 같은 크기의 힘을 작용한다.

5. 일과 에너지

공학에서는 대상의 위치나 운동상태 등이 유의미한 값이고, 이러한 상태를 바꿀 수 있는 원동력이 에너지며, 상태를 바꾸는 행위를 일이라고 한다. 따라서 일과 에너지는 같은 의미이다.

< 기본개념 >

기호 단위
- ► **(질량, m, kg, 스칼라)** 물체의 고유값

  * (주의) 무게는 중력가속도가 고려된 값으로 지구나, 달 혹은 그 밖의 우주공간에 따라 값이 다르지만 질량은 항상 같다(참고: kgf로 표기 된 경우, f는 중력가속도 g라고 볼 수 있음)

기호 단위
- ► **(속도, v, m/s, 스칼라)** 물체의 이동거리를 소요된 시간으로 나눈 값

기호 단위
- ► **(가속도, a, m/s^2, 벡터)** 속도의 시간당 변화량

기호 단위
- ► **(힘, F, kg*m/s^2, 벡터)** 질량과 가속도의 곱

기호 단위
- ► **(일, J, (kg*m/s^2)*m, 벡터)** 힘과 힘의 방향으로 이동한 양을 곱한 값

기호 단위
- ► **(일량, W, [(kg*m/s^2)*m]/s, 벡터)** 시간당 일의 양

< 일과 에너지전환 >

❶ 위치에너지 = mgh (m: 질량, g: 중력가속도, h: 기준점으로 부터의 높이)

❷ 탄성에너지 = $\frac{1}{2}kx^2$ (k: 스프링상수[N/m], x: 기준점으로 부터의 거리)

* 탄성에너지 = $\int_0^x (kx)dx = \frac{1}{2}kx^2$

❸ 운동에너지 = $\frac{1}{2}mv^2$ (m: 질량, v: 속도)

* 운동에너지 = Fxd = (ma)xd = $m[\frac{v_{나중} - v_{처음}}{t}][\frac{1}{2}(v_{처음} + v_{나중})t] = \frac{1}{2}mv^2$

F: 힘[N], d: 이동거리[m], t: 시간

► 각 에너지는 다른 형태의 에너지 또는 일로 전환 가능

6. 질량보존, 운동량보존, 에너지보존 법칙

보존법칙은 자연현상의 원리를 과학적으로 표현한 것이다. 보존된다는 것은 변화하기 전후의 총량이 유지된다는 의미이다. 따라서 공학에서 문제해결을 위한 수단으로 사용되며, 실제 공학 문제에서는 수학적인 등식으로 표현하여 알고 있는 상태의 정보로 특정 상태를 예측할 수 있도록 한다. 보존법칙은 질량보존, 에너지보존, 운동량보존, 각운동량 보존이 있다.

참고 단위환산

□ 목적

○ 앞서 '단위'에 대한 주제에서 살펴본 바와 같이 같은 차원의 단위라 할지라도 국가별로 달리 사용될 수 있다.

○ 또한, 기본단위가 조합된 단위를 활용하거나 과학 또는 공학문제의 풀이과정에서 단위 간의 곱셈이 발생하는 등 단위환산의 이해가 필요하다.

□ 단위환산 방법

○ 등식 또는 부등식의 양변에 같은 값을 더하거나(혹은 빼거나) 아니면 곱하거나(혹은 나누거나) 하여도 결과는 동일하다.

○ 단위환산도 동일한 원리를 적용할 수 있으며, 단위자체를 하나의 '항'으로 보고 같은 값을 곱하거나 나누어 줌으로써 단위환산이 가능하다.

□ 단위환산 예시

○ 대기압을 예시로 하여, 단위환산과 단위의 곱셈 및 나눗셈을 설명한다.

* 대기압 = 0atg = 1atm = 1.0332ata = 1.0332kg/cm^2 = 10.332mAq
= 1.013bar = $1.013 \times 10^5 N/m^2$(Pa) = 0.1013Mpa = 760 mmHg

- 예로 bar를 파스칼(Pa) 단위로 환산한다. 단위환산의 핵심은 단위를 무차원화하여 1로 만드는 것이고, 단위의 곱셈과 나눗셈은 각 단위를 하나의 항으로 볼 수 있다는 것이 원리임

① 1.013bar = $1.013 \times 10^5 N/m^2$(Pa) ------- (1 / 1.013bar)를 양변에 곱함
② 1 = (1.013×10^5 Pa / 1.013bar) ------- 무차원화 되었고, 1은 등식 또는 부등식 양변에 곱하여도 결과가 동일
③ bar를 Pa 단위로 환산시 (1.013×10^5 Pa / 1.013bar)를 곱함
(예시) 10bar = ?Pa
→ 10bar × (1.013×10^5 Pa / 1.013bar) = ?Pa × (1.013×10^5 Pa/1.013bar)
→ 10bar × (1.013×10^5 Pa / 1.013bar) = ?Pa × 1
→ 10bar × (1.013×10^5 Pa / 1.013bar) = ?Pa
→ 10 × (1.013×10^5 Pa / 1.013) = ?Pa
→ 10 × (1.013×10^5 / 1.013)Pa = ?Pa

제2장 화학

1. 물질의 상태

물질은 구성하고 있는 기본단위(분자, 원자)의 활동정도에 따라 고체, 액체 및 기체로 구분된다. 물리에서 대상물질이 외부환경에서 어떻게 거동하는가에 대해 분석한다면, 화학은 대상물질의 내부적 변화에 대해 분석한다. 조선공학에서 화학 관련 내용이 사용되는 것은 공조냉동설비 등에 제한적으로 사용되어 왔으나, 최근 환경규제 관련으로 LNG와 같이 친환경 추진연료에 대한 중요성이 부각되고, 해양플랜트의 정유 프로세스 등에 사용되는 점을 감안 할 때 학습이 필요하다.

2. 순수물질과 혼합물

순수물질은 전체가 같은 입자 종류를 갖는 화합물을 말하며, 화합물은 두 가지 이상의 원소(더이상 분해되지 않는 물질)가 일정한 비율로 결합한 것을 말한다. 혼합물은 2가지 이상의 화합물이 섞여 있는 것으로서, 1가지 상으로 존재하면 균일혼합물, 2가지 이상으로 상을 갖는다면 불균일혼합물이다.

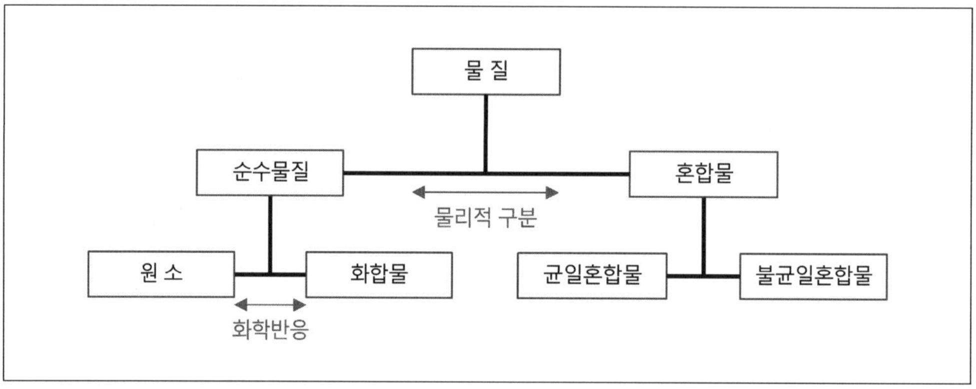

3. 원소, 원자 및 분자

원자는 물질을 구성하는 최소단위로써, 원소가 원자의 종류라고 하면, 원자는 개수를 의미하며, H_2O인 경수 원소는 2개(H.O), 원자는 3개(H 2개, H 1개)가 된다. 분자는 2개 이상의 원자가 결합하여 고유한 성질(특성)을 갖는 묶음 단위이다. 원자와 분자에 관한 주요 이론과 그 배경은 다음과 같다.

< Dalton의 원자론 - 질량보존 및 일정 성분비의 법칙 >

❶ 물질은 더 이상 쪼개질 수 없는 작은 입자인 원소로 구성

❷ 같은 원소의 원자는 모두 동일한 성질을 갖고, 한 원소의 원자는 다른 원소의 원자와 구분됨

❸ 화학반응으로 원자를 다른 종류의 원자로 바꿀 수 없음. (원자는 화학반응으로 변화하지 않음)

❹ 화학반응은 원자들이 교환되어 다른 화합물을 이루는 것

► 질량보존법칙: 화학반응 전과 후에 물질의 전체 질량은 항상 같다.

► 일정 성분비의 법칙: 화합물을 구성하는 원자의 종류와 숫자는 일정하다.

► 배수비례의 법칙: 두 가지 이상의 원소들이 화합물을 생성할 때는 간단한 자연수비로 결합한다. (두 가지 이상의 원소들이 화합물을 생성할 때는 각 원소의 질량비는 일정하다.)

4. 원자와 이온

물질의 최소단위인 원자는 다시 원자핵과 전하로 구성되고, 원자핵은 양성자와 중성자로 이루어 진다. 대부분의 질량은 양성자와 중성자가 차지하며, 전하는 가지고 있는 에너지 크기에 따라 원자핵으로부터 일정한 거리를 유지하며 불규칙하게 운동한다, 가장 최외곽에 있는 전자의 수에 의해 원자의 특성이 영향을 받는다. 관련하여 원자의 결합에 대한 오비탈(Orbital) 이론이 있다.

5. 원소의 주기성

원자량의 증가 순서대로 원소를 배열하고, 최 외곽 전자수에 따라 동일한 특성을 갖는 그룹(족)을 묶어 1~18족으로 분류한다. 이것이 원소주기율표이고, 원소의 주기성을 압축적으로 표현한다. 각종 화학식을 이해하는 바탕이 된다.

6. 화학결합

화학결합(Chemical bond)은 분자 내에서 원자들이 인력(양이온과 음이온 간 인력)에 의해 결합되어 있는 것이다. 결합방식으로 이온결합 및 공유결합 등이 대표적이다.

7. 산화와 환원

산화는 산소와 결합하거나 전자를 잃으면서 에너지를 방출하는 현상이다. 환원은 이에 대한 역반응이며 선박에서 친환경 연료의 필요성이 높아지는 상황에서 산화와 환원 반응을 기초로 화학식을 이해할 필요가 있다.

제3장 전기

1. 전하

물질은 양전하와 음전하로 이루어지고 평형상태에서 극성을 띄지 않는다. 하지만 외적 변화에 따라 음전하는 이동을 함으로써 극성을 가지게 된다. 이와 관련된 핵심개념은 다음과 같다.

❶ 전하는 양전하와 음전하로 나뉘며, 같은 전하끼리는 밀어내고, 다른 전하 간에는 인력이 존재한다.
❷ 전하 사이의 힘은 거리의 제곱에 반비례한다.
❸ 전하는 항상 보존된다.
❹ 음전하만이 이동한다.
► 쿨롱의 법칙: 전하 사이에 작용하는 힘(정전력)은 두 전하의 전하량의 곱에 비례하고, 거리의 제곱에 반비례한다.

2. 전위차와 전위

전위차는 두 지점 사이의 전위의 차이를 말하며, 예를 들면 한쪽 지점에 음의 전하가 다른 지점의 음의 전하보다 많다고 하면 그만큼의 전위차이가 발생했다고 할 수 있다. 전압 또는 전기압력이라고도 불린다.

3. 전류

앞선 설명의 전기압력이란 이름에서 볼 수 있듯이 전하는 유체와 같이 높은 곳에서 낮은 곳으로 이동하게 된다. 이러한 흐름을 전류라 한다.

4. 저항

저항은 전기의 흐름(전류)을 방해하는 성질을 말하며, 도체의 단면적이 작을수록, 길이가 길수록, 온도가 높을수록 저항은 증가한다. 전압은 전류와 저항의 곱이라는 상관 관계를 가진다.

❶ 전압[v] = 전류[I] × 저항[R]
❷ 동력[W] = 전압[v] × 전류[I]
❸ 전력량[W·h] = 동력[W] × 시간[h]
※ 도체에 전류가 흐르면 저항에 의해 열이 발생한다[1kw = 0.24 kcal/s]

5. 전기회로

전압과 저항(실제 우리가 사용하고자 하는 전구나 모터가 저항이 된다.)을 이용하여 전기회로를 구성하며, 저항을 어떻게 배치하는가에 따라서 전기회로의 특성이 달라진다. 직렬로 연결하면 각 저항에 동일한 전류가 흐르고, 병렬로 연결하면 각 저항에 동일한 전압이 발생한다. 세분화하면 △접속과 Y 접속이 있으며, △접속 등은 기기장비의 Starting 시 소요전력을 줄이는 방법으로 사용된다.

< 전기회로 구성시 주요원리 >

❶ 전류평형의 법칙(키로히호프 제1법칙): 전기회로의 한 점에 흘러들어오는 전류의 총합과 흘러나가는 전류의 총합은 같다.
❷ 전압평형의 법칙(키로히호프 제2법칙): 임의의 폐회로망에서 기전력의 합은 그 폐회로망 내의 각 저항에 의한 전압강하의 합과 같다.

6. 자기장과의 상관관계

자기장은 자기력이 미치는 장(Field)이며, 자기장 내의 도체에 전류가 흐르면 힘이 발생한다. 이것을 전자기력(또는 전자력)이라 한다. 이러한 원리가 모터의 작동원리이다. 또한 반대로 자기장 내에서 도체를 움직이면 기전력(전압)이 발생하는데 이것이 전자유도이다. 전자유도의 원리가 발전기의 핵심원리이다.

자기장 내의 도체에 흐르는 전류를 변화하면, 코일 자체의 유도기전력(전압)이 발생하는데 이러한 현상을 자기유도라 하며, 두 개의 코일을 갖추고 한쪽 코일의 전류를 변화시킬 때, 다른 한쪽의 코일에 기전력(전압)이 유도되는 것을 상호유도라 한다.

❶ 플래밍의 왼손법칙: 전자기력(F, 엄지), 자기장방향(B, 검지), 전류(I, 중지)는 각각 직교하는 방향의 관계를 가진다.
❷ 페러데이 법칙: 유도기전력의 크기는 코일의 감은 횟수와 단위시간 당 자속변화에 비례한다.
❸ 렌쯔의 법칙: 유도기전력의 방향은 자속의 변화를 방해하는 방향으로 발생한다.
❹ 자기유도: 코일의 전류변화 → 기전력 발생시킨다.
❺ 전자유도: 자기력 변화(코일수/회전수) → 기전력 발생시킨다.
❻ 상호유도: 한쪽 코일의 전류변화 → 다른 한쪽 코일의 기전력 발생시킨다.

7. 직류와 교류

직류(D.C Direct Current)는 시간에 따른 전류의 크기와 방향이 일정한 전류이고, 시간에 따라 전류의 크기와 방향이 바뀌는 것이 교류(A.C Alternating Current)이다. 각각의 특징으로 직류는 극성이 변하지 않아 전자파가 발생하지 않는다(통신유도 장애 낮음)는 것이고, 교류는 변압이 쉬워 송전시 유리한 점이 있고 원하는 전압을 얻기 쉽다.

교류는 주기적으로 변화하기 때문에 다음과 같이 직류와 동등한 일을 하는 것을 규정한 실효값 등의 개념을 갖는다. 또한 이러한 개념의 연장선에서 시간에 따른 위상의 차이로 인해 실제 전력으로 사용 될 수 있는 유효전력과 그렇지 못한 무효전력으로 구분한다. 교류전류를 사용할 경우, 이러한 문제를 해결하기 위하여 시간 차이를 두고 동일한 교류전류를 흘려보내는 3상 방식을 적용한다(동일한 3개의 단상 교류전류를 위상차이를 두고 흘려보냄).

< 직류와 교류 차이 >	< 유효전력과 무효전력 >
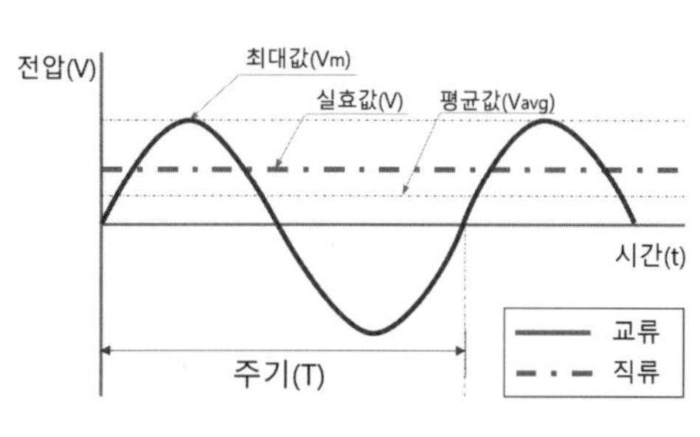	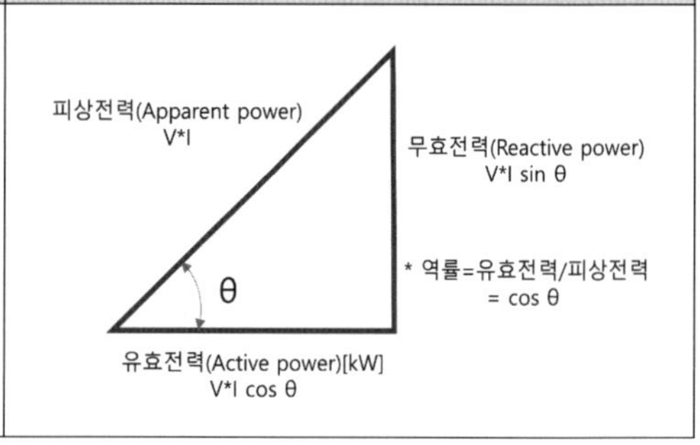

8. 발전기와 전동기

발전기는 자계 속에서 도체를 회전시킴으로써 자기력의 변화를 통해 기전력을 발생시킨다. 전동기는 자계 속에 위치한 도체에 전류를 흘려 회전력을 발생시키는 장치이다. 발전기와 전동기는 전자기유도와 플래밍의 왼손법칙에 따라 동일한 원리를 갖는다. 전동기를 회전시키면 발전기와 동일한 역할을 할 수 있다. 참고로 변압기는 상호유도 원리를 이용하여 전압을 변화시킨다.

부록 3. 필수 공학이론

제1장 공학일반

1. 1차 모멘트(도심, Centroid)

1차 모멘트는 대상물체의 대표값 또는 평균값을 의미하며, 도형인 경우 면적의 중심이, 질량을 가진 경우 무게중심이 된다. 정역학에서는 자중이, 동역학 등에서는 물체에 작용하는 힘이 무게중심에 작용한다고 가정하기 때문에 힘의 작용점을 구할 때 활용된다. 재료역학에서는 보가 굽힘을 받을 때 인장이나 압축이 발생하지 않는 단면인 중립축(단면의 중심)을 구할 때 활용됨에 따라 1차 모멘트를 반드시 이해해야 한다. 참고로 폭이 같다면 면적의 중심과 무게중심은 다르지 않으며, 2차원 평면에 균일 폭을 적용하면 면적중심과 무게중심이 같음을 알 수 있다(역학계산시 균일한 두께를 갖는 경우, 두께를 무시하고 2차원 평면으로 대상을 가정하여 계산하여도 같은 결과를 갖기 때문에 2차원 평면으로 가정한다. 다만, 두께가 다르거나 밀도가 다른 경우에는 해당 구간을 분할하여 각각의 1차 모멘트를 구하고 다시 전체 대상에 대해 1차 모멘트를 구하여 실제 대표값을 찾는다.).

주의할 점은 1차 모멘트는 임의의 기준선으로부터 평균값을 나타내기 때문에 직교좌표계를 적용할 경우, x,y 방향 각각에 대한 1차 모멘트를 계산해야 대표 점(point)으로 특정할 수 있다.

매번 1차 모멘트의 정의를 통해 값을 구하는 것은 비효율적이며, 기본도형에 대해 1차 모멘트 값 공식을 암기하여 활용하고, 형상이 복잡한 경우 대상을 기본도형으로 분할하고 각각의 1차 모멘트 값을 활용하여 전체 대상의 1차 모멘트를 구한다.

► 1차 모멘트 정의

$$\bar{y} = \frac{1}{A}\int y\,da\ [m]$$

► 1차 모멘트 공학적 의미: 무게중심 또는 면적중심 등 대푯값을 의미

► 1차 모멘트 수학적 의미: 평균값을 의미

$$\bar{y} = \frac{1}{A}\int y\,da \Leftrightarrow 평균 = \frac{\sum_{i=1}^{N}(계급값_i \times 도수_i)}{도수의\ 합}$$

∴ 계급값 = y, 도수 = da, 도수의 합 = A

► 기본도형에 대한 1차 모멘트

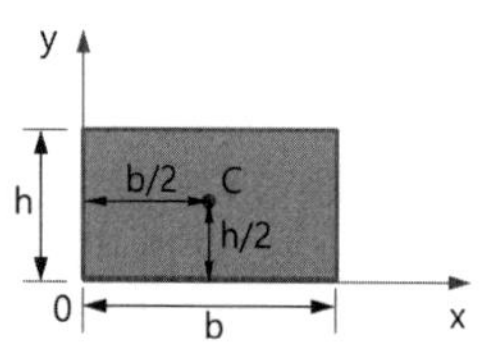

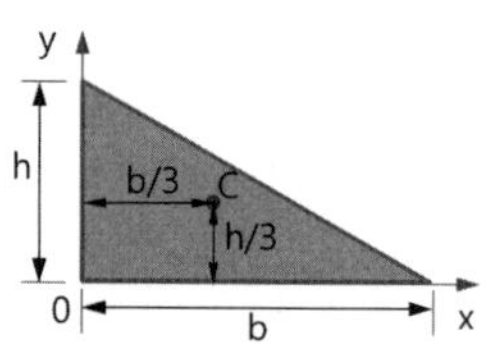

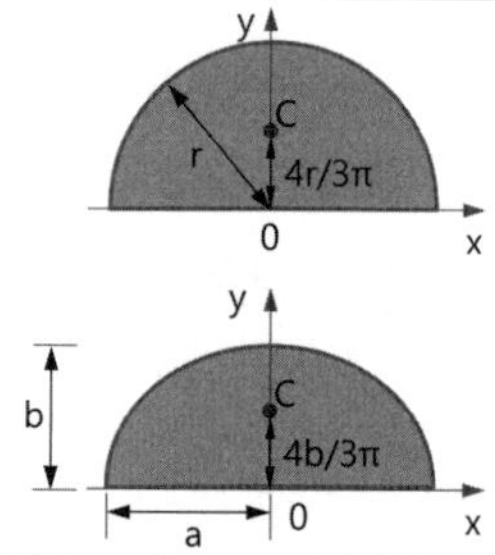

► 기본도형을 활용한 기타형상의 1차 모멘트 계산

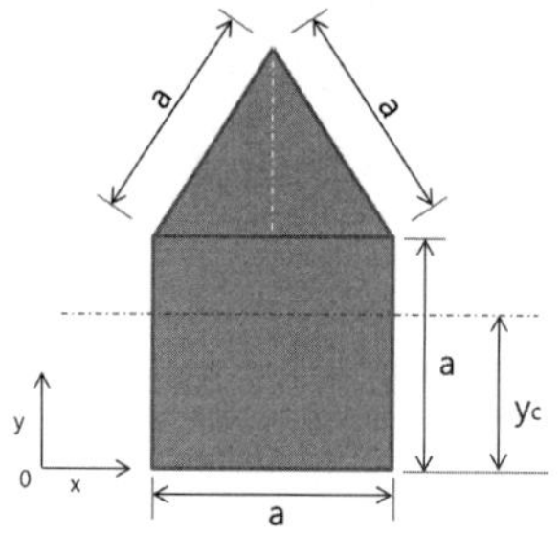

$$\bar{y} = \frac{1}{A}\int y\,da$$

$$y_c[a^2 + \frac{1}{2}(a \times \frac{\sqrt{3}}{2}a)] = (a^2 \times \frac{a}{2}) + [\frac{1}{2}(a \times \frac{\sqrt{3}}{2}a) \times (a + \frac{1}{3} \times \frac{\sqrt{3}}{2}a)]$$

$$= \frac{a^3}{2} + [\frac{\sqrt{3}}{4}a^2 \times (a + \frac{\sqrt{3}}{6}a)] = \frac{a^3}{2} + \frac{\sqrt{3}a^3}{4} + \frac{a^3}{8}$$

$$= \frac{(5+2\sqrt{3})a^3}{8}$$

$$y_c[\frac{(4+\sqrt{3})a^2}{4}] = \frac{(5+2\sqrt{3})a^3}{8} \Rightarrow y_c = \frac{\frac{(5+2\sqrt{3})a^3}{8}}{\frac{(4+\sqrt{3})a^2}{4}} = \frac{(5+2\sqrt{3})}{2(4+\sqrt{3})}a$$

2. 2차 모멘트(Moment of Inertia)

2차 모멘트는 대상 물체의 형상 기준값(혹은 대푯값)으로부터 얼마나 분산되어 있는지를 의미한다. 가장 많이 활용되는 것으로 재료역학에서 보가 굽힘을 받을 때, 단면에서 면적의 분산 정도에 따라 외력에 견디는 정도가 달라지기 때문에 보의 응력계산에 핵심 인자가 된다(실제로 보의 계산 시에 2차 모멘트를 1차 모멘트로 나눈 값을 단면계수로 정의하고 작용하는 굽힘력인 모멘트를 단면계수로 나누면 보의 단면에서 굽힘응력이 계산된다.).

주의할 점은 2차 모멘트는 임의의 기준선으로부터 분산을 의미하기 때문에 직교좌표계를 적용할 경우, x,y 방향 각각에 대한 2차 모멘트를 계산해야 한다. 그리고 두 값의 합을 극관성모멘트로 정의한다.

1차 모멘트와 동일한 개념으로 매번 2차 모멘트의 정의를 통해 값을 구하는 것은 비효율적이다. 기본도형에 대해 2차 모멘트 값 공식을 암기하여 활용하고, 형상이 복잡한 경우, 대상을 기본도형으로 분할하고 각각의 2차 모멘트 값을 활용하여 전체대상의 2차 모멘트를 구한다.

► 2차 모멘트 정의

$$I_{xx} = \int y^2 da \ [m^4]$$

► 2차 모멘트 공학적 의미

: 기준선으로부터 면적 또는 질량의 분산정도를 의미

► 2차 모멘트 수학적 의미

: 분산을 의미

$$I_{xx} = \int y^2 da \Leftrightarrow \text{분산} = \frac{\sum_{i=1}^{N}(\text{계급값}_i - \text{평균값}_i)^2}{\text{도수의 합}}$$

∴ (계급값-평균값)^2 = y^2(y값을 정할 때 평균값(혹은 기준값)으로 부터 미소용적의 중심까지의 거리를 사용

► 기본도형에 대한 2차 모멘트

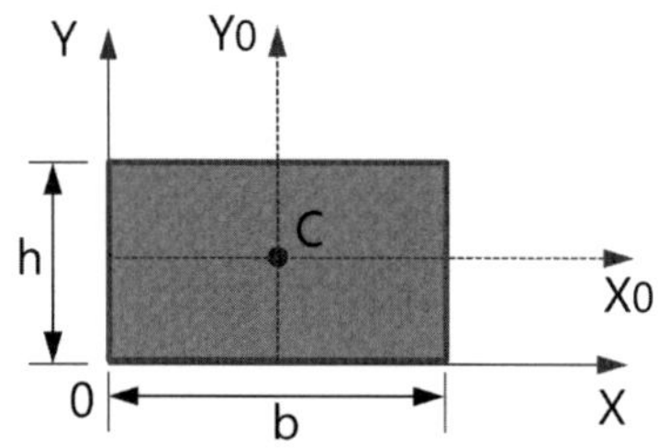

$$I_{X_0} = \frac{bh^3}{12},\ I_{Y_0} = \frac{hb^3}{12},$$

$$I_X = \frac{bh^3}{3},\ I_Y = \frac{hb^3}{3}$$

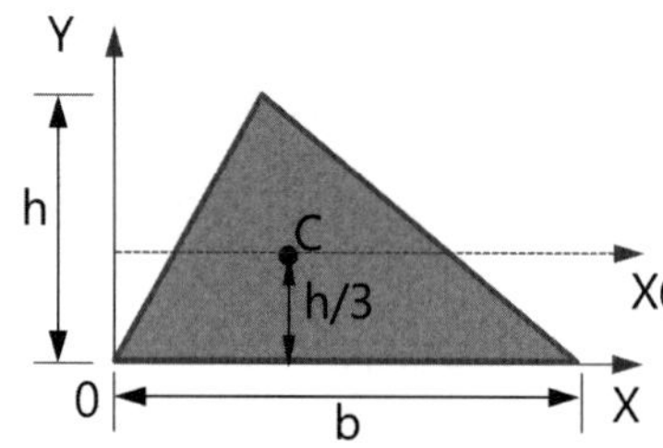

$$I_{X_0} = \frac{bh^3}{36},\ I_X = \frac{bh^3}{12}$$

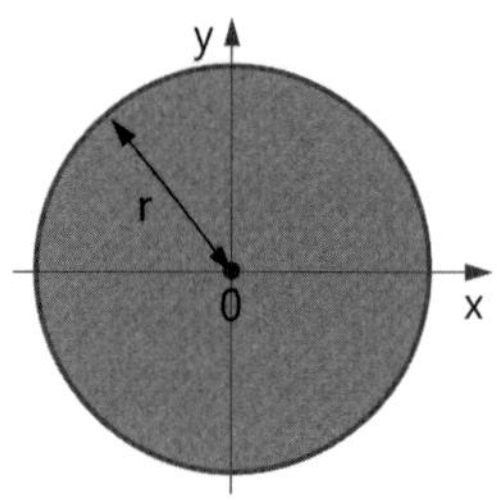

$$I_x = I_y = \frac{\pi r^4}{4} = \frac{\pi D^4}{64}$$

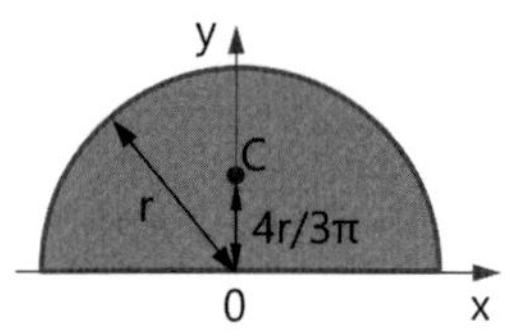

$$I_x = I_y = \frac{\pi r^4}{8} = \frac{\pi D^4}{128}$$

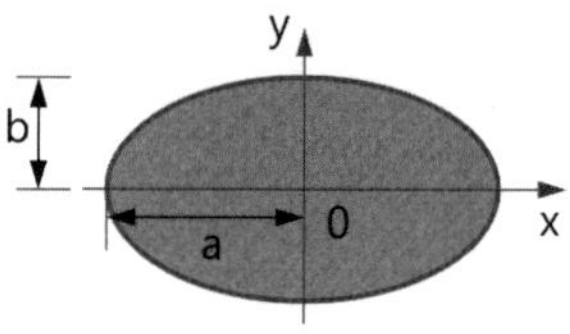

$$I_x = \frac{\pi ab^3}{4},\ I_y = \frac{\pi ba^3}{4}$$

► 기본도형을 활용한 기타형상의 2차 모멘트 계산 (예시)

※ 기본도형을 활용한 기타형상의 2차 모멘트 계산을 이해하기 위해서는 바로 다음에 소개되는 평행축 이동정리를 알고 있어야 함

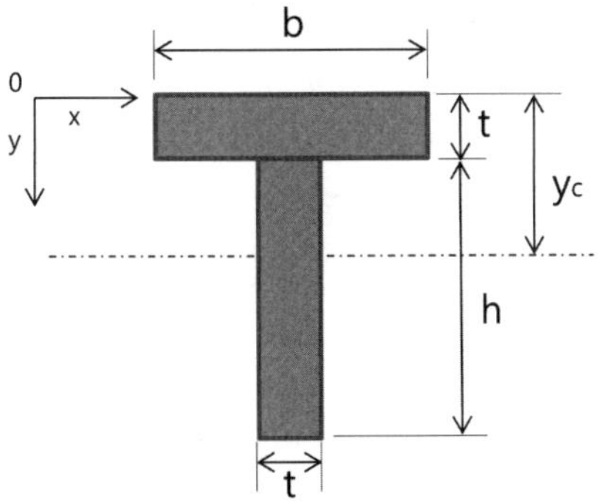

❶ 1차모멘트(Centroid)

$$\bar{y} = \frac{1}{A}\int y\,da$$

$$y_c[bt+ht] = bt\times(\frac{t}{2}) + ht(t+\frac{h}{2})$$

$$= \frac{bt^2}{2} + ht^2 + \frac{h^2t}{2}$$

$$y_c = \frac{\frac{bt^2}{2} + ht^2 + \frac{h^2t}{2}}{bt+ht}$$

❷ 2차모멘트(Inertia)

$$I_{xx} = \int y^2\,da$$

$$I_{xx} = [\frac{bt^3}{12} + bt(y_c - \frac{t}{2})^2]$$

$$+ [\frac{th^3}{12} + ht(t+\frac{h}{2} - y_c)^2]$$

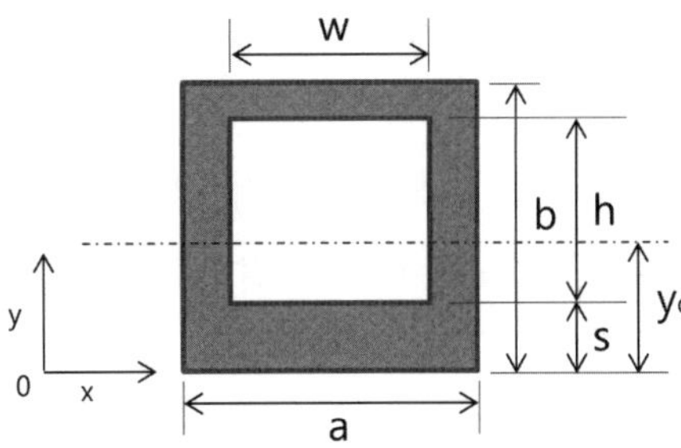

❶ 1차모멘트(Centroid)

$$\bar{y} = \frac{1}{A}\int y\,da$$

$$y_c[ab-wh] = ab\times(\frac{b}{2}) - wh(s+\frac{h}{2})$$

$$= \frac{ab^2}{2} - whs - \frac{wh^2}{2}$$

$$y_c = \frac{\frac{ab^2}{2} - whs - \frac{wh^2}{2}}{ab-wh}$$

❷ 2차모멘트(Inertia)

$$I_{xx} = \int y^2\,da$$

$$I_{xx} = [\frac{ab^3}{12} + ab(\frac{b}{2} - y_c)^2]$$

$$- [\frac{wh^3}{12} + wh(s+\frac{h}{2} - y_c)^2]$$

3. 평행축 이동 정리

앞서 2차 모멘트를 설명할 때, 기준값으로 부터의 분산으로 설명했다. 그리고 복합한 형상의 경우, 기본적인 도형형태(△,□,○)로 분할하고 각각의 2차 모멘트를 조합하여 전체 2차 모멘트를 계산하는 방식의 유용성 또한 설명했다. 그렇다면 분할 된 각각의 2차 모멘트를 조합할 때 전체 대상의 도심을 기점으로 각각의 2차 모멘트를 구하려면 어떻게 해야 하는지의 문제가 남는다(2차 모멘트는 기준값으로 부터 분산이기 때문에 기준값이 바뀌면 그 값도 달라진다.). 이때, 사용되는 것이 평행축 이동정리 이다. 요약하면, 계산된 2차 모멘트에 대해 기준값이 달라졌을 때, 효율적으로 변경된 기준값으로 부터 2차 모멘트를 구하도록 하는 방법인 것이다.

▸ 평행축 이동정리

$$(I_{x_0}) = I_x + A \cdot d^2$$

I_X: 현재 알고 있는 2차M 값

I_{X_0}: 기준축 이동시 2차M 값

A: 대상의 면적

d: 현재의 축과 새로운 축 간 거리

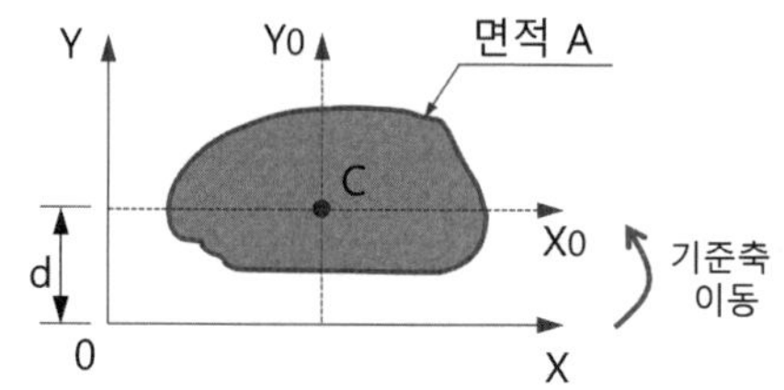

4. 관성반경(Radius of Gyration)

1차 모멘트 및 2차 모멘트가 같으면, 같은 형상이라 할 수 있는가? 라는 물음이 생길 수 있다. 평균값과 그로부터의 분산이 같다고 하더라도 그 형상은 다를 수 있고, 형상의 차이는 공학적 관점에서 차이를 유발한다. 활용에 대해서 설명하면, 재료역학에서 기둥의 좌굴응력 계산 등에 사용된다. 보의 굽힘응력을 계산할 때는 단면이 중립축으로부터 얼마나 떨어져 있는가에 따라 응력이 달라지기 때문에 단면계수(Moment of Inertia / centroid)가 주요한 인자이나, 기둥의 압축력을 계산할 때는 단면적의 크기를 고려하여야 함에 따라 2차 모멘트와 단면적을 활용하여 관성반경을 정의하여 사용한다. 좌굴응력의 계산은 재료역학에서 다루기로 하고, 정의와 개념을 학습한다.

▸ 관성반경

$$r = \sqrt{\frac{I}{A}}\ [m]$$ (I : 2차모멘트, A: 대상의 면적)

5. 힘 평형

공학에서는 문제해결을 위해서 과학적 지식을 끌어 쓰고, 수학적 지식으로 수치화 정량화 한다. 많은 공학문제는 해당 문제를 지배방정식의 형태로 가정하고, 지배방정식의 풀이를 통해 해를 구한다. 이때 방정식의 숫자와 미지수의 숫자가 해를 구할 수 있는지 여부에 중요한 판단 기준이다. 따라서 힘을 다루는 역학에서는 힘의 평형조건이 문제해결에 사용 가능한 식이 된다. 일정한 상태로 정지한 경우 대상물체는 힘의 평형을 이루고 있고, 힘에 관한 평형방정식($\sum F_{x,y,z}=0$)이 성립된다.

6. 모멘트 평형

힘 평형과 같은 맥락으로, 일정한 상태로 정지한 경우 대상물체는 모멘트(대상물체를 회전시키려는 짝힘, $M[\text{모멘트}]=F[\text{힘}]\times d[\text{거리}]$) 평형을 이루고 있고, 모멘트에 관한 평형방정식($\sum M_{x,y,z}=0$)이 성립된다.

7. 동적 평형

동적 평형은 힘 평형과 동일한 개념이나, 그 대상이 일정한 가속도로 움직이고 있는 경우, 동적 평형을 이루고 있고, 동적 평형에 관한 평형방정식($\sum F_{x,y,z}=ma$, $\sum M_{x,y,z}=ma$)이 성립된다.

8. 형상에 관한 조건(연속조건, 경계조건 등)

앞서 살펴 본 내용은 대상 물체에 힘이 작용할 때 평형조건을 알아보았다. 형상에 대한 조건 역시 공학문제를 해결하기 위한 식으로 활용될 수 있다. 예를 들면 구조물이 파괴되지 않는 이상 처짐량과 처짐각은 모든 점에서 연속성을 가져야 한다는 것과 유체의 경우 벽면에서는 점착되어 유속이 0이라는 것 등이 대표적인 예이다. 형상에 관한 조건은 구조물의 특성에 따라 가감될 수 있다.

9. 역학의 종류(정역학, 동역학, 재료역학, 구조역학, 유체역학, 열역학)

역학에 대해서 살펴보기에 앞서 역학의 체계에 대해서 살펴본다. 핵심적인 차이점을 살펴보면 정역학은 힘이 작용하지만 정지된 물체에 대해서 각 힘의 크기와 방향에 대해 구하는 것이 핵심이다.

동역학은 힘이 작용하고 가속하고 있는 상태에서 각 힘의 크기, 방향, 질량, 가속도의 크기 및 방향에 대해 다룬다.

재료역학은 정역학을 바탕으로 대상물체에 힘이 작용할 때 물체 내부에 발생하는 응력과 변형에 대해서 예측하며, 구조역학은 대상이 재료역학에서 다루는 봉, 기둥, 축 및 보가 구조물을 형성할 때 외력에 의한 응력과 변형에 관하여 예측한다.

유체역학은 유체에 의해서 발생하는 유체력을 구하는 것과 유체 흐름의 방향과 속력에 관한 유동을 예측하는 것이 핵심이다.

열역학은 유체와 매우 유사하며, 주요 관심사항은 열의 이동과 열에 의한 내부 상태 변화 예측 및 열에너지를 일에너지로 전환하기 위한 방법에 대해 학습한다.

제2장 열역학

1. 기본개념

열역학은 열의 이동과 열에 의한 상태변화에 관한 학문으로, 공학의 분야에 활용되며 특히, 기계공학 및 냉공동학 등에 이용된다. 열역학을 이해하기 위한 중요한 단위와 기본개념을 학습한다.

< 기본개념 >

► 열의 정의

: 물질을 이루는 입자들의 운동 에너지의 합

► 열역학의 계(System)

: 열역학에서 System은 관심영역을 의미하며, 계의 경계를 Boundary, 그 밖의 것을 주위(Surrounding)이라 한다. System은 다음 3가지로 구분된다.

❶ 개방계(Open system): System 외부와 에너지 및 물질의 교환이 가능

❷ 밀폐계(Closed system): System 외부와 에너지의 이동은 있으나, 물질의 이동은 불가능

❸ 고립계(Isolated system): System 외부와 에너지 및 물질의 이동이 불가능

※ 열역학 제2법칙에 따라 엔트로피는 증가하는 방향(무질서도 또는 무효에너지가 증가)으로 진행되지만 개방계는 이를 외부 환경에 전가 할 수 있어 다른계와 차별성을 가짐

► 상태변화 및 과정(Process)

: 상태변화는 System 내에서 작동유체의 상태가 변화는 것이고 그 경로(Path)를 과정(Process)이라 함. 그 과정은 2가지로 구분

❶ 가역과정: 모든 경로에서 역학, 열 및 화학적 평형이 유지되며, 진행방향을 바꾸어 원래의 상태로 돌아올 수 있는 과정

❷ 비가역과정: 과정에서 손실이 발생하여 역학, 열 및 화학적 평형이 유지되지 않아, 원래의 상태로 돌아올 수 없는 과정

< 주요단위 >

► 온도의 종류

❶ 섭씨온도(Ceisius): 표준대기압(1atm)하에서 물이 어는점을 0℃, 끓는점을 100℃로 하고, 이를 100등분을 한 것을 1℃로 규정

❷ 화씨온도(Fahrenheit): 표준대기압(1atm)하에서 물이 어는점을 32℉, 끓는점을 212℉로 하고, 이를 180등분을 한 것을 1℉로 규정

⇒ (섭씨-화씨온도 환산) <u>℉ = 9/5 × ℃ + 32</u> or <u>℃ = 5/9 × (℉ - 32)</u>

❸ 절대온도(Absolute Temperature): -273.15℃를 기준으로 하여 섭씨온도를 표현한 것이 켈빈온도(kelvin), 화씨온도를 표현한 것이 랭킨온도(Rankin)임

⇒ (섭씨온도의 절대온도 환산) K = ℃ + 273.15

⇒ (화씨온도의 절대온도 환산) °R = ℉ + 459.67

► 습도의 종류

: 습도는 공기 중에 포함된 수증기의 양을 의미하며 다음으로 구분됨

❶ 절대습도: 건공기 1kg 속에 포함되어 있는 수증기의 질량

❷ 상대습도: 포화습공기의 수증기분압과 동일온도인 습공기의 수증기 분압의 비

절대습도	상대습도
$x = \frac{G_w}{G_a}$ x: 절대습도 G_w: 건공기 1kg G_a: 건공기 1kg에 포함되어 있는 수증기량[kg]	$\varnothing = \frac{P_w}{P_s}$ $\varnothing$: 절대습도 P_w: 어떤 온도에서 습공기의 수증분압, 수증기량(kg) P_s: 같은 온도에서 포화습공기의 수증기분압, 수증기량(kg)

► 압력의 종류

: 우리가 생활하는 공간은 인지하지 못할 뿐 대기압이 존재하며, 이를 고려하는가 여부에 따라 압력의 종류가 다음과 같이 구분됨

❶ 절대압력[kgf/cm^2, abs]: 완전진공 상태를 기준점으로 측정한 압력

❷ 계기압력[kgf/cm^2]: 대기압을 기준점으로 측정한 압력

❸ 진공압력[kgf/cm^2]: 대기압을 기준점으로 진공정도를 측정한 압력

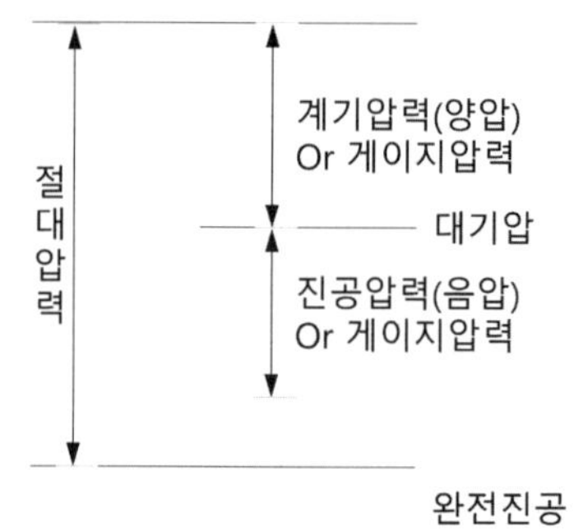

⇒ 절대압력 = 대기압력 + 계기압력

► 열량의 종류(열에 대한 단위 크기)

❶ **1 Kcal**: 표준대기압(1atm)에서 물 1kg을 14.5℃에서 15.5℃까지 1℃ 상승시키는데 필요한 열량

❷ **1 Btu**: 표준대기압(1atm)에서 물 1lb를 59.5℉에서 60.5℉까지 1℉ 상승 시키는데 필요한 열량

❸ **1 Chu**: 표준대기압(1atm)에서 물 1lb를 14.5℃에서 15.5℃까지 1℃ 상승시키는데 필요한 열량

❹ **1 J(Joule, 줄)**: 1N·m의 일에 해당하는 에너지

⇒ 1 Kcal = 3.968 Btu = 2.205 Chu = 4.187 KJ (Kcal 및 KJ을 주로 사용)

► 열량의 유형

❶ 현열 또는 감열(Sensible Heat): 상(相)변화를 일으키지 않고, 온도만 변화하는데 소요되는 열량

❷ 잠열 (Latent heat): 온도는 변화하지 않고 상(相)변화에 소요되는 열량

- 융해잠열(고체→액체), 증발잠열(액체→기체), 승화잠열(고체→기체)

* 물의 증발잠열: 0℃ 기준, 597.3kcal/kg / 100℃ 기준, 538.8kcal/kg

** 얼음의 융해잠열: 79.68kcal/kg

► 비열의 개념과 종류

: 어떤 물질 1kg을 1℃ 올리는데 필요한 열량을 의미하며, 밀도, 점도 등과 같이 물질의 특성이라 할 수 있음. 단위는 주로 KJ/kg·K or Kcal/Kg·℃ 쓰고 종류는 다음과 같음

❶ 정압비열(C_P): 압력이 일정한 상태($dp=0$)에서의 비열

$$C=\frac{\delta q}{dT} \Rightarrow C_p = \frac{dh}{dT}\,[kJ/kg \bullet K]$$

∴ ($h = u + vP$ --- 내부에너지 u를 열량 q으로 전환

$h = q + vP \rightarrow dh = dq + vdP$ --- 정압상태임으로 $vdP=0$)

❷ 정적비열(C_V): 체적이 일정한 상태($dv = 0$)에서의 비열

$$C=\frac{\delta q}{dT} \Rightarrow C_v = \frac{du}{dT}\,[kJ/kg \bullet K]$$

∴ ($h = u + Pv$ --- 압력이 일정하지 않기 때문에 내부에너지 u만으로 열량 q 측정이 곤란하여 엔탈피 h를 열량 q로 전환

$q = u + Pv \rightarrow dq = du + Pdv$ --- 정압상태임으로 $dv=0$)

❸ 비열비(k) = 정압비열과 정적비열의 비, (k = C_P / C_V)

* Tip. 정압비열이 분모인지, 정적비열이 분모인지 헷갈리는 경우가 많은데, 밀도와 같이 부피가 분자에 있다고 연관하여 생각하면 쉽게 기억할 수 있음

※ 특별한 경우를 제외하고는 우리는 표준대기압(1기압) 아래에서 활동하기 때문에 주로 정압비열을 사용하고, 주요한 정압비열 값은 다음과 같음

- 물의 정압비열: 1 Kcal/kg·℃ - 얼음의 정압비열: 0.5 Kcal/kg·℃ - 공기의 정압비열: 0.24 Kcal/kg·℃	- 물의 밀도: 담수, 1,000kg/m^3 / 해수, 1,025kg/m^3 - 공기의 밀도: 1.2kg/m^3

► 비열을 통한 열량계산

: 비열을 통한 열량계산은 다음 식을 따름

$$q(\text{열량}) = C(\text{비열}) \times m(\text{질량}) \times \Delta t(\text{온도 변화량})$$

2. 주요 열역학 법칙

주요 열역학 법칙은 열형평, 열보존, 열의 이동흐름 및 열의 기준점에 대해 서술한 것으로 편의상 열역학 제0~3법칙으로 구분하고 있다. 그 외에도 압력, 부피 및 온도에 관한 관계식인 보일-샤를의 법칙과 이상기체 상태방정식을 함께 알아본다.

► 열역학 제0법칙

: 열평형에 관한 법칙으로, 고온은 열을 방출하고 저온은 열을 흡수하여 평형상태를 이루게 됨을 의미. 다른 의미로 "물체 1과 2가 열평형 상태이고, 2와 3이 열평형 상태이면, 1과 3도 열평형임을 의미"

► 열역학 제1법칙

: 에너지 보존법칙이며, 일과 열이 서로 전환 가능함을 의미

► 열역학 제2법칙

: 일과 열의 전환에 있어 방향성*을 제시하는 법칙으로 일은 열로 쉽게 변환되지만, 열은 일로 쉽게 전환되지 않음을 의미 → 열기관이 필요한 이유

* 무질서도 또는 무효에너지가 증가하는 방향으로 시간의 진행방향을 의미

< 열역학 제2법칙의 다른 표현 >

- Kelvin-Plank: 고온물체의 열을 계속해서 일로 바꾸려면 저온물체로 열을 버려야만 한다. → 효율이 100%인 열기관(제2종 영구기관)의 제작은 불가능
- Clausius: 외부로부터 도움이 없으면 열은 스스로 저온물체에서 고온물체로 이동할 수 없음

< 열역학 제2법칙에 따른 효율 >

- 일반적인 열기관은 에너지를 공급받아 일로 전환하는 과정에 손실이 발생함으로 성능을 효율로 표현하고 1보다 작음
- 이에 반해, 냉동기는 에너지를 공급받아 열을 흡수하기 때문에 효율로 표현하지 않고 성적계수의 개념을 사용하며 이는 1보다 큼

< 열기관 vs 열펌프 >

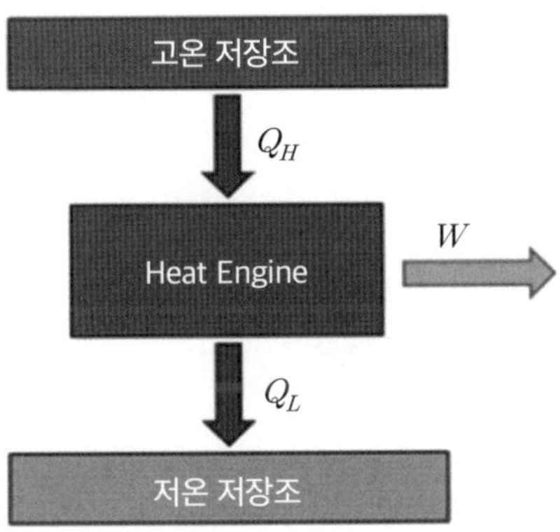

< 열기관 개념도 >

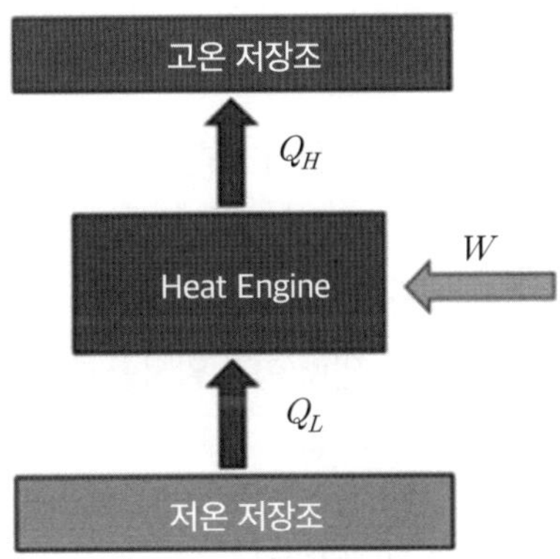

< 열펌프 개념도 >

열기관

- In put(고온의 열 Q_H)을 이용하여, Out put(일 W)를 생산

- $\eta(\text{열기관효율}) = \frac{W}{Q_H} = \frac{Q_H - Q_L}{Q_H} = 1 - \frac{Q_L}{Q_H}$

열펌프

- In put(일 W)을 이용하여, Out put(고온의 열 Q_H)를 생산

- $\epsilon(\text{열펌프성적계수}) = \frac{Q_H}{W} = \frac{Q_H}{Q_H - Q_L} = 1 - \frac{1}{Q_L/Q_H}$

< 냉동기 vs 열펌프의 성적계수 >

$$\epsilon_r(\text{냉동기 성적계수}) = \frac{\text{증발열량}}{\text{압축기 일의 상당열량}}$$

$$\epsilon_h(\text{열펌프 성적계수}) = \frac{\text{응축열량}}{\text{압축기 일의 상당열량}}$$

- 동일한 냉동시스템이나, 사용목적이 냉동(증발기를 통한 열흡수)에 있으면, 냉동기라 하고, 사용목적이 열이동(응축기를 통한 열발생)에 있으면 열펌프라 함
- 냉동기는 In put(일 W)을 이용하여, Out put(저온의 열 Q_L)를 생산

$$\epsilon_r(\text{냉동기 성적계수}) = \frac{Q_L}{W} = \frac{Q_L}{Q_H - Q_L} = \frac{1}{Q_H/Q_H - 1}$$

- 따라서, 열펌프 성적계수는 냉동기 성적계수 보다 항상 1이 큼

$$\epsilon_h = 1 + \epsilon_r = 1 + \frac{Q_L}{Q_H - Q_L} = \frac{Q_H - Q_L + Q_L}{Q_H - Q_L} = \frac{Q_H}{Q_H - Q_L}$$

► 열역학 제3법칙

: 물체의 온도를 절대영도(0K)까지 내릴 수 없음을 의미

► 보일의 법칙 및 샤를의 법칙

❶ 보일의 법칙: 온도(T)가 일정할 때, 압력(P)와 체적(V)는 반비례함

P × V = constant

❷ 샤를의 법칙: 압력(P)가 일정할 때, 체적(V)와 온도(T)는 비례함

V / T = constant

► 이상기체의 상태방정식

: 이상기체는 입자간의 완전탄성 충돌 외에는 상호작용을 하지 않고, 자체의 부피를 무시 할 수 있는 기체를 의미. 높은 온도와 낮은 압력의 기체인 경우, 이상기체에 가까워짐

< 이상기체 상태방정식 >

$PV = nRT$ (n: 몰수, R: 기체상수)

※ $R = \frac{R_u}{M} = \frac{8.3143}{M} [kJ/kg \cdot K]$

R_u(일반기체상수): 8.3143 $[kJ/mol \cdot K]$, n: 기체의 분자량

3. 열의 이동

열역학은 열이 어떻게 이동하고, 내부의 변화는 어떠한가를 예측하고자 한다. 먼저 열의 이동에 대해 학습한다. 열이 이동하는 방식은 크게 전도, 대류, 복사, 열전달 및 열관류 5가지*로 구분할 수 있으며, 상세 내용은 다음과 같다.

* 근본적인 열의 이동은 전도, 대류 및 복사 3가지이나, 복합적인 작용에 의해 빈번하게 발생하는 열전달 및 열관류를 별도의 개념으로 적용하여 활용

① **(열전도)** 정지한 물체(고체 또는 유체)간의 온도차에서 의해서 고온에서 저온으로 열이 이동하는 현상

< 열전도에 따른 전달열량 및 주요개념 >

$q = -\lambda A \frac{dt}{dx} \Rightarrow q = -\frac{\lambda}{l} A \Delta t = -\frac{\lambda}{l} A(t_1 - t_2)$ ∵ 물체의 두께가 l로 일정할 경우

q: 전달열량(Kcal/h), λ: 열전도율(Kcal/m h ℃), A: 면적(m^2), t: 온도(℃ or K),
l: 물체의 두께(m) → 변수로 표현시 dx, t_1: 고온측 온도, t_2: 저온측 온도

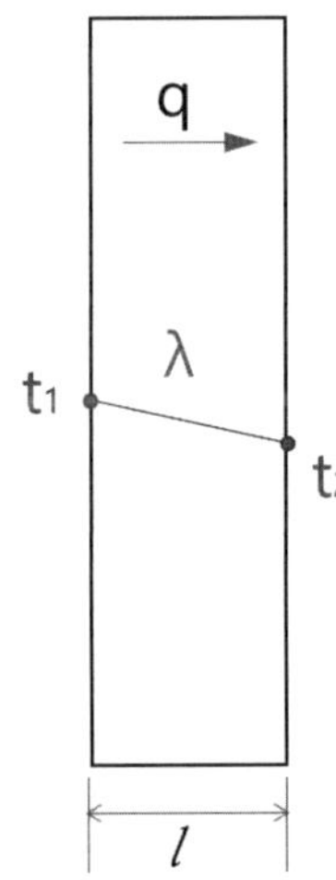

❶ 열전도율은 고체 > 액체 > 기체 순으로 큼(고체가 가장 열전도가 잘됨)

❷ 고체의 경우 전도체가 부도체 대비 열전도도가 높음

❸ 상기 식은 대상물체의 내부에서 열진동의 전달에 의해 열이 이동하는 현상을 표현한 것으로 푸리에 열전도 방정식이라 함

② **(열대류)** 유체의 밀도차에 의한 순환을 통해 열이 이동하는 현상으로, 온도차가 발생하면 밀도차가 발생하고 밀도차는 다시 유체의 흐름을 발생시켜 열이 전달되는 방식

< 열대류에 따른 무차원수 및 주요개념 >

$$Nsselt\,Nmber(Nu) = \frac{\alpha \cdot L}{\lambda}$$ → 열전달률 / 열전도율의 비

α: 열전달률(Kcal/m^2 h ℃), λ: 열전도율(Kcal/m h ℃), L: 열전달 길이(m)

❶ 자연대류일 경우 Nu는 그라소프 수(Grashof Number, Gr) 및 프란들 수(Prandtl Number, Pr)의 함수이고, 강재대류일 경우 Nu는 레이놀드 수(Reynolds Number, Re) 및 프란들 수(Prandtl Number, Pr)의 함수임

$$N_{자연대류} = f(G_r, P_r),\ N_{강제대류} = f(R_e, P_r)$$

❷ $G_r = \frac{g \cdot \beta \cdot d^3 \cdot \Delta t}{\nu^2}$ → 부력 / 점성력의 비

g: 중력가속도(m/s^2), β: 체적팽창계수(℃$^{-1}$), d: 관 내경 등 특성길이(m), t: 온도, ν: 동점성계수(m^2/s)

❸ $P_r = \frac{\mu \cdot C_p}{\lambda}$ → 점성계수 × 정압비열 / 열전도율의 비 (μ: 점성계수, C_p: 정압비열)

❹ $R_e = \frac{V \cdot d}{\nu}$ → 관성 / 점성의 비 (V: 속도(m/s))

③ **(열복사)** 열에너지가 중간매개 없이 적외선이나 가시광선을 포함한 전자기파 형태로 전달되는 방식

< 열복사에 따른 전달열량 및 주요개념 >

$$q = \epsilon \sigma A T^4$$

q: 전달열량(Kcal/h), ϵ: 복사율(0<ϵ<1), σ: 스테판 볼츠만 상수($4.88 \times 10^{-8} kcal/m^2 h K^4$), T: 물체표면온도

❶ 상기식은 스테판 볼츠만의 법칙이라 하며, 흑체(흡수율과 방출률이 100%인 이상적인 물체)를 가정한 경우 $q = \sigma A T^4$가 됨

❷ 통상 건축자재의 ϵ는 0.85~0.95 수준임

④ **(열전달)** 유체와 고체가 접촉한 경우, 유체와 고체 사이에서 열이 이동하는 방식

< 열전달에 따른 전달열량 및 주요개념 >

$$q = \alpha A(t_1 - t_2)$$

q: 전달열량(Kcal/h), α: 열전달률(Kcal/m^2 h ℃), A: 면적(m^2), t_1: 고온측 온도, t_2: 저온측 온도

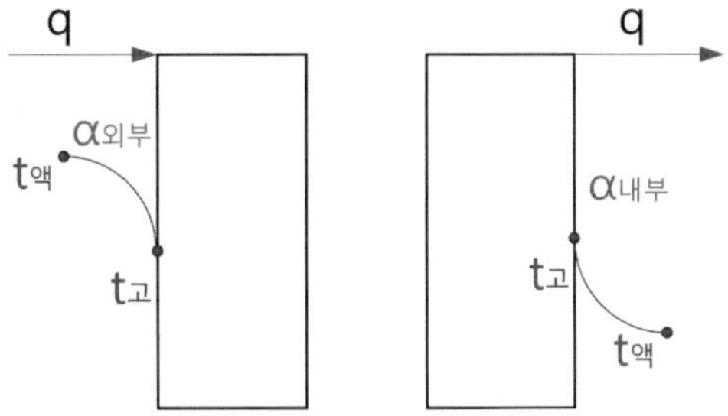

❶ 열평형 법칙에 의해 고체 또는 유체에 무관하게 고온부에서 저온부로 이동하며, 전달열량을 양수로 표현하기 위해 t_1, t_2 중 고온부에서 저온부의 값을 빼는 것임

⑤ **(열관류)** 고체를 사이에 두고 고온측 유체에서 저온측 유체로 열이 이동하는 방식

< 열관류에 따른 전달열량 및 주요개념 >

$$q = KA(t_1 - t_2)$$

q: 전달열량(Kcal/h), K: 총괄열관류률(Kcal/m^{2}h ℃), A: 면적(m^2), t_1: 고온측 온도, t_2: 저온측 온도

❶ 열관류는 사실상 열전달+열전도+열전달의 현상이 중첩된 것이나, 가장 많이 발생하는 열의 이동형태임에 따라 편의상 별도로 규정한다고 볼 수 있음

❷ 열관류 중 가장 중요한 것은 총괄열전달률을 이해하고 계산하는 능력이며, 총괄열전달률의 개념 및 계산식은 다음과 같음

구분	평면	원통형
개념	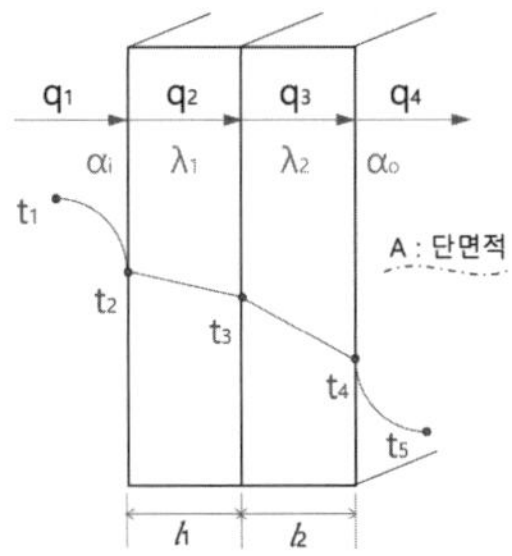	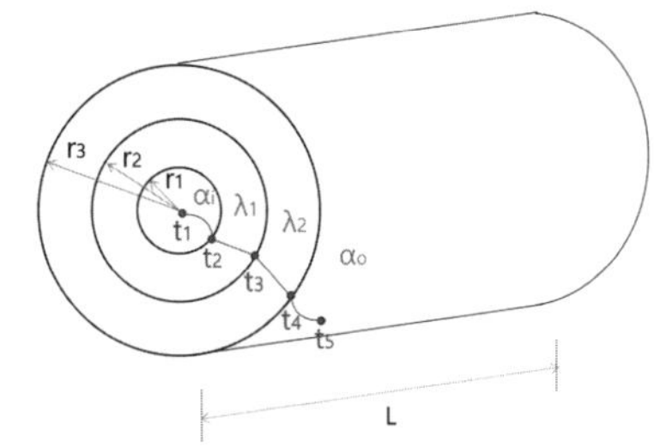

공식	$$q=\frac{t_i-t_o}{\frac{1}{\alpha_i A}+\frac{l_1}{\lambda_1 A}+\frac{l_2}{\lambda_2 A}+\cdots+\frac{l_n}{\lambda_n A}+\frac{1}{\alpha_o A}}$$	$$q=\frac{t_i-t_o}{\frac{1}{\alpha_i A_i}+\frac{\ln\frac{r_2}{r_1}}{\lambda_1 2\pi L}+\frac{\ln\frac{r_3}{r_2}}{\lambda_2 2\pi L}+\cdots+\frac{\ln\frac{r_{n+1}}{r_n}}{\lambda_n 2\pi L}+\frac{1}{\alpha_o A_o}}$$ * $A_i=2\pi r_i L,\ A_o=2\pi r_o L$
	* 개념도의 한정된 벽체 또는 관을 일반적인 n개의 형태로 확장한 식임 아랫첨자 i는 내부를, 아랫첨자 o는 외부를 의미	
유도	► 평면에 대한 개념도를 기준으로 총괄열관류 공식을 유도하면 다음과 같음 1번의 열전달량: $q_1=\alpha_i A(t_1-t_2)$ 2번의 열전달량: $q_2=\frac{\lambda_1}{l_1}A(t_2-t_3)$ 3번의 열전달량: $q_3=\frac{\lambda_2}{l_2}A(t_3-t_4)$ 4번의 열전달량: $q_4=\alpha_o A(t_4-t_5)$ ► 열평형 법칙에 의해 $q_1=q_2=q_3=q_4=q$로 동일함 $$q=\frac{t_1-t_2}{\frac{1}{\alpha_i A}}=\frac{t_2-t_3}{\frac{l_1}{\lambda_1 A}}=\frac{t_3-t_4}{\frac{l_2}{\lambda_2 A}}=\frac{t_4-t_5}{\frac{1}{\alpha_o A}}$$ $$q=\frac{t_1-t_5}{\frac{1}{\alpha_i A}+\frac{l_1}{\lambda_1 A}+\frac{l_2}{\lambda_2 A}+\frac{1}{\alpha_o A}}$$	

※ 전달열량 계산시 가장 많이 사용되는 것은 열관류, 열전달 및 열전도이며, 해당 식은 반드시 숙지할 필요가 있다.

4. 상태변화

열역학을 통해 예측하고자 하는 상태변화를 알아본다. 그리고 상태변화를 이해하기 위해 필요한 내부에너지, 엔탈피 및 엔트로피의 개념을 학습한다.

< 주요개념 >

► 내부에너지 U[kJ], u[kJ/kg]

: 어떤 계에 외부에서 일 또는 열이 가해질 때, 그 계가 외부에 일을 하거나열을 방출하지 않는다면, 가해진 에너지는 그 계의 내부에 저장되고 이렇게 저장된 에너지를 내부에너지라 함

► 엔탈피(Enthalpy) H[kJ], h[kJ/kg]

: 어떤 상태의 유체가 가지는 열에너지로써 내부에너지와 유동일의 합임

엔탈피 $H = U + PV \ [kJ]$

비엔탈피 $h = u + Pv \ [kJ/kg]$

PV: 유체가 일정 압력 P로 체적 V를 차지하기 위해 유체를 밀어 내는데 소요된 일

► 엔트로피(Entropy)

: 열량의 이용가치를 나타내는 척도로 무질서도, 시간의 척도라고도 함
물리학상의 가상적인 상태량으로 열을 가하면 증가하고 냉각시키면 감소하는 가상적인 양임. 엔트로피는 가열량(δQ)를 온도(T)로 나눈 값임

$$dS = \frac{\delta Q}{T} \ [kJ/K]$$

$$ds = \frac{\delta q}{T} \ [kJ/kg \cdot K]$$

< 상태변화 >

► 정압변화: 압력이 유지되는 상태의 변화($P=$일정, $dP=0$)

❶ $P-V-T$ 관계

: $\frac{V}{T} = C \ (Pv = nRT, \ dp = 0)$

❷ 일량$[kJ/kg]$

: 절대일$(w_a) = \int_1^2 Pdv = P(v_2 - v_1) = R(T_2 - T_1)$ --- 밀폐계에서의 일

공업일$(w_m) = -\int_1^2 vdp = 0$ $(dp = 0)$ --- 개방계에서의 일(유동일, 압축일)

❸ 내부에너지$[kJ/kg]$

: $du = C_v dT = C_v(T_2 - T_1)$ $(du = C_v dT,\ C_v$: 정적비열)

❹ 엔탈피$[kJ/kg]$

: $dh = C_p dT = C_p(T_2 - T_1)$ $(dh = C_p dT,\ C_p$: 정압비열)

❺ 가열량$[kJ/kg]$

: $q = h_2 - h_1 = C_p(T_2 - T_1)$ $(\delta q = dh - vdP$ --- $dP = 0)$

※ 가열량은 엔탈피 변화량과 같음

► 정적변화: 체적이 유지되는 상태의 변화(v = 일정, $dv = 0$)

❶ $P - V - T$ 관계

: $\frac{P}{T} = C$ $(Pv = nRT,\ dv = 0)$

❷ 일량$[kJ/kg]$

: 절대일$(w_a) = \int_1^2 Pdv = 0$ $(dv = 0)$

공업일$(w_m) = -\int_1^2 vdp = v(P_1 - P_2) = R(T_1 - T_2)$

❸ 내부에너지$[kJ/kg]$

: $du = C_v dT = C_v(T_2 - T_1)$

❹ 엔탈피$[kJ/kg]$

: $dh = C_p dT = C_p(T_2 - T_1)$

❺ 가열량$[kJ/kg]$

: $q = u_2 - u_1 = C_v(T_2 - T_1)$ $(\delta q = du + Pdv$ --- $dv = 0)$

※ 가열량은 내부에너지 변화량과 같음

▸ 등온변화: 온도가 유지되는 상태의 변화($T=$ 일정, $dT=0$)

❶ $P-V-T$ 관계

: $Pv = C$ $(Pv = nRT,\ dT=0)$

❷ 일량[kJ/kg]

: 절대일$(w_a) = \int_1^2 Pdv = RT\ln\frac{v_2}{v_1} = P_1v_1\ln\frac{v_2}{v_1} = P_1v_1\ln\frac{P_2}{P_1}$

공업일$(w_m) = -\int_1^2 vdp = -RT\ln\frac{P_2}{P_1} = -Pv\ln\frac{P_2}{P_1}$

$= -Pv\ln\frac{v_2}{v_1} = P_1v_1\ln\frac{v_2}{v_1}$

❸ 내부에너지[kJ/kg]

: $du = C_v dT = 0$ $(dT=0)$

❹ 엔탈피[kJ/kg]

: $dh = C_p dT = 0$ $(dT=0)$

❺ 가열량[kJ/kg]

: $q = \int_1^2 Pdv = w_a = w_m$ $(\delta q = du + Pdv$ --- $du = 0)$

※ 가열량은 모두 일로 전환

▸ 단열변화: 외부와 열의 유출입이 없는 상태의 변화($\delta q=0$)

❶ $P-V-T$ 관계

: $\delta q = du + Pdv = C_v dT + Pdv = 0$ --- ㉠

$Pdv + vdP = RdT$ ($Pv = RT$ 미분)

$dT = \frac{Pdv + vdP}{R}$ --- 식㉠에 대입

$(C_v + R)Pdv + C_v vdP = 0$ $((C_v+R)Pdv - C_v Pdv = 0 \rightarrow C_v + R = C_p)$

$C_p Pdv + C_v vdP = 0$ --- $C_v Pv$로 나눔

$\frac{C_p}{C_v}\frac{dv}{v} + \frac{dP}{P} = 0$ --- 적분 $(k = \frac{C_p}{C_v})$

$k\ln v + \ln P = \ln c$

$\ln(v^k \cdot P) = \ln c$

$\Rightarrow Pv^k = C,\ Tv^{k-1} = C,\ TP^{\frac{1-k}{k}} = C$ ($Pv = RT$ 대입하면 변환됨)

❷ 일량$[kJ/kg]$

: 절대일$(w_a) = \int_1^2 Pdv = \frac{1}{k-1}(P_1v_1 - P_2v_2) = \frac{1}{k-1}R(T_1 - T_2)$

공업일$(w_m) = -\int_1^2 vdp = \frac{k}{k-1}(P_1v_1 - P_2v_2) = \frac{k}{k-1}R(T_1 - T_2)$

※ $w_a = k \cdot w_m$

❸ 내부에너지$[kJ/kg]$

: $du = C_v dT$

$\Delta u = u_2 - u_1 = C_v(T_2 - T_1) = \frac{1}{k-1}R(T_2 - T_1) = -w_a$

※ 내부에너지는 모두 절대일로 전환

❹ 엔탈피$[kJ/kg]$

: $dh = C_p dT$

$\Delta h = h_2 - h_1 = C_p(T_2 - T_1) = \frac{k}{k-1}R(T_2 - T_1) = -w_m$

※ 엔탈피는 모두 공업일로 전환

❺ 가열량$[kJ/kg]$

: $\delta q = 0$

▸ 폴리트로프(Polytropic) 변화: 등온변화 및 단열변화 사이의 변화

❶ $P-V-T$ 관계

: 단열변화의 k대신 폴리트로프 지수 n으로 치환

$\Rightarrow Pv^n = C,\ Tv^{n-1} = C,\ TP^{\frac{1-n}{n}} = C$ ($Pv = RT$ 대입하면 변환됨)

❷ 일량$[kJ/kg]$

: 절대일$(w_a) = \int_1^2 Pdv = \frac{1}{n-1}(P_1v_1 - P_2v_2) = \frac{1}{n-1}R(T_1 - T_2)$

공업일$(w_m) = -\int_1^2 vdp = \frac{n}{n-1}(P_1v_1 - P_2v_2) = \frac{n}{n-1}R(T_1 - T_2)$

※ $w_a = n \cdot w_m$

❸ 내부에너지$[kJ/kg]$

: $du = C_v dT$

$\Delta u = u_2 - u_1 = C_v(T_2 - T_1)$

❹ 엔탈피$[kJ/kg]$

: $dh = C_p dT$

$\Delta h = h_2 - h_1 = C_p(T_2 - T_1)$

❺ 가열량$[kJ/kg]$

: $\delta q = du + Pdv$

$$q = C_v(T_2 - T_1) + \frac{1}{n-1}R(T_1 - T_2) = (C_v - \frac{R}{n-1})(T_2 - T_1)$$

$$= (C_v - \frac{C_p - C_v}{n-1})(T_2 - T_1) = (\frac{(n-1)C_v - C_p + C_v}{n-1})(T_2 - T_1)$$

$$= (\frac{nC_v - C_p}{n-1})(T_2 - T_1) = (\frac{nC_v - kC_v}{n-1})(T_2 - T_1)$$

$= C_v(\frac{n-k}{n-1})(T_2 - T_1)$ --- $C_v(\frac{n-k}{n-1}) = C_n$ (폴리트로프 비열)로 정의

$q = C_n(T_2 - T_1) \therefore \frac{C_n - C_p}{C_n - C_v} = n$(폴리트로프 지수)로 정의

5. 과정과 사이클

지금까지는 학문적 차원의 열역학을 살펴보았다. 이를 공학에 접목하기 위해서는 열을 일로 전환하는 것을 이해해야 한다. 어떤 평형 상태에서 다른 평형 상태로 변화하는 과정(Process)을 반복적인 사이클(Cycle)로 구현할 수 있고, 그 과정에서 일을 만들어 낼 수 있다면 열기관이 된다. 주요한 동력원인 증기, 가스, 가솔린 및 디젤 등을 중심으로 동력 사이클의 이해가 필요하다. 상세한 내용은 열역학 책을 참고하도록 한다.

부록 4. 조선소 업무의 구성

1. 조선소 기능별 구성

조선소의 기능별 구성은 크게 설계, 연구, 조달, 생산, 품질, 시운전, 공무·자재, 보증 및 인사총무로 구분된다. 이해의 편의를 위해 선박건조의 흐름과 건조의 연관성을 고려하여 각 기능을 살펴본다.

설계는 선주와 계약을 담당하는 영업설계를 시작으로 기본설계, 기본계획(조선소의 물량관리 및 전반적인 건조 일정관리 업무수행) 상세설계 및 생산설계로 구분되며, 각각은 설계의 영역(구조, 종합, 철의, 배관 및 전장 등)에 따라 다시 세분화 된다. 주된 업무는 관련 계산서 작성, 도면작성, 물량 발주(선각, 의장), FAT 등이 있다.

연구는 설계 및 건조시 발생하는 문제에 대해서 해결하기 힘든 경우 해결을 위한 기술 지원과 미래 성장동력을 발굴하기 위한 기술개발이 주요한 업무이다. 통상 대형조선소에만 있는 기능으로 설계와 생산의 역할을 고려하여 적절히 조직을 구성한다. 예를 들면 구조, 유체, 용접, 프로세스, 전계장 등으로 구분하기도 한다.

조달은 구매, 계약으로 분류되기도 하며, 설계에서 선박건조를 위해 발주된 선각(강판, 형강재) 및 의장품(순수의장품, 기기장비재) 등에 대해 실제 계약업무를 수행한다. 계약시 설계의 기술검토를 지원받아 계약가격 등을 종합적으로 검토하여 진행하고, 계약 이후에는 적기에 설치를 위한 입고관리 업무를 수행한다. 설치 이후 계약서에 따라 AS 조치도 담당한다.

생산은 조달을 통해서 입고된 자재(선각 및 의장품 등)를 이용하여 설계로부터 접수된 생산도면에 따라 실제 건조를 수행한다. 기능상으로 크게 생산일정을 수립하는 역할과 실제 생산 및 생산관리를 하는 역할로 구성된다. 생산 및 생산관리 조직은 선각조립과 의장(철의장, 배관 및 전장)으로 다시 세분화 되며, 옥내외 조건(기후 영향을 비교적 적게 받는 옥내는 선박 건조시 중요한 의미를 갖는다)을 기반으로 선행과 후행으로 나뉜다.

품질은 선박 건조시 조선소 자체적으로 품질을 관리(선주와 선급의 요구 품질을 만족하기 위해 자체적으로 관리)를 수행한다. 크게 기능상으로 구조QM(Quality-Management)과 의장QM(철의장, 배관 및 전장)으로 구분되며, 용접부 검사, 기기장비에 대한 FAT 검사, 설치검사 및 On board test 등을 수행한다.

시운전은 실제 해상시운전 업무를 수행하는 역할을 하며, 일부는 On board test시부터 참여한다. 사실상 선박의 건조가 완료된 상황으로 건조 보다는 운항에 초점을 맞추어 조직이 구성된다. 크게 기능상으로 선상시운전, 기장시운전 및 전장시운전 등으로 구분한다.

공무 및 자재는 건조를 위해 필요한 설비(크레인, 지게차 등에서 용접기, 스페너 등에 이르기까지의 설비)와 Stock 자재(각종 Lifting lug 등의 치구류 관리)을 운영관리 하는 조직이다. 특히 공무에서는 생산 일정에 맞추어 한정된 중장비를 지원하고, 고장 발생시 유지관리를 수행한다.

보증업무는 선박인도 후 제품하자에 대해 AS 처리를 위한 기능을 수행한다. 부품을 교환하거나, 처리가 어려운 경우 Spare part를 제공하는 방식 등으로 선주와 협의를 통해 제품하자에 대해 대응한다.

인사총무는 회사운영을 위한 공통적인 기능을 수행한다. 회사 경영을 위한 재무회계, 신규인력 채용 및 육성 그리고 관리를 위한 감사업무 등을 수행한다.

2. 설계의 기능별 구성

설계는 건조단계에 따른 구분, 선박의 기능별 구분 및 대상 구역별 구분으로 나뉘고, 설계 조직은 기준별 조합을 통해 구성된다.

건조단계에 따른 구분은 영업설계, 기본설계, 상세설계 및 생산설계로 구성된다. 영업설계는 선주와 계약을 위해 선주의 요구사항을 분석하여 계약조건 달성 가능성을 검토하여 선가에 대한 견적산출(물량 추산 포함)과 계약서 작성업무 등을 수행한다. 기본설계는 기본성능의 추정을 위한 계산서 작성과 선형 및 일반배치도 등 기본 외형결정, 구획분할 및 기본배치 등을 수행한다. 상세설계는 기본설계를 바탕으로 주요 구역별로 도면을 분할하고 보다 상세한 설계(구조부재의 배치 및 치수결정, 기기장비 및 의장품 배치 등)를 수행한다. 실제 현대의 조선소는 3D 모델링을 통해 가상의 공간에서 선박을 건조하는 과정이라 할 수 있다. 또한 상세설계의 주요한 임무는 물량을 발주하는 것이다. 생산설계는 상세설계에서 확정한 설계정보를 바탕으로 제작도면과 설치도면을 작성 한다. 통상 제작도면은 3D 모델링을 활용하여 다양한 View를 만들어 치수를 기입하는 방식으로 작성되며, 설치도면은 선체모델을 불러 Back drawing 형태로 설치구역을 나타내고 설치대상을 Frame 또는 Longi로부터 거리와 Deck로 부터 높이를 표기하는 방식으로 작성된다.

선박의 기능별 분류는 구조설계, 종합설계(구획구분, 복원성 및 시운전 시 기본성능 관련업무 수행), 철의장설계, 배관설계, 전장설계 및 선실설계(선실설계 관련 배관, 공조 및 목의장 일체를 담당)로 구성된다. 기능별 구조는 종합설계와 선실설계을 제외하고는 이름에서 그 역할을 분명히 구분할 수 있음에 따라 자세한 설명은 생략한다.

대상 구역별 분류는 선장구역, 기장구역 및 선실구역으로 나뉜다. 기장구역은 기관실 구역을 의미하고, 선장구역은 기관실 및 선실을 제외한 모든 구역을 말한다.

실제 조직의 구성은 조선소 현황에 맞게 구성되며, 예를 들면 구조기본분야는 구조기본설계, 구조상세설계, 구조생산설계, 기본계획(기본종합설계), 종합설계와 같은 방식으로 구분되고, 의장분야은 선장철의설계, 기장철의설계, 선장배관설계, 기장배관설계, 선실설계 및 전장설계로 구분한다.

부록 5. 기술사 취득에 관한 안내

기술사에 관한 설명에 앞서 공대생에게 유용한 시험 또는 자격에 대해서 간략히 언급한다. 많은 유용한 것들이 있겠지만 크게 3가지를 예를 들어 설명하면, 변리사, 기술고시 및 기술사가 있다. 각각은 법령과 공학을 함께 공부해야 하는 공통점이 있고, 변리사가 법령의 비중이 크고, 기술사가 공학의 비중이 크다. 취득 방법과 유용성은 차이가 있고 자세한 내용은 간단한 검색을 통해 확인할 수 있다. 다만, 공학도에게 석박사의 학위를 받기 곤란(돈, 시간, 공간적 제약 등)한 경우, 개인의 노력을 통해 성취할 수 있는 가치 있는 것임에는 분명하다.

저자의 경험에 기반한 기술사 취득 방법을 안내한다. 그리고 지금 설명하는 내용은 단순한 기술사 자격증 취득을 위한 방법보다는 기술사 자격에 맞는 지식을 쌓는 방법이라 말하고 싶다. 먼저 기술사 응시자격에 대해 파악해야 하며, 이는 q-net을 통해 확인하면 된다. 공대나 기술분야에 있는 사람이라면 기능장, 기능사, 산업기사, 기사 및 기술사의 구조에 대해 알고 있을 것이라 생각된다. 따라서 기사를 기준으로 특징을 설명한다.

기사는 1차 시험에서 5개가량의 분야에 대해 100분 정도의 제한시간 내에 총 100문제 가량의 객관식 문제를 풀고, 2차 시험은 1~2시간가량의 제한시간에 계산을 동반한 주관식 시험을 치른다(시험에 따라, 도면작성 등의 실기시험이 추가되기도 한다). 이에 반해 기술사 시험은 1차 시험에서 4개 과목에 대해 각각 100분의 제한시간 동안 제시된 문제 중에서 제안된 수만큼 문제를 선택하여 자유형식으로 기술한다. 그리고 2차 시험은 30분 가량 3명 정도의 심사위원을 통해 구술면접으로 진행된다.

시험의 성격과 목적이 매우 다르다. 기사는 해당 분야의 필수 개념을 정확히 이해했는가를 확인하는 것이라면, 기술사는 해당 분야의 폭넓은 지식과 궁극적인 know why에 대해 이해를 바탕으로 종합적인 시각에서 제시된 문제에 대해 견해를 밝힐 수 있는가를 본다.

따라서, 기사는 한정된 범위에서 문제은행 방식으로 출제되기 때문에 일정한 시간과 노력을 투입하면 취득할 수 있지만, 기술사는 관련 분야에 대해 무엇이든 물어보는 시험으로 해당 분야에 대해 지식을 가지고 문제에 대한 주관을 논리적으로 풀어낼 수 있어야 한다.

이처럼 시험의 다른 성격 때문에 기사취득 없이 기술사 공부를 권하기도 하고 실제로 합격으로 이어지기도 한다. 다만 기술사는 학습범위가 방대하기 때문에 해당 분야의 뼈대(혹은 핵심내용)를 인지하기에는 어려움이 있을 수 있다. 그리고 뼈대 위에 살을 붙이듯 학습하지 않고 산발적인 학습을 한 경우, 기술사 합격을 하더라도 지식은 빠르게 휘발되며, 다시 학습할 때 많은 시간이 소요될 수 있다.

따라서, 기술사 시험은 기사시험을 통해 뼈대를 구축하고, 지식의 폭을 넓힌 후 여러 지식을 조합하여 풀어내는 연습을 반복하는 방식으로 학습해야 한다. 그렇게 되면 지엽적인 지식은 휘발되더라도 뼈대는 남아 조금의 노력으로 지식의 상태를 손쉽게 회복할 수 있다. 그렇다면 뼈대는 무엇인가라는 물음이 생긴다. 생각보다 손쉽게 확인할 수 있다. 기사시험의 출제범위를 살펴보면 목차와 같이 일목요연하게 나와 있다. 그리고 기사시험 대비 책자도 이와 동일하게 구성되어 있다.

따라서 첫 번째 단계는 핵심내용의 의미, 수식 및 관련 계산에 대해 익힌다. 기술사 시험에서 일부 기술사를 제외하고는 계산문제의 비중은 낮지만 출제시 정확하게 풀면 감점없이 해당 문제에 대해 높은 득점이 가능하다(정확히 알려진 것은 없으나, 필기시험 시 3명의 심사위원이 채점을 하고 평균을 내는 방식으로 진행됨에 따라 서술식은 주관에 따라 감점이 발생하지만 계산문제는 풀이와 정답이 맞는다면 감점의 여지는 낮다). 또한 기술사를 합격하더라도 수식과 계산에 기본이 탄탄하지 않다면 항상 마음 한 켠의 짐으로 남을 수 있다.

두 번째는 지식의 양을 늘리는 단계이다. 응시하고자 하는 분야에 기술사 책을 하나 고른다(응시생이 적은 과목은 이러한 책이 없는 것이 문제인데, 조선기술사도 이러한 책이 없다. 이 책을 통해 조선기술사를 준비하는 분들을 위해 조금이나마 도움이 되고자 했다. 집필의 이유 중 하나다). 책이 짜임새가 있으면 좋고 만약 짜임새가 본인의 생각과 다르거나 기술사 책이 없다면, 핵심내용을 바탕으로 기술사 책을 재정립하거나, 관련 분야의 책을 구해 핵심내용별로 지식의 양을 확장한다.

세 번째는 자신의 주관은 쌓는 단계이다. 기술사 시험에서 답변이 천편일률적인 경우 고득점을 받기도 어렵거니와 범위가 없는 시험에서 모든 경우에 대해 답을 하기란 쉽지 않다. 따라서 문제를 보고 자신의 지식을 끌어와 문제와 연결하여 설명하고 본인의 주관을 더하여 대안을 설명하는 방법을 채득해야 한다. 가령 예를 들면, Mooring fitting의 종류와 기능에 대해서 논하라는 문제가 출제되었고, Mooring fitting에 대한 지식의 깊이가 깊지 않다고 하자. 이러한 경우 핵심적인 내용의 흐름(뼈대)을 알고, 관련에 분야에 대한 약간의 지식과 자신의 주관을 녹이는 방식이 체득되어 있다고 하면 최상의 단계는 아니지만 기술사로서 공학적으로 유의미한 답변을 적을 수 있게 된다. 먼저 Mooring의 정의 또는 개념을 설명한다(선박을 항구 등에서 정박시키기 위한 기능). 그리고 설계 및 운용 시 주요제약 조건에 대해서 언급한다(풍압 및 조류에 의해 선박에 발생하는 외력을 견딜 수 있어야 함. 선적 및 하역시 흘수변화에 대해 수용할 수 있어야 함. 종횡방향에 대해 선수미 대칭으로 하중을 분담 할 수 있어야 함... 등등 많은 내용을 서술할 수 있음). 다음으로 Mooring fitting의 목적과 분류에 대해서 서술한다(계류를 위해서 본선과 안벽을 잇는 로프를 고정해야 하며, 이러한 로프를 손상 없이 원활하게 연결하기 위한 수단이 Mooring fitting이다. 그리고 Mooring fitting의 기능적 분류는 로프의 변곡점에 설치하여 손상을 저감하는 것과 로프를 묶어 고정 설치하도록 하는 것에 있음을 적는다). 그리고 풍부하지 않더라도 알고 있는 범위 내에서 Mooring fittig의 종류를 기입한다 (Bollard, Chock, Cross bit 등). 끝으로 가능하다면 현업에서의 문제점과 개선책을 짧게라도 언급한다(예를 들면 Mooring rope 절단시 사고를 줄이기 위해 Mooring fitting의 표면처리를 강화할 필요성 있다는 수준으로 문제와 대안을 제시한다).

다시 정리하면, 관련 분야에서 핵심내용에 대해서 뼈대를 가지고 있으면, 어떤 문제이든 해당 분야에서 어느 위치에 속하는 문제인지 알 수 있다. 그리고 그 핵심내용을 기반으로 확장된 지식을 활용하여 제시된 문제와의 연관된 정보를 떠올린다. 끝으로 문제에 대한 개인의 생각을 정리한다. 내용을 정리하는 패턴은 거시적 관점에서 해당 분야와 제시된 문제와의 연관성을 토대로 개념, 정의를 적는다. 그리고 다시 미시적 관점에서 해당 문제와 관련된 개념, 정의 및 종류를 적는다. 끝으로 실무적인 문제점과 대책 또는 향후 예상되는 기술 동향 등을 적는다. 내용을 적을 때는 개조식으로 작성하며, 관련 이론에 대한 수식과 도표 등을 함께 표현(평소에 도표나 선도 등을 간략화하여 그릴 수 있도록 연습한다)하면 더욱 좋다. 만약, 제2편을 읽었다면 위와 같은 논리 전개는 익숙할 것이다. 제2편은 위의 내용에 따라 작성되었기 때문이다. 제2편의 내용을 읽으면서 위와 같은 논리 전개에 대해 익숙해지는 것을 권한다.

조금 더 디테일한 내용을 살펴본다. 통상 1차 시험은 4개 교시로 이루어지고 각각 100분의 시간이 주어진다. 단색 볼펜으로만 작성하며, 틀렸을 경우 두 줄을 긋는 것으로 하고 별도의 수정은 불가하다. 1교시는 제시된 13문제 중 10문제를 골라 순서에 무관하게 문제와 답을 서술하면 된다. 따라서 5분 안으로 답변하고자 하는 문제를 고르고 자신 있는 순서대로 답변순서를 정한다. 문제 선정이 끝나면 각 문제당 30초 이내로 논리 전개를 머릿속에 떠올리고 9분 동안 작성한다. 주의할 사항은 처음에 자신 있는 문제를 서술하다 보면 9분을 넘기기 쉽고 그러면 다음 문제를 풀이할 여유가 사라진다. 문제당 배점은 동일하고 3명의 심사위원의 합산으로 이루어지기 때문에 전체 문제에 대해 답변의 밸런싱이 중요하다. 2교시부터 4교시는 6문제 중 4문제를 골라 서술한다. 5분 내외로 문제를 고르고 각 문제당 논리전개를 1분 가량 고민 후 23분 동안 답안을 작성한다.

1차 필기시험은 아침부터 저녁까지 이루어지고 계속 서술이 이루어지기 때문에 손에 무리 없이 잉크가 번지지 않는 팬을 선정하여 부드럽게 쓰는 연습을 해야한다. 각 교시 사이에 쉬는 시간에는 개인용무를 본 다음 해당 교시 주제 중 다시 확인이 필요한 사항에 대해 리마인드 한다. 2교시 이후에는 점심시간이며, 응시장 여건에 따라 점심식사를 위해 이동이 길어질 수 있기 때문에 소화가 잘되는 음식으로 평소의 70~80%의 양을 미리 준비하여 응시장에서 식사를 하도록 한다(응시장에서 식사가 가능하다). 그리고 커피나 카페인 등 이뇨작용에 민감한 사람이라면 해당 음식은 피한다. 3,4교시는 위의 요령과 동일하다.

1차 필기시험은 응시과목 별로 다르지만 작게는 2% 많게는 10% 초반대의 합격률을 보인다. 1차 합격 후 q-net 홈페이지를 통해 간단히 경력사항을 등록한다(예전에는 없었지만 근래 면접위원에게 참고 정보로 제공되도록 작성한다). 등록 시 글자 수가 제한되어 있기 때문에 근무기간, 수행업무를 중심으로 자신을 잘 어필할 수 있도록 적어야 한다. 물론 사실에 입각하여 폭 넓고 깊은 이해가 있음을 보여 줄 수 있도록 작성한다. 2차 면접시험은 한국산업인력공단 서울 본부에서 실시된다. 면접시간에 따라 전날 서울에서 숙박을 해야 할 수도 있기 때문에 미리 일정을 관리해야 한다. 응시장에 도착하면 수험표를 배부받고 대기하며, 만약 해당 조에서 면접 순위가 뒤에 있다면 30~60분 가량 대기 할 수 있기 때문에 그 시간을 활용하여 볼 수 있는 자료를 준비해도 좋다. 4명이 한 조를 이루어 면접 장소로 들어가게 되며, 응시생은 각 심사 부스로 떨어져서 3명의 심사위원과 1명의 응시생으로 면접이 진행된다. 3명의 심사위원은 사전에 작성한 경력사항 등의 자료를 가지고 있으며, 응시생은 각 응시 장소로 이동하여 간단히 인사 후 심사위원과 책상 앞에 놓인 의자에 앉아서 본인 소개를 시작한다. 1차 필기시험에 합격한 실력이라면 면접의 기본적인 자세에 대한 설명을 생략한다. 면접은 25분 가량 진행되며, 꼬리에 꼬리를 무는 방식으로 면접이 이어진다. 통상 면접위원은 교수 및 해당분야 기술사로 구성되며 이론과 실무에 관한 내용을 묻는다. 기본적인 답변은 1차 시험의 요령과 같다. 다만, 구술로써 풀어낼 뿐이다. 차이점은 한 번에 긴 답변을 하는 것보다 질문에 핵심적인 내용 위주로 답변하여 문답이 끊이지 않고 이어지게 하는 것이 중요하다. 정확히 아는 내용이면 역으로 짧게 답변하여 추가 질문을 유도한 후 명쾌한 답변으로 좋은 인상을 주는 것도 전략적인 방법이다. 만약, 모르는 내용이 있다면 솔직하게 모른다고 답변하는 것이 중요하다. 그리고 본인이 잘 알고 확신이 있는 분야인데 면접관의 생각과 다르면 적절히 넘어가야 한다. 면접임을 기억하고 면접관과 대치되는 상황은 피해야 한다. 처음부터 끝까지 나이 및 직급 고하를 떠나 응시생으로서 겸손함을 잃지 않도록 한다. 면접이 끝나면 자리에 일어나 인사를 끝으로 퇴장하면 2차 면접시험이 마무리 된다. 퇴장 후 면접에 관한 내용을 다른 응시생과 이야기하지 않고 바로 귀가 하도록 한다(진행요원이 안내하는 사항이나 불필요한 송사에 휘말리는 일이 없도록 안내한다). 끝으로, 마인드에 관한 내용을 덧붙인다. 기술사가 무엇이고 어떠한 자세를 갖추어야 하는지에 대해서 알아보고 개인의 영달보다는 보다 나은 사회가 되는데 기여하도록 하겠다는 자세가 중요할 것으로 생각된다. 말은 생각의 표현으로 작은 부분에서 묻어나기 때문이다.

부록 6. 어선관련 국내외 동향

1. 어선과 조선산업

흔히들 조선산업이라 하면 중후장대한 대형조선소에서 큰 규모의 상선을 건조하는 장면을 떠올린다. 그렇다면 처음부터 대형 상선이 규모화 된 조건에서 건조 된 것일까? 그리고 현재 그러한 환경만 존재하는 것일까?

이 책을 읽은 분들에게, 특히 조선공학도들에게 조선의 관점에서 다른 분야가 있음을 소개하고자 부록에 어선 관련 내용을 담는다. 어선은 「어선법」에 따르면 어업, 어획물 운반업 및 수산물가공업에 종사하는 선박과 이와 관련된 지도선, 조사선, 단속선 및 시험 교습에 관한 관공선까지 포괄한다. 하지만 국제법에서 어선이라 함은 실제 상업적 어업 행위를 하는 선박에 국한하기도 한다. 어업을 하는 선박(이하 어선)에 좁혀서 보면, 어선은 바다로부터 수산동식물을 포획 및 채취하는데 사용되는 도구로 오래전부터 사용되어 왔고, 조선업과 맥락을 함께해 왔다.

그렇다면, 지금은 어선과 관련된 조선업이 사라진 것일까? 그렇지 않다. 국내는 6만 5천여 척의 어선이 존재하고, 280여 개의 조선소와 70여 개의 설계사가 존재한다. 그리고 매년 2천 척 내외로 어선이 건조되고 있다. 국내에서 매년 2천여 척이 건조되는 것을 강조하여 말하고 싶다. 조선산업의 관점에서 보면 크게 해운국과 조선국으로 분류될 수 있다. 해운국은 해상운송을 통한 운임 또는 용선료를 이용하여 수익을 창출하고, 조선국은 선박건조를 통해 수익을 창출한다. 해운국은 세계 무역흐름에 따른 물동량과 선박운임에 따라 운용하는 선박의 수를 늘릴지 투자여부를 결정하게 되며, 조선국은 이에 따라 선박을 수주하게 된다. 한 국가에 해운과 조선의 기능이 이상적인 비율로 활성화 되어 있으면 좋지만, 조선국의 성격이 강하다면, 세계경기의 영향을 보다 강하게 받는 구조가 된다. 조선산업에 경기가 있고 10년 호황에 10년 불황의 주기가 있다는 산업계의 속설은 이와 연관이 있다. 조선산업의 호황기는 누구나 좋지만, 불황기에 접어들고 내수시장이 없다면

이에 대비한 충분한 경쟁력을 갖추고 있어야 한다. 이와 같은 맥락에서 어선의 관점으로 돌아가면, 연간 탄탄한 발주 물량을 바탕으로 내수시장이 형성되어 있다는 점은 조선산업 측면에서 강점이 된다. 어선은 어업에 관한 권한(허가, 면허 및 신고)이 있어야 하고, 수산자원 관리를 위해 감척이 진행되는 만큼 그 척수가 폭발적으로 증가하기는 힘들지만 6만 5천여 척의 많은 척수를 바탕으로 꾸준히 노후어선이 대체되는 신조선 시장이 형성되어 있는 구조라 할 수 있다. 그러나 3천여 척의 원양 및 근해어선을 제외하면 대부분 소형어선으로 산업의 규모에 한계가 있다.

이와 같은 국내상황에 비추어 보면, 어선건조 산업은 작지만 탄탄한 시장임을 알 수 있다. 해외로 시야를 넓혀보면, 상황은 변화한다. 동남아시아는 도서국가가 많으며 대표적인 예로 인도네시아는 7만 5천여척의 어선이 존재하며, 필리핀은 수산업 국가로 목선에서 선질 대체가 진행되고 있다. 그리고 조선강국의 이미지로 인해 우리나라의 조선산업에 많은 관심이 있는 상황이다. 우리나라의 어선 중 95% 가량이 FRP 선질로 이루어져 있고, 해외동향을 비추어 볼 때 시장의 확장성은 크다.

앞서 설명한 내용은 한 가지 조건을 전제로 하고 있는데, 바로 연근해 어선(연근해 어선은 「수산업법」에 따라 국내총톤수 140톤 이내로 제한됨)으로 비교적 규모가 작은 경우에 해당된다. 큰 규모의 원양어선은 대부분 대만과 일본으로부터 사용되던 어선을 수입하고 있는 상황이다. 최근 국내에서 건조되는 움직임이 생기고 있다. 국내에는 200여척의 원양어선이 등록되어 있고, 편의국적을 고려하면 더 많을 수 있다. 중소형 어선과 차별하여 대형어선에도 확장성이 있음을 시사한다.

국내 어선건조산업을 규모화 하고 동남아국가를 중심으로 외연을 확장하며, 원양어선 등 대형선에 대해서도 국내건조를 증가시킨다면, 탄탄한 기간산업으로 도약이 가능할 것으로 기대된다.

하지만, 이러한 모멘텀을 장기적으로 이어가기 위해서는 중장기적인 노력이 동반되어야 한다. 예를 들면 지금 동남아시아 국가에 FRP 어선을 수출한다고 다면, 그 다음은 무엇을 판매할 것인가라는 것에 고민이 필요하다. 소형 FRP어선을 건조하는 것은 고난이도의 기술력이나 설비가 요구되는 것이 아니기 때문에 장기적인 관점에서 엔지니어링을 판매할 수 있어야 한다. 소형어선에 특화된 설계 프로그램, 설계변수 변경에 대한 기본성능 평가 프로그램 등이 있을 수 있다.

중소형 선박, 특히 그 중에 어선에 대한 조선산업의 실태와 가능성에 대해서 간략히 소개했다. 현재의 산업규모가 작고 낙후된 것으로 인식될 수 있으나, 그 너머의 탄탄한 소비층과 확장에 대한 가능성을 보았기를 기대해 본다.

2. 어선에 관한 국제협약

IMO를 중심으로 어선과 관련한 국제사회의 동향에 대해 소개한다. 앞서 산업에 대한 동향을 살펴보았다면, 지금부터 소개하는 내용은 어선과 직간접적으로 연관된 국제협약에 대한 내용이다.

소개하고자 하는 협약은 '케이프타운 협정(토레몰리노스 협약, 토레몰리노스 의정서)', '어선원의 훈련, 자격증명 및 당직근무의 기준에 관한 협약(STCW-F)', '어선원노동협약 C 188' 및 '항만국 조치협정(PSMA)' 4개의 협약이다. 4개 협약이 갖는 의미를 요약하면, 어선을 어떻게 안전하게 건조해서, 운용하며, 그 운용자의 근로여건 등은 어떻게 관리하는지가 '케이프타운 협정'에서 '어선원노동협약 C 188'까지의 내용이다. 그리고 '항만국 조치협정(PSMA)'은 상선에는 없는 어선에만 있는 독특한 사항으로 상선의 '항만국 통제(PSC)'와 대비되는 개념이다. 다만, '항만국 통제(PSC)'가 선박의 안전을 항내에서 검사하는 것이라면, '항만국 조치협정(PSMA)'은 불법어업을 근절하기 위해 항내에서 검사를 실시하는 것이다. 각 협정의 목적과 개념을 간략히 설명하고, 어선의 건조와 관련된 '케이프타운 협정'을 중심으로 각각의 협약이 갖는 의미를 살펴본다.

'케이프타운 협정(토레몰리노스 협약, 토레몰리노스 의정서)'은 간단히 말하면 어선 안전에 관한 국제협약으로 어선에 대한 '해상인명안전협약(SOLAS)'와 같다. SOLAS협약은 적용대상에서 어선이 제외된다. 따라서 어선안전에 관한 국제협약은 지금까지 발효되지 않은 상황이라 할 수 있다('토레몰리노스 협약 1977'이 논의 된 것은 '해상인명안전협약(SOLAS 1974)'와 비교해보면 3년 밖에 차이가 나지 않지만, SOLAS협약은 발효되고 계속 보완 발전되어 온 것에 비하면 '토레몰리노스 협약 1977'은 '토레몰리노스 의정서 1993', '케이프타운 협정 2012'로 발효에 대한 노력이 있었으나, 미발효 된 상태로 머물러 있다). 그리고 동 협약에 대해서는 IMO에서 관리하고 있다.

'어선원의 훈련, 자격증명 및 당직근무의 기준에 관한 협약(STCW-F)'은 상선의

'선원의 훈련, 자격증명 및 당직근무의 기준에 관한 협약(STCW)'과 대비되는 것으로 어선의 안전한 조업 및 운항을 위해 어선을 운용하는 어선원의 자격관리와 당직근무에 관한 내용을 다루고 있고, 2012년 발효되었다. 동 협약 역시 IMO 산하의 협약이다.

'어선원노동협약 C 188'은 상선의 '해사노동협약(MLC)'에 대비 되는 협약이다. 어선원의 근로여건을 보장하기 위해 근무조건, 거주구역 및 식량, 산업안전보건, 의료관리 및 사회보장 등 승선시 최저 요구사항을 규정하고 있다. 2017년 발효되었으며, 국제노동기구(ILO: International Labour Organization)의 협약이다. 어선에 있어서 주목할 사항은 편의성 확보를 위한 거구주역에 대한 기준이 명시되어 있어, 건조시 영향이 발생된다.

'항만국 조치협정(PSMA)'는 불법어업 의심 선박에 대해 입항, 항만 서비스 사용 등을 제한함으로써 불법수산물의 유통 차단하여 불법어업을 근절하는데 목적이 있다. 2009년 발효되었고, 국제연합식량농업기구(FAO: Food and Agriculture Organization of the United Nations)의 협약이다.

각 협약의 목적 및 핵심개념을 살펴보았고, 이와 연관된 2022년 현재의 국제적 동향을 살펴본다. 앞서 설명에서 유일하게 발효되지 못한 협약은 '케이프타운 협정'이다. 어선의 해양사고로부터 안전관리에 관한 국제적 요구는 높아지고 있다(예를 들면 북극 인근지역에서 SOLAS협약을 적용받지 않는 선박인 어선, 요트 등의 사고가 증가하자 인근국가를 중심으로 SOLAS협약 중 POLAR Code만이라도 확대적용 하자는 움직임 등이 있음). 그리고 PSMA와 C 188에도 불구하고, 어선을 이용한 불법어업과 어선에서의 노동인권에 관하여 지속적으로 문제가 제기되어 왔다. 이에 따라 어선안전을 강화하고자 하는 IMO와 불법어업을 근절하고자 하는 FAO는 '케이프타운 협정'을 발효하기 위해 각 국에 비준을 촉구하고 있다. 큰 흐름은 불법어업과 노동인권이 무시되는 환경에서 생산된 어획물은 유통을 제한하겠다는 것이다. 이와 같은 배경에서 '케이프타운 협약'을 발효하여 안전을 담보하고, 어선검사를 통한 어선의 등록정보를 활용하여 불법어업을 관리하겠다는 것이다.

그렇다면, '케이프타운 협정'이 발효되면 국제적 흐름이 어떻게 흘러갈 것인가에 대해 예측해 볼 필요가 있다. '케이프타운 협정'의 큰 축 2가지는 어선검사와 항만국 통제 기능의 신설에 있다. 어선검사를 통해 안전성을 담보하고 동 협약에 비준한 비준국의 항에 입항하는 모든 어선(비준하지 않은 국가의 어선이라 할지라도)에 대해 항만국 검사를 통해 협약에 따른 안전수준을 관리하도록 하는 것이다. 이를 통하여 앞서 말한 국제기구에서 요구하는 목적을 달성 할 수 있을 것이다. 하지만 책의 주제에 맞게 조선산업의 관점에서 영향을 예측해 본다.

엄밀히 말해, 'SOLAS협약'에 비교하면 '케이프타운 협정'은 Old fashion한 부분이 많다. 하지만 발효가 시급한 상황임에 따라 발효 전까지 개정은 요원해 보인다. 그럼에도 불구하고, '케이프타운 협정' 수준으로 어선의 안전을 관리하는 국가와 그렇지 못한 국가로 양분화될 것이다. IMO를 중심으로 발효 촉구를 위해서 각국의 법률과의 Gap analysis 등을 지원하지만 단기간에 조업산업 전반에 대한 개선과 검사기능을 수행 하기에는 어려움이 있을 것으로 보여지며, 이 관점에서 2가지 시장이 창출될 것으로 예상된다. 첫 번째는 대형선을 중심('케이프타운 협정'의 적용대상은 길이 24미터 혹은 국제총톤수 300톤 이상에 해당)으로 개조·수리 및 신조선 발주가 있을 것이다. '케이프타운 협정'은 발효를 위해 현존선에 대한 점진적 기준 적용을 제시하고 있으나, 장기적 관점에서 대체 수요는 증가할 것이다. 두 번째는 검사시스템이다. 비슷하게 보이지만, 건조와 검사는 다른 영역이다. 설령 협약조건에 맞추어 건조가 되었다고 하더라도 건조검사 및 정기적 검사 등 실제 검사능력에서 부터 증서발급 및 관리에 이르기까지 검사운영 체계가 없다면 협약을 이행하기 곤란하다. 따라서 국내검사 기관을 중심으로 검사시스템을 수출할 수 있는 시장이 열릴 것으로 생각된다.

매우 긴 호흡에서 보면 이와 관련된 비즈니스 모델은 지속적으로 확대될 것이다. 상선에서 어선으로 확대되듯 여러 가지 이유로 어선 내에서도 대형어선에서 소형어선으로 안전관리는 강화될 것이다. 쉽게 생각하면 대형선의 기준을 소형선에 적용하면 간단할 것으로 판단되지만 실상은 그렇지 않다. 소형선은 공간제약이 많아 대형선의 기준을 모두 만족할 수 없다. 그렇다면 어떻게 소형선의 적합한 안전기준을 제시하고, 이에 부합되는 어선을 건조하며 어떻게 검사할 것인가 하는 문제가 발생한다. 이것은 굉장히 어려운 문제이지만 흥미롭고 극복한다면 시장을 선도 할 수 있을 것이다. 소형어선(혹은 소형선박으로 확장하여 생각하자)의 안전기준과 이를 실현할 건조 및 검사기술에 대해서 지속적으로 개발하고, IMO를 통해 국제사회에 발의하게 된다면 그 결과는 조선관련 산업에 있어 매우 희망적인 일일 것이다.

참고 1 「케이프타운 협정」

□ 협약의 변천

ㅇ 어선에 관한 국제적 안전기준을 마련하기 위해 1977년부터 3차례에 걸쳐 국제해사기구를 중심으로 발효를 논의

ㅇ 그러나 각국은 협정기준에 대한 이견*과 부담 등을 이유로 가입을 유보함에 따라 발효 지연

* 동일한 길이일 때, 아시아 어선이 유럽보다 작아 적용기준(길이 vs 톤수)에 대해 이견 → 길이와 Tonnage간 환산기준(24m ↔ 300GT) 마련 및 '공해운항' 어선에 한정하여 적용('12년)

< 협정 추진경과 >

① 토레몰리노스 국제협약(1977년)

: 어선안전에 관한 국제기준을 마련하기 위해 추진하였으나, 협약에 따른 안전기준 적용에 대한 각국의 부담과 엄격한 발효조건으로 미발효

* (발효조건) 15개국 이상 가입 및 각국 24m↑ 어선의 총 척수가 전세계선복량의 50% 이상

② 토레몰리노스 의정서(1993년)

: 토레몰리노스 협약('77)의 일부 안전기준을 개정하는 등 발효를 위해 기술조건을 완화하였음에도 불구하고, 각국의 가입이 저조하여 발효되지 못함

* (발효조건) 15개국 이상 가입 및 각국 24m↑ 어선의 총 척수가 14,000척 이상

③ 케이프타운 협정(2012년)

: 토레몰리노스 의정서('93)의 조속한 이행을 위해 협약대상 기준인 길이를 톤수로 환산할 수 있는 규정 및 면제규정을 추가하고, 발효조건을 완화하였으나, 미발효

* (발효조건) 22개국 이상 가입 및 각국 24m↑ 어선의 총 척수가 3,600척 이상

□ 협약 개요

ㅇ **(목적)** 어선의 건조 및 검사에 관한 기준을 규정하여, 어선의 안전을 확보하기 위한 국제기준 마련

○ **(적용대상)** 길이 24m 이상의 공해운항 어선이 원칙이나, 길이 24m 기준을 총톤수 300톤 기준과 동일하게 적용 가능(→ 당사국 재량으로 선정)

○ **(적용시기)** 길이 24m 이상의 신조선은 발효시 부터 적용하고, 현존선은 부분적용하되, 5~10년의 경과규정을 설정

○ **(발효조건)** 22개국 이상의 국가에서 가입하고, 가입국의 24m 이상 국제항해 어선의 총 합계가 3,600척 이상인 경우(1년 뒤 발효)

○ **(주요내용)** 적용대상, 발효 및 제재조건 등을 명시한 본칙과 구조, 기관, 복원성, 설비 및 선원훈련 등 세부기준에 관한 부속서*로 구성

* 부속서(10장): (1장)총칙, (2장)구조, (3장)복원성, (4장)기관 및 전기, (5장)방화 및 소방, (6장)선원보호, (7장)구명설비, (8장)선원훈련, (9장)무선설비, (10장)항해설비

<table>
<tr><th colspan="5">케이프타운 협정(배 길이 24m↑ 어선 대상)</th></tr>
<tr><th rowspan="2">장</th><th rowspan="2">내용</th><th colspan="2">적용</th><th rowspan="2">적용 시기</th></tr>
<tr><th>신조선</th><th>현존선</th></tr>
<tr><td>1</td><td>총칙</td><td>-</td><td>-</td><td rowspan="10">◆ 발효요건을 충족하는 날로부터 1년 뒤 발효
• 신조선: 발효시
• 현존선: 경과조치 5년 (다만, 무선설비는 경과 조치 10년)</td></tr>
<tr><td>2</td><td>구조 및 설비</td><td>24m 이상</td><td>-</td></tr>
<tr><td>3</td><td>복원성</td><td>24m 이상</td><td>-</td></tr>
<tr><td>4</td><td>기관 및 전기설비</td><td>45m 이상</td><td>-</td></tr>
<tr><td>5</td><td>소방설비</td><td>45m 이상</td><td>-</td></tr>
<tr><td>6</td><td>선원보호</td><td>24m 이상</td><td>-</td></tr>
<tr><td>7</td><td>구명설비</td><td>45m 이상</td><td>45m 이상</td></tr>
<tr><td>8</td><td>비상조치·소집 및 훈련</td><td>24m 이상</td><td>24m 이상</td></tr>
<tr><td>9</td><td>무선설비</td><td>45m 이상</td><td>45m 이상</td></tr>
<tr><td>10</td><td>항해설비</td><td>24m 이상</td><td>24m 이상</td></tr>
</table>

장	SOLAS* (500톤↑ 화물선 등 대상)
1	일반사항
2	구조, 복원성, 기관·전기·소화설비
3	구명설비
4	무선설비
5	항해안전
6	화물운송
7	위험물운송
8	원자력선
9	안전운항 관리
10	고속선 안전조치
11	해상안전 특별조치
12	산적화물선 추가조치
13	준수의 검증
14	극지운항 안전조치

* SOLAS 예외대상: 어선 / 군함 / 500톤↓ 화물선 / 무동력선 / 목선 / 요트

참고 2 STCW-F / PSMA / C-188

□ STCW-F 협약[1)]

○ **(목적)** 어선원의 훈련, 자격증명 및 당직근무의 국제적 기준을 마련하여 해상에서의 어선원 인명과 재산의 안전을 강화하기 위함

○ **(적용대상)** 무제한 수역(Unlimited Waters)에서 조업하는 길이 24m이상 어선

○ **(현황)** 2012년 발효

○ **(협약구성)** 적용범위와 항만국통제에 관한 본문(15개 조문)과 훈련 자격증명 및 당직근무에 관한 첨부(1개 부속서, 9개 결의서)로 구성

○ **(핵심내용)** 어선에 대한 항만국 통제가 가능함으로서, 비준국의 항구 내에 정박하는 어선은 본 협약 준수해야 하고 인명·재산 또는 환경오염과 관련하여 결함이 있을 경우 출항금지 등의 조치 가능

□ 항만국 조치협정 (PSMA)[2)]

○ **(목적)** 불법어업 의심 어선에 대해 입항, 항만 서비스 사용 등을 제한함으로써 불법 수산물의 유통 차단을 도모

○ **(적용대상)** 자국의 항구에 입항하려 하거나 旣 입항 중인 타국 선박*

* 어업[1)] 또는 어업관련 활동[2)]을 위해 사용되거나, 사용되기 위한 장비를 갖춘 선박

> 1) 어업: 어류의 탐색, 유인, 위치 파악, 어획, 채포, 수확
> 2) 어업관련 활동: 어업을 지원하거나 준비하는 활동(어류의 양륙, 포장, 가공, 전재, 운반, 인력·연료·장비 및 보급품 제공 포함)

---

1) STCW-F: International convention on Standards of Training, Certification and Watchkeeping for Fishing vessel personnel
2) PSMA: Agreement on Port State Measures to Prevent, Deter and Eliminate Illegal, Unreported and Unregulate (IUU) Fishing

○ **(현황)** 2009년 발효

○ **(발효조건)** 수락, 승인 또는 가입서가 수탁자(FAO 사무총장)에게 기탁된 지 30일 이후 발효

○ **(협약구성)** 항구지정*, 입항관리 및 항구사용 등의 내용을 다루고, 전문, 본문(10부 37조) 및 부속서(A, B, C, D, E)로 구성

* 항만국은 선박이 입항할 수 있는 항구를 지정하여 공개하고 그 목록을 FAO에 제출

□ 어선원노동협약 C 188 (어업노동협약, WFC[3])

○ **(목적)** 어선원의 근무조건, 거주구역 및 식량, 산업안전보건, 의료관리 및 사회보장 등 승선시 최저 요구사항을 고려하여, 어선에 승선하는 동안 양호한 근로 및 생활조건을 보장하기 위함

* ILO에서는 해사노동관련 협약(39개 협약, 29개 권고)에 대한 통합을 추진('01년)하였고, 이 과정에서 어선부분의 근로에 관한 통합기준으로 동 협약이 제안

○ **(적용대상)** 상업적 어로행위에 종사하는 길이 24m 이상 어선 및 어선원

* 비준과 이행 촉진을 위해 내수면 어선은 제외할 수 있고, 일부 강화규정은 점진적 도입이 가능(다만, 24m↑, 7일 이상 해상에 머무르는 경우, EEZ 밖을 조업하는 경우는 제외)

○ **(현황)** 2017년 발효

○ **(협약구성)** 의무사항인 「어선원노동협약」(제9편 제54조, 3개의 부속서) 및 권고사항이 「어선원노동권고」(제5편 제55항)로 구성

○ **(핵심내용)** 비준국의 항구 내에 있는 어선에 대한 항만국 통제가 가능

3) WFC: Work in Fishing Convention(No.188)

어선원노동협약	
구분	주요내용
제1편 정의 및 적용 (제1조~제5조)	정의, 적용범위 등
제2편 일반원칙 (제6조~제8조)	이행, 어선주등의 책임 등
제3편 선내근로 최저요건 (제9조~제12조)	최저연령, 건강진단
제4편 근무조건 (제12조~제24조)	승무정원, 휴식시간, 근로계약 등
제5편 거주구역 및 식량 (제25조~제28조)	거주구역 및 식량
제6편 의료관리 및 사회보장 (제29조~제39조)	의료관리, 사회보장 및 상해 등으로부터 보호
제7편 준수 및 집행 (제40조~제44조)	준수 및 집행
제8편 수속서 제1장, 제2장 및 제3장의 개정(제45조)	제1장~제3장 개정문
제9편 종결규정 (제46조~제54조)	종결규정
부속서 1장	측정의 동등규정
부속서 2장	근로계약
부속서 3장	거주구역

어선원노동권고	
구분	주요내용
제1편 근로조건	연소자 보호, 건강검진, 자격증명 및 훈련
제2편 승무조건	승무기록, 임금지급
제3편 거주구역	설계 및 구조, 소음 및 진동, 난방, 조명, 침실, 위생설비, 오락시설, 식량
제4편 의료관리 및 사회보장	선내 의료관리, 산업안전보건, 사회보장
제5편 기타규정	연안국의 배타적경제수역내 입어권 허가시 조치 등

* 동 협약의 길이는 건현길이(형 깊의 85%의 수선상 총 길이의 96%)를 의미하며, 전장과 총톤수 간 동등규정 존재(길이 24m ⇔ 전장 26.5m ⇔ 총톤수 300톤)

감사의 글 / 참고문헌

감사의 글

이 책을 쓰면서, 선박 관련 분야가 얼마나 방대한지 다시금 느낄 수 있었다. 이 책의 착상과 구성은 선박 관련 각 분야에서 앞서 출간된 많은 책들의 도움을 받았다. 각 권에 참고문헌으로 정리된 좋은 책들의 저자분들께 감사드린다. 그리고 아직 다듬어지지 못한 부분들은 더 매끄럽게 보완할 계획이다.

지난 일 년간 이 책을 집필할 수 있도록 함께 고민하고 배려해준 아내와 아이들에게 감사한 마음과 미안한 마음이 앞선다. 그리고 항상 올바른 방향으로 아낌없는 지지를 해주시는 양가 부모님과 가족들에게도 존경의 말씀을 올린다.

그리고 이 책을 집필하는 데 필요한 글쓰기와 제도에 관해 배움을 주신 현 직장 선후배 분들께 감사의 말씀을 드린다. 그리고 조선산업에 관한 실무적 지식과 공학적 이론을 쌓게 해주신 전 직장 선후배분들에게도 감사한 마음을 잊지 않고 함께 한다.

끝으로 늘 마음 한쪽에 있던 집필을 시작할 수 있도록 동기를 유발해 주시고, 책으로 출간하기까지 지도해주신 K 교수님께 더 없는 존경과 감사의 말씀을 올린다.

이 책이 선박 또는 조선에 관해 지적 갈증이 있는 분들에게 조금이나마 도움이 되기를 기대하며, 책을 마친다.

참고문헌

김수영. (2020). 문제. 부산대학교출판부

권영중. (2012). 선박설계학(제4판). 동명사

박명규&권영중. (2009). 선박기본설계학(제4판). 한국이공학사

대한조선학회. (2009). 조선해양공학개론. 동명사

전호환&이인원. (2008). 저항추진실험. 부산대학교 조선해양공학과 지식기반형 조선해양·기자재 설계 전문가 양성 사업단

이창섭&서정천&현범수&김문찬&서성부&문일성. (2008). 선박추진과 프로펠러설계(제2판). 문운당

오인호. (2014). 선박의 동력 전달과 추진(제2판). 다솜출판사

이승건. (2007). 선박계산 및 복원성입문. 부산대학교출판부

이승건. (2013). 선박운동조종입문. GS인터비전

대한조선학회. (2007). 선박계산(제4판). 동명사

엄기원. (2010). 최신용접공학. 동명사

오구리 후지호&오구리 타쯔오. (2013). 기계도표편람(개신증보 5판), 대광서림

대한조선학회. (2009). 선박건조공학(제2판). 동명사

대한조선학회. (2016). 선박의장. 동명사

OCIMF. Mooring Equipment Guidelines(제3판). OCIMF

OCIMF. (2010). Anchoring System and Procedure Purpose and Scope. OCIMF

서용권. (2001). 유압제어공학. 경문사

Anthony Esposito. (2009). FLUID POWER WITH APPLICATIONS(유공압공학 이론과 응용)(제7판). 사이텍미디어

이차수&김종민&한민수. (2018). LNG 연료추진선과 LNG 벙커링. GS인터비전

배병덕&김종성&윤귀호. (2007). 액화천연가스운반선 개관. 경안기획

이종원&김문생&조효남. (2006). 재료역학(6th), 인터비전

양창현. (2016). 구조역학(제5개정판), 청문각

미국조선학회(저). 임상전(역). (1971). Principles of Naval Architedcture. 기본조선학(중). 대한교과서 주식회사

기능구조분석에 기반한

선박의 이동성능

초판 인쇄	2022년 4월 25일
초판 발행	2022년 5월 9일
저자	문 상 원
표지·내지 디자인	배 영 미
내지 편집	박 지 현
펴낸이	차 정 인
펴낸곳	부산대학교 출판문화원
출판등록	제1983-000001호 1983. 11. 10.
주소	부산광역시 금정구 부산대학로63번길 2
전화	(051) 510-1932, 1933
전송	(051) 512-7812
메일	pnupress@pusan.ac.kr
홈페이지	http://press.pusan.ac.kr

* 잘못된 책은 구입처에서 교환해 드립니다.

정가 25,000원

ISBN 978-89-7316-746-3 93530